Deepen Your Mind

前言 *Foreword*

OpenTSDB 是一個分散式、可伸縮的時間序列資料庫，其底層儲存以 HBase 為主（這也是筆者使用的儲存），目前版本也支援 Cassandra 等儲存。正因為其底層儲存依賴於 HBase，其寫入效能和可擴充性都獲得了保障。OpenTSDB 支援多 tag 維度查詢，支援毫秒級的時序資料。OpenTSDB 主要實現了時序資料的儲存和查詢功能，其附帶的前端介面比較簡單，筆者推薦使用強大的前端展示工具 Grafana。另外，OpenTSDB 也提供了豐富的外掛程式介面，可以幫助開發人員擴充，在本書中也會進行詳細介紹。

✤ 如何閱讀本書

由於篇幅限制，本書並沒有詳細介紹 Java 語言的基礎知識，但為便於讀者了解 OpenTSDB 的設計思維和實現細節，筆者希望讀者對 Java 語言的基本語法有一定的了解。

本書共 8 章，主要從原始程式角度深入剖析 OpenTSDB 的原理和實現。各章之間的內容相對獨立，對 OpenTSDB 有一定了解的讀者可以有目標地選擇合適的章節開始閱讀，當然也可以從第 1 章開始向後逐章閱讀。本書主要以 OpenTSDB 的最新版本（2.3.1 版本）為基礎介紹。

第 1 章介紹時序資料庫的基本特徵，並列舉了比較熱門的開放原始碼時序資料庫產品及一些雲廠商的時序資料庫產品。接下來介紹了 OpenTSDB 的基礎知識，以及 OpenTSDB 中最常用的 API，其中重點分析了 put 和 query 這兩個核心介面。最後分析了 OpenTSDB 原始程式中提供的 AddDataExample 和 QueryExample 兩個範例。

第 2 章深入分析 OpenTSDB 的網路層實現，其中介紹了 Netty 3 的基礎知識，以及 OpenTSDB 網路層如何使用 Netty。另外，本章介紹了

OpenTSDB 網路層中所有的 HttpRpc 實現，重點介紹了 PutDataPointRpc 和 QueryRpc 兩個 HttpRpc 實現。

第 3 章簡略說明了 OpenTSDB 使用 HBase 儲存時序資料的大致設計，尤其介紹了 RowKey 的設計中 UID 的原理和作用。本章實際分析了 HBase 中 tsdb-uid 表的設計，以及 UniqueId 元件管理 UID 的功能。

第 4 章主要介紹了 OpenTSDB 儲存時序資料的相關元件及其實作方式。首先分析了 OpenTSDB 中儲存時序資料的 TSDB 表的設計，其中有關 RowKey 的設計、列名稱的格式及不同格式的列名稱對應的資料類型。之後又簡單介紹了 OpenTSDB 中的壓縮最佳化、追加模式及 Annotation 儲存相關的內容。接下來，深入分析了 TSDB 這一核心類別的關鍵欄位、初始化過程，以及寫入時序資料的實作方式。最後深入分析了 OpenTSDB 中壓縮最佳化方面的實作方式，其中有關 Compaction 和 CompactionQueue 兩個元件的實作方式。

第 5 章主要介紹了 OpenTSDB 查詢時序資料的相關元件。首先，介紹了 OpenTSDB 查詢時有關的一些基本介面類別和實現類別。然後，深入分析了 OpenTSDB 在查詢過程中對時序資料的抽象，其中有關 RowSeq、Span 及 SpanGroup 等元件。接下來，繼續分析了 OpenTSDB 在查詢時序資料的過程中有關的其他元件。最後，分析了 TSQuery、TSSubQuery 等核心查詢元件的實作方式。

第 6 章主要介紹了 OpenTSDB 中中繼資料的相關內容。首先，介紹了儲存 TSMeta 中繼資料的 tsdb-meta 表的 RowKey 設計及整張 tsdb-meta 表的結構。然後，分析了 TSMeta 類別的核心欄位、增刪改查 TSMeta 中繼資料的實作方式。

第 7 章主要介紹了 OpenTSDB 中 Tree（樹狀結構）相關的實現。首先，簡單介紹了 Tree 中關鍵組成部分的概念及 tsdb-tree 表的結構。然後，深入剖析了 OpenTSD 二元樹狀結構中核心元件的實現。最後，深入分析了建置一個完整 Tree 的過程。

第 8 章主要介紹了 OpenTSDB 提供的外掛程式系統和常用工具類別的實現原理。首先，介紹了 OpenTSDB 外掛程式的公共設定及一些共通性特徵。然後，針對 OpenTSDB 常用的外掛程式介面進行了介紹。接著，分析了 OpenTSDB 載入外掛程式的大致流程。最後，詳細分析了 OpenTSDB 中常用的三個工具類別的實現，分別是 TextImporter、DumpSeries 及 Fsck。此外，還簡單介紹了其他幾個工具類別的功能。

如果讀者在閱讀本書的過程中，發現任何不妥之處，請將您寶貴的意見和建議發送到電子郵件 shen_baili @163.com，也歡迎讀者朋友透過此電子郵件與筆者進行交流。

✤ 致謝

感謝電子工業出版社博文視點的陳曉猛老師，以及許多我不知道名字的工作人員為本書付出的努力！

感謝三十在技術上提供的幫助。

感謝小魚同學，是你讓我看到了星辰大海。

感謝我的母親，謝謝您的付出和犧牲！

目錄 *Contents*

01 快速入門

02 網路層

03　UniqueId

04　資料儲存

05 資料查詢

06 中繼資料

07 Tree

08 外掛程式及工具類別

快速入門

物聯網領域的發展如火如荼,網際網路企業甚至一些傳統企業也在爭相佈局物聯網。在很多物聯網系統中,需要對聯網的智慧裝置進行監控,並對監控取樣獲得的資料進行持久化儲存,而其首選就是本章要介紹的時序資料庫。

即使讀者在生產實作中沒有接觸過時序資料庫,相信對時序資料庫的一些新聞也一定不陌生。舉例來說,早在 2016 年,百度雲在其物聯網平台上發佈了中國首個多租戶的分散式時序資料庫產品 TSDB,阿里雲於 2017 年的 2017 雲棲大會·上海高峰會上發佈了針對物聯網場景的高性能時間序列資料庫 HiTSDB 等,時序資料庫作為物聯網中的基礎設施之一,獲得了各個網際網路巨頭企業的重視,其熱門程度可見一斑。

1.1 時序資料簡介

首先來看一個簡單的實例,假設我們現在關心某個 Java 程式的堆積記憶體的使用情況,可以透過 JConsole、JMX 等多種方法取得其堆積記憶體的使用情況,但這只是取得某個時刻的瞬時值。如果發現其堆積記憶體使用量比較低,則可能是因為在上一時刻剛剛進行了 Full GC,如果發現其堆積記憶體使用量比較高，也可能在下一時刻立即觸發 Full GC，所以該瞬時值不能反映出任何問題。

相信讀者已經想到，我們可以在一段時間內的每個時刻都記錄一個瞬時值，例如一分鐘記錄一個值，然後將這些瞬時值按照時間順序排列起來，就能發現該程式堆積記憶體使用量的變化規律，進一步發現一些問題。如圖 1-1 所示，其中展示了該範例對應的時序資料。其實，該範例中提到的「按照時間順序排列起來的瞬時值」就是一筆時序資料，這裡為「時序資料」下個簡單的定義：「時序資料」（即「時間序列資料」）是同一指標按照時間順序記錄的一組資料，範例中的「指標」（metric）就是堆積記憶體大小。

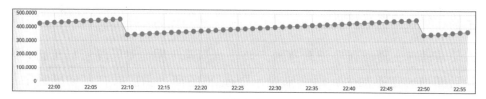

圖 1-1

從更加巨觀的角度看，時序資料可以描述一個物體在時間維度上的變化，如果可以掌握其關鍵指標的時序資料，並加以分析，就可以掌握該物體的變化規律、成長過程。我們可以將其具體化到生活中的一些細節上，例如股票中的日線圖、周線圖、月線圖，它們表示的就是股價隨時間發生的變化，很多操盤手透過分析這些時序資料進行交易。

隨著大數據時代的到來，時序資料量也發生了爆發式的增長，使用傳統的關聯式資料庫，例如 MySQL、Oracle 等，已經很難滿足時序資料在儲存、分析、展示等方面的需求，為了解決這些問題，市面上出現了很多時序資料庫產品，其中有完全開放原始碼的產品，也有閉源的商業付費產品，本書的主角—OpenTSDB 就是一款完全開放原始碼的時序資料庫產品。

透過前面對時序資料的簡單描述，相信讀者會發現時序資料的一些特點，這也是傳統關聯式資料庫不好解決，而時序資料庫需要解決的幾個關鍵點：

（1）時序資料的寫入比較穩定。普通應用的資料量一般與請求的 QPS 成正比，但對時序資料來說，QPS 是穩定的，即每個固定的時間間隔都會收到對應的時序資料。

（2）寫入較近時間的資料。時序資料是隨著時間演進而不斷產生的，所以時序資料資料庫收到的寫入請求一般都是近期的資料，即使有少許延遲，也不會很大。

（3）沒有更新操作。一般情況下，當一個指標在某個時刻的指標產生後，更新是沒有意義的。

（4）按照時間範圍進行查詢，且近期資料被查詢的機率更高。

（5）多維度的分析查詢。在前文的範例中，只有關一個 JVM 實例，但在實際生產中，每個應用都會有關多個 JVM 實例，企業級的應用可能會有關成千上萬的 JVM 實例，此時需要從多個維度（舉例來說，不同的機房、不同的功能、不同的業務線）去分析 JVM 之間的相互影響。

1.2 時序資料庫

結合前文介紹的時序資料的特點，可以得出幾項對時序資料庫的基本要求：

- 支援高平行處理、高吞吐的寫入。
- 支撐巨量資料的儲存。
- 高可用。
- 支援複雜的、多維度的查詢。

- 較低的查詢延遲。
- 易於水平擴充。

現在市面上也有幾款比較成熟的時序資料庫產品，如圖 1-2 所示（https://db-engines.com/ en/ranking/time+series+dbms）。這些產品都是根據不同的應用場景，關注了上述一個或幾個點，經過不斷的開發和反覆運算獲得的。

Rank			DBMS	Database Model	Score		
Sep 2018	Aug 2018	Sep 2017		26 systems in ranking, September 2018	Sep 2018	Aug 2018	Sep 2017
1.	1.	1.	InfluxDB ➕	Time Series DBMS	11.79	+0.23	+3.31
2.	2.	⬆5.	Kdb+ ➕	Multi-model ℹ	3.87	+0.36	+2.10
3.	3.	3.	Graphite	Time Series DBMS	2.70	+0.10	+0.14
4.	4.	⬇2.	RRDtool	Time Series DBMS	2.55	+0.08	-0.51
5.	⬆6.	⬇4.	OpenTSDB	Time Series DBMS	1.79	+0.38	-0.10
6.	⬇5.	⬆7.	Prometheus	Time Series DBMS	1.59	+0.07	+0.92
7.	7.	⬇6.	Druid	Time Series DBMS	1.20	+0.02	+0.22
8.	8.	8.	KairosDB	Time Series DBMS	0.53	+0.04	+0.03

圖 1-2

InfluxDB 是由 Golang 語言撰寫而成的，也是 Golang 社區中比較著名的產品，在很多 Go 語言的講座和文章中，都會將 InfluxDB 作為範例產品進行簡單介紹。在時序資料庫範圍裡，其知名度也非常高。InfluxDB 提供了無結構化（schemaless）的儲存、高效的壓縮儲存演算法、方便的查詢語言、即時的資料取樣等功能。另外，可以利用 InfluxDB 架設可擴充的叢集。InfluxDB 中還內建了使用者管理和角色管理的功能，這在很多 TSDB 產品中都是不具備的，需要開發人員進行擴充支援。

如果讀者準備試用一下 InfluxDB，則希望讀者參考其官方文件，因為 InfluxDB 不同版本之間的差異較大，對最新版本來說，網路上很多資料沒有參考價值。

KDB+ 是一個商業產品，並沒有開放原始碼，不過官方提供了 32 位元和 64 位元兩個版本的試用產品，這兩個試用產品也有頗多限制。舉例來說，64 位元的版本需要網路線上才能使用。KDB+ 是一個列式時序列資料庫，其自訂了一種叫作 "q" 的查詢語言，該查詢語言非常簡短、靈活。KDB+ 速度也比較快，可以輕鬆支援 TB 等級的資料量。

Graphite 創立於 2006 年，算是比較老牌的時序資料庫產品了。Graphite 可以部署成分散式模式，方便水平擴充。Graphite 主要完成了時序資料儲存和查詢的功能，雖然沒有提供資料獲取功能，但支援很多協力廠商外掛程式。經過多年的累積和發展，Graphite 已經可以提供豐富的函數支援，這也是其受到廣大使用者青睞的原因之一。

RRDTool 的全稱是 Round-Robin Database Tool，從名稱也能看出來，其採用固定大小的空間來儲存時序資料，其中設定了一個指標，隨資料的讀寫移動。相較於其他時序資料庫產品，RRDTool 不僅實現了資料的儲存，還提供了豐富的工具來繪製圖表，豐富的畫圖功能使其從其他時序資料庫產品中脫穎而出。

OpenTSDB 是一個分散式、可伸縮的時間序列資料庫，其底層儲存以 HBase 為主（這也是筆者使用的儲存方式），目前版本也支援 Cassandra 等儲存。正因為其底層儲存依賴於 HBase，其寫入效能、可擴充性都獲得了保障。OpenTSDB 支援多 tag 維度查詢，支援毫秒級的時序資料。OpenTSDB 主要實現了時序資料的儲存和查詢，其附帶的前端介面比較簡單，後面筆者會推薦一個比較強大的前端工具。另外，OpenTSDB 也提供了豐富的外掛程式介面，可以幫助開發人員擴充。

Prometheus 由 SoundCloud 平台於 2012 年開發，其使用的主要語言是 Golang。Prometheus 是一個開放原始碼的監控系統，也是一個高性能的時序列資料庫。Prometheus 採用了與 OpenTSDB 中 tag 類似的維度機制，如果讀者了解 OpenTSDB，那麼學習 Prometheus 也會比較簡單。

HiTSDB 是阿里雲開發的一套時序資料庫系統，並沒有對應的開放原始碼版本，其官方文件宣稱具有以下特點。

- 高平行處理寫入：千萬級數據秒級寫入。
- 高效讀取：百萬資料點秒級讀取。
- 低成本儲存：高壓縮演算法最佳化，每個數據點平均佔 2 個位元組。
- 資料計算分析、資料視覺化。

有訊息稱，HiTSDB 已經在阿里內部孵化多年，在阿里集團內部已經支援了 20 多個核心業務場景，例如阿里智慧園區的 Iot 建設。

CTSDB 是騰訊雲的時序資料庫產品，主打高效、安全、好用的特點。根據其官方文件，CTSDB 使用批次介面寫入資料，降低網路負擔。CTSDB 的寫入策略是，先將時序資料寫入記憶體，然後週期性 "dump" 成不可變檔案，同時產生倒排索引，加速各個維度的查詢，號稱千萬資料秒級可查。CTSDB 同樣提供了歷史資料聚合、資料過期清理等功能來降低儲存成本。CTSDB 還提供了豐富的 RESTful API 介面，同時相容 Elastic Search 的存取協定。水平擴充、資料自動均衡也是 CTSDB 的特性之一。

百度「天工」時序資料庫是百度雲提供的時序資料庫，其官方文件號稱千萬資料點秒級寫入，億級資料點秒級查詢。同時提供了資料過期自動刪除、聚合等功能，支援 SQL 敘述、支援與 Hadoop/Spark 大數據平台對接，還提供了豐富的 RESTful API。該產品的另外一個亮點就是三備份、分散式部署，確保了資料的可用性。

至此，比較常見的時序資料庫產品就介紹完了，讀者可以根據自己的使用場景和各個時序資料庫產品的特性，選擇一款產品進行深入的了解。

當然，筆者還是強烈推介 OpenTSDB 的，尤其是了解 Java 語言的讀者，經過本書後續的分析，相信讀者能夠完全了解 OpenTSDB 的實現原理。

1.3 快速入門

介紹完時下比較成熟的時序資料庫產品之後，本節將帶領讀者快速了解 OpenTSDB。首先介紹 OpenTSDB 有關的基礎知識，然後架設 OpenTSDB 的原始程式環境，接著簡單介紹 OpenTSDB 中最常用的 API，最後介紹 OpenTSDB 原始程式中提供的 AddDataExample 和 QueryExample 兩個範例，讓讀者初步了解 OpenTSDB 讀寫的大致過程，為後面深入分析 OpenTSDB 的實現打下基礎。

1.3.1 基礎知識

正如前文介紹的那樣，時序資料庫的主要功能就是管理時序資料，而一筆時序資料則是由多個「點」（DataPoint）組成的。在 OpenTSDB 中，與時序資料息息相關的四個概念如下。

- metric：時序資料的指標名稱，例如前文範例中提到的「堆積記憶體的大小」。在 OpenTSDB 中一般不會用中文作為指標名稱，而是使用一個更加簡短的、類似變數的名稱，例如 JVM_Heap_Memory_Usage_MB。
- timestamp：表示一筆時序資料中點對應的實際時間，可以是秒級或毫秒級的 UNIX 時間戳記。
- tags：一個或多個標籤（tag）組合，主要用於描述 metric 的不同維度。一個 tag 由 tagk 和 tagv 組成，tagk 指定了某個維度，tagv 則是該維度下的某個值。

- value：表示一筆時序資料中某個 timestamp 對應的那個點的值。

除了 OpenTSDB，還有很多其他的時序資料庫也有類似的概念，所以學習 OpenTSDB 之後就可以更快地上手其他時序資料庫。

從圖 1-3 中可以更加直觀地看到 metric、timestamp、tags、value 與時序資料之間的關係，這裡依然沿用前文對 JVM 堆積記憶體的範例。

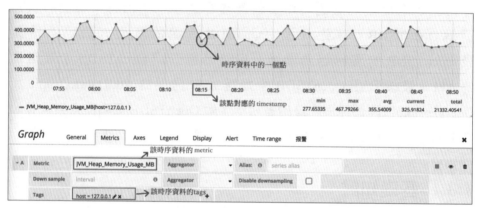

圖 1-3

在圖 1-3 中只展示了一個 tag（tagk=host，tagv=127.0.0.1），隨著業務的不斷發展，可能會使用多台伺服器，每台伺服器上部署多個 JVM 實例。要記錄這些 JVM 的堆積記憶體使用量，就會產生多筆時序資料，它們有相同的 metric（即 JVM_Heap_Memory_Usage_MB），但是 host 的 tagv 值會因為所在機器的不同而有所不同。另外，還需要一個額外的 tag 來區分同一台機器中的不同 JVM 實例（這裡使用 instanceId），這樣就能取得多筆時序資料。如圖 1-4 所示，metric 都是 JVM_Heap_Memory_Usage_MB，但兩筆時序資料的維度不同，其中 host 這個 tagk 表示服務端的維度，instanceId 這個 tagk 表示 JVM 實例的維度。

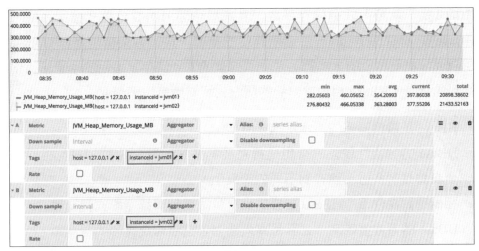

圖 1-4

使用 tag 的方式來標識不同維度還有另一個好處，那就是方便聚合。在 OpenTSDB 中，如果要查詢 host=127.0.0.1 這台機器上全部 JVM 實例的堆積記憶體聚合值，那麼只需要列出 {metric= JVM_Heap_Memory_Usage_MB，host=127.0.0.1} 這些資訊及實際的聚合方式（例如 SUM 聚合方式）即可。

除了聚合，OpenTSDB 還提供了 Downsampling 功能，在後面介紹其實作方式時再進行詳細說明。

1.3.2 HBase 簡介

OpenTSDB 2.3 版本可以支援多種底層儲存，例如 HBase、Cassandra 等，其中 HBase 是 OpenTSDB 預設支援的後端儲存，本書也將以 HBase 作為 OpenTSDB 的底層儲存來介紹。

HBase 是一款分散式列儲存系統，其底層依賴 HDFS 分散式檔案系統。HBase 是 Apache Hadoop 生態系統中的重要一員，其架構是參考 Google BigTable 模型開發的，本質上是一個典型的 KV 儲存，適用於巨量結構化資料的儲存。HBase 相較於傳統的關聯式資料庫有以下優點：

■ HBase 是叢集部署的，水平擴充方便。
■ HBase 的容錯性較高，這也是得益於其叢集部署的特點，並且相同的資料會複製多份，儲存到不同的節點上。
■ 相同硬體條件下，HBase 支援的資料量級遠超傳統關聯式資料庫。
■ HBase 的傳輸量較高，尤其是寫入能力，遠超傳統關聯式資料庫。

當然，HBase 也有不適用的場景，例如：

■ 需要全面交易支援的場景。傳統資料庫支援多行、多表的交易，而 HBase 只支援單行的交易。
■ 傳統關係類型資料支援 SQL 敘述的查詢方式，非常靈活，而 HBase 只能透過 RowKey 進行查詢或掃描。

實際在哪種場景下應該選用哪種儲存，讀者可以根據儲存的實際特性是否能滿足業務的實際要求來決定。

從邏輯上看，HBase 將資料按照表、行和列的形式進行儲存，如表 1-1 所示，HBase 表中儲存的資料可以非常稀疏。HBase 表中可以有多個列簇（Column Family），列簇需要在建表時明確指定，且後續不能自動增加。一個列簇下面可以有多個列（Column），列的個數不需要在建表時指定，可以隨時增加。另外，HBase 表中的資料是按照 RowKey 進行排列的。HBase 表中行和列的交換點稱為 Cell，HBase 會記錄每個 Cell 的版本編號（Version Number），預設值是 UNIX 時間戳記，可以由使用者自訂。

表 1-1

RowKey	Family1		Family2			Family3
	col1	col2	col1	col2	col3	col1
rowkey1	value1				value4	
rowkey2		value5		value2		value6
rowkey3			value7			value3

從實體儲存上看，HBase 為每個列簇都建立了一個單獨檔案，即 HFile 檔案。每個 HFile 檔案以 KV 方式儲存，其中 Key 為 RowKey+Column Family+Colume，value 為實際資料，如圖 1-5 所示。

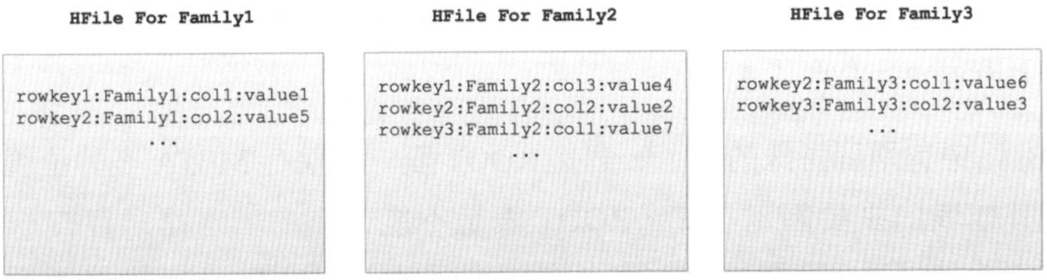

HFile For Family1

```
rowkey1:Family1:col1:value1
rowkey2:Family1:col2:value5
...
```

HFile For Family2

```
rowkey1:Family2:col3:value4
rowkey2:Family2:col2:value2
rowkey3:Family2:col1:value7
...
```

HFile For Family3

```
rowkey2:Family3:col1:value6
rowkey3:Family3:col2:value3
...
```

圖 1-5

了解了 HBase 的邏輯儲存和實體儲存之後，下面介紹 HBase 的整體架構。HBase 叢集的架構為主從結構，由 ZooKeeper、HMaster 和 HRegionServer 三種元件組成。

作為協調者，ZooKeeper 註冊了叢集中各個元件的狀態資訊，所有 HRegion Servers 和執行中的 HMaster 都會跟 ZooKeeper 建立階段連接，並將各自的狀態資訊儲存到 Zookeeper 中對應的臨時節點上。其中，HMaster 會競爭建立臨時節點，ZooKeeper 會決定哪個 HMaster 作為主節點，HBase 叢集需要保障任何只有一個活躍的 HMaster 節點，都有不可用的 HMaster 節點作為備用，當主 HMaster 節點當機的時候，ZooKeeper 會清除其臨時節點，而備用的 HMaster 節點監聽到這一變化後，會在 ZooKeeper 上成功建立對應的臨時節點並成為主 HMaster 節點。

每個 HRegion Server 也會在 ZooKeeper 中建立一個臨時節點，HMaster 節點會監控這些臨時節點來確定 HRegion Server 是否正常可用，一旦發現 HRegion Server 不可用，HMaster 會進行一些補救措施，以保障上層應用不受影響，舉例來說，將當機 HRegion Server 上的 HRegion 進行移轉。

HMaster 節點主要負責 HBase 表和 HRegion 的管理工作，實際如下：

- 管理使用者對 HBase 表的增刪改動，參與查詢的部分過程。
- 將 HRegion 均衡地分佈到叢集中的 HRegion Server 上，當 HRegion 分裂之後，也需要重新調整其分佈。
- 在 HRegion Server 停機後，負責將故障的 HRegion 移轉到其他 HRegion Server 上。

HBase 中有兩個特殊的表，一個是 ROOT 表，它儲存 META 表的位置，與其他表的主要區別在於，ROOT 表是不能分割的，永遠只存在一個 HRegion。另一個是 META 表，它記錄了所有的 HRegion 的位置。由於 HBase 中所有 HRegion 的中繼資料都被儲存在 META 表中，所以隨著 Region 的不斷增多，META 表中的資料也會增大，並分裂成多個新的 HRegion。為了加強存取效率，用戶端一般會快取所有已知的 ROOT 表和 META 表。

HBase 的一張使用者自訂的表會按照 RowKey 被切分成許多塊，每塊叫作一個 HRegion。每個 HRegion 中儲存著從 startKey 到 endKey 的記錄。這些 HRegion 會被分到叢集的各個資料節點中儲存，這些資料節點又被稱為 HRegion Server。

了解了 HBase 叢集中每個元件的大概功能，下面看一下 HBase 讀取資料的大致流程：

（1）用戶端首先會透過存取 ZooKeeper 尋找 ROOT 表的位址。

（2）用戶端存取 ROOT 表取得對應的 META 表資訊。

（3）用戶端查詢 META 表定位待查詢 RowKey 分佈在哪個 HRegion Server 上，同時快取 HRegion Server 資訊。

（4）用戶端存取對應的 HRegion Server，讀取資料。

HBase 寫入資料的流程與讀取資料的流程類似，也需要先尋找 ROOT 表和 META 表來確定寫入的 HRegion 所在的 HRegion Server，最後請求 HRegion Server 完成資料寫入。

下面再來深入了解一下 HRegion Server 中的核心元件。

- HLog：它是 HBase 對 WAL（全稱是 "Write Ahead Log"）記錄檔的實現，簡言之，就是一個儲存底層 HDFS 的記錄檔。HLog 記錄檔用來記錄那些還沒有被更新到硬碟上的資料，當 HRegion Server 收到用戶端的寫入請求時，會先在 HLog 中記錄一下，然後進行後續的寫入操作。這樣做是為了資料恢復，例如意外停電和當機，在 HBase 重新啟動之後，利用 HLog 就可以將未更新到磁碟的資料恢復，在傳統關聯式資料庫中也有類似的實現。

- BlockCache：它是 HRegion Server 中的讀快取，其中記錄了經常被讀取的資料，預設使用 LRU 演算法淘汰快取資料。

- MemStore：它是 HRegion Server 中的寫快取，其中記錄了沒有被更新到硬碟的資料。每個列簇對應一個 MemStore，並且 MemStore 中的資料都是按照 RowKey 排序的。

- StoreFile：每次將 MemStore 更新到磁碟時，都會產生一個對應的 HFile 檔案，而 StoreFile 則是 HBase 對 HFile 的簡單封裝。在 HFile 中會按照前面介紹的 KV 方式儲存資料。

最後，透過 HBase 官方的一張架構圖來歸納本節對 HBase 的介紹，如圖 1-6 所示。

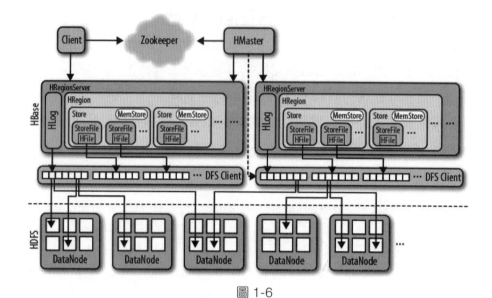

圖 1-6

1.3.3 原始程式環境架設

了解了 OpenTSDB 的基本概念之後，我們開始架設 OpenTSDB 的原始
程式環境。首先需要完成一些準備工作，第一步就是從 Oracle 官網下載
JDK 的安裝套件進行安裝並設定環境變數。筆者使用的是 MacOS 系統，
需要在 .bash_profile 檔案中增加 JAVA_HOME 並修改 PATH，如圖 1-7 所
示。

```
export JAVA_HOME=/Library/Java/JavaVirtualMachines/jdk1.8.0_131.jdk/Contents/Home
export CLASSPATH=.:$JAVA_HOME/lib/dt.jar:$JAVA_HOME/lib/tools.jar
export PATH=$PATH:$JAVA_HOME/bin
```

圖 1-7

之後，需要安裝 Java 的開發工具，筆者推薦使用 IntelliJ IDEA，讀者可
以去其官方網站取得對應系統的安裝套件。

因為 OpenTSDB 使用 Maven 的方式管理其依賴的 jar 套件，因此需要安裝 Maven。筆者目前使用的是 apache-maven-3.5.0，讀者可以去 Apache 官網下載其最新版本的壓縮檔。下載完成之後，將其解壓，並在 .bash_profile 檔案中進行設定，如圖 1-8 所示。

```
export M2_HOME=/Users/maven/Documents/apache-maven-3.5.0
export PATH=$PATH:$JAVA_HOME/bin:$M2_HOME/bin
```

圖 1-8

之後還需要在 IDEA 中指定 Maven 路徑位置及 setting.xml 設定檔的位置，如圖 1-9 所示。

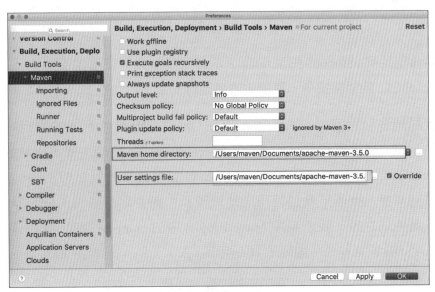

圖 1-9

完成上述準備工作之後，我們開始架設 OpenTSDB 的原始程式環境。首先從 OpenTSDB 的官方網站下載其 Source Code 壓縮檔，本書以 OpenTSDB-2.3.1 版本的原始程式為基礎進行分析，該版本是筆者寫作時的最新 Release 版本。

下載完成並解壓縮之後，透過命令列視窗導覽到加壓後的資料夾中，並執行 sh build.sh pom.xml 指令，可以看到以下（圖 1-10）輸出：

```
→ opentsdb-2.3.1 sh build.sh pom.xml
+ test -f configure
+ ./bootstrap
autoreconf: Entering directory `.'
autoreconf: configure.ac: not using Gettext
autoreconf: running: aclocal --force -I build-aux
main::scan_file() called too early to check prototype at /usr/local/bin/aclocal line 617.
autoreconf: configure.ac: tracing
autoreconf: configure.ac: not using Libtool
autoreconf: running: /usr/local/bin/autoconf --force
autoreconf: configure.ac: not using Autoheader
autoreconf: running: automake --add-missing --copy --force-missing
Useless use of /d modifier in transliteration operator at /usr/local/share/automake-1.11/Automake/Wrap.pm line 58.
configure.ac:19: installing `build-aux/install-sh'
configure.ac:19: installing `build-aux/missing'
third_party/validation-api/include.mk:24: variable `VALIDATION_API_SOURCES' is defined but no program or
third_party/validation-api/include.mk:24: library has `VALIDATION_API' as canonical name (possible typo)
```

圖 1-10

其中會使用到 autoconf 和 automake 兩個工具，如果提示找不到 autoconf 和 automake 的相關指令，則需要讀者進行安裝。

待上述指令執行完畢之後，就可以在 OpenTSDB 原始程式的根目錄下看到 pom.xml 設定檔及 src-main、src-test 目錄了。此時，就可以將其以 maven 專案的形式匯入 IDEA，之後 Maven 會自動將其依賴的 jar 套件下載到本機，這個下載過程可能比較漫長，需要耐心等待。依賴 jar 套件下載完成之後，我們點擊 Mave Project 中的 compile 選項，開始編譯 OpenTSDB 原始程式，如圖 1-11 所示。

圖 1-11

圖 1-11 編譯成功之後，可以在主控台中看到 "BUILD SUCCESS" 字樣的
輸出，如圖 1-12 所示。

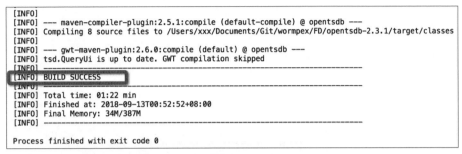

```
[INFO]
[INFO] --- maven-compiler-plugin:2.5.1:compile (default-compile) @ opentsdb ---
[INFO] Compiling 8 source files to /Users/xxx/Documents/Git/wormpex/FD/opentsdb-2.3.1/target/classes
[INFO]
[INFO] --- gwt-maven-plugin:2.6.0:compile (default) @ opentsdb ---
[INFO] tsd.QueryUi is up to date. GWT compilation skipped
[INFO]
[INFO] BUILD SUCCESS
[INFO]
[INFO] Total time: 01:22 min
[INFO] Finished at: 2018-09-13T00:52:52+08:00
[INFO] Final Memory: 34M/387M
[INFO]

Process finished with exit code 0
```

圖 1-12

要啟動 OpenTSDB，需要提供一個名為 opentsdb.conf 的設定檔，這裡只
列舉啟動 OpenTSDB 的最基本設定項目，程式如下所示。

```
# OpenTSDB 監聽的 HTTP 通訊埠
tsd.network.port = 4242
# 儲存靜態檔案目錄
tsd.http.staticroot =/opentsdb-2.3.1/target/opentsdb-2.3.1/queryui
# cache 快取目錄
tsd.http.cachedir = /tmp
# 是否自動為 metric 建立對應的 UID，UID 的概念在第 2 章中詳細介紹
tsd.core.auto_create_metrics = true
# OpenTSDB 底層使用 HBase 進行儲存，這裡需要指定 HBase 使用的 ZooKeeper 位址
（逗點分隔），
# 以及 HBase 中的 ROOT Region 位址位於哪個 znode 節點中
tsd.storage.hbase.zk_quorum =127.0.0.1:2181
tsd.storage.hbase.zk_basedir =/hbase-dev
```

安裝 HBase 的過程本節並沒有詳細介紹，讀者可以參考 HBase 的相關資
料完成 HBase 叢集的架設。了解 opentsdb.conf 設定檔中最基本的設定項
目之後，再以 "--config" 參數的形式將其傳入 OpenTSDB，如圖 1-13 所
示，OpenTSDB 的入口類別是 net.opentsdb.tools.TSDMain。

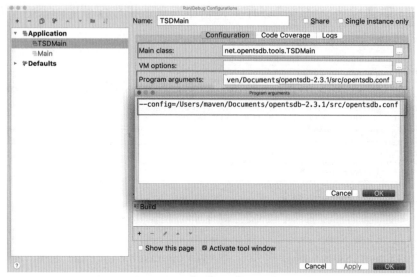

圖 1-13

另外,我們需要在 HBase 中建立 OpenTSDB 使用的 4 張表,實際的建立
敘述如下:

```
create 'tsdb-uid',
  {NAME => 'id', COMPRESSION => 'SNAPPY', BLOOMFILTER => 'ROW'},
  {NAME => 'name', COMPRESSION => 'SNAPPY', BLOOMFILTER => 'ROW'}

create 'tsdb',
  {NAME => 't', VERSIONS => 1, COMPRESSION => 'SNAPPY', BLOOMFILTER =>
'ROW'}

create 'tsdb-tree',
  {NAME => 't', VERSIONS => 1, COMPRESSION => 'SNAPPY', BLOOMFILTER =>
'ROW'}

create 'tsdb-meta',
  {NAME => 'name', COMPRESSION => 'SNAPPY', BLOOMFILTER => 'ROW'}
```

在本書後面的章節中會詳細介紹這 4 張表的功能和儲存結構。

至此，OpenTSDB 的原始程式環境就架設可以透過前面設定的 TSDMain Application 完成 OpenTSDB 實例的啟動。

筆者沒有使用 OpenTSDB 附帶的前端介面，而是選擇了時下比較流行的 Grafana 作為時序資料的前端展示。Grafana 是一個視覺化面板，其中提供了自訂 Dashboard 的功能，附帶了功能齊全的圖形顯示元件，例如聚合線圖、柱狀圖、儀表板等，而且每種元件都能進行靈活的自訂，Grafana 的圖表做得非常漂亮，版面配置展示也很合理。另外，Grafana 支援將多種時序資料庫及監控系統作為其資料來源，例如前面介紹的 OpenTSDB、Graphite、InfluxDB、Prometheus、Zabbix 等，當多個資料來源之間進行切換時，無須重新熟悉另一套新的 UI 介面及操作方式，進一步為我們節省了不少精力。Grafana 官方的文件也是比較完備的，對初次使用的使用者來說非常人性化。

Grafana 的安裝非常簡單，其官方網站也列出了各個系統下的詳細安裝方式。以筆者的 Mac 系統為例，使用 homebrew 進行安裝，只需執行以下兩行指令即可：

```
brew update
brew install grafana
```

安裝 Grafana 之後，其預設監聽通訊埠為 3000，存取 "http://localhost:3000" 這個位址即可進入其首頁。Grafana 預設的管理員帳號和密碼都是 admin，登入之後，將前面啟動的 OpenTSDB 實例增加成為其資料來源之一。首先找到 "Data Sources" 標籤，如圖 1-14 所示。

圖 1-14

進入 "Data Sources" 頁面之後，選擇 "Add data source" 增加 OpenTSDB
類型的資料來源，如圖 1-15 所示，資料來源的 Type 選擇為 OpenTSDB，
URL 設定為 OpenTSDB 監聽的 IP 位址和通訊埠，下方的 OpenTSDB 選
擇 2.3 版本。填寫完成之後，點擊 "Save&Test" 按鈕，檢測 Grafana 是否
可以正常存取前面啟動的 OpenTSDB 實例。

圖 1-15

完成 DataSource 的 設 定 之 後， 回 到 Grafana 的 首 頁， 增 加 自 訂 Dashboard，如圖 1-16 所示，點擊 "New Dashboard"。

圖 1-16

在新增的 Dashboard 中，我們增加一個 Graph 圖表，用來展示後面測試使用的時序資料，如圖 1-17 所示。

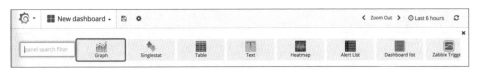

圖 1-17

下面指定該圖表展示時序資料的 metric、tag 等資訊，如圖 1-18 所示，完成自訂 Dashboard 的設定之後記得儲存。opentsdb_test 這筆時序目前還沒有資料，在後面將呼叫 OpenTSDB 的 HTTP 介面寫入資料。

圖 1-18

完成自訂 Dashboard 的設定之後，可以用 PostMan 呼叫 OpenTSDB 提供的 HTTP 介面寫入時序資料，實際如圖 1-19 所示，其中 JSON 描述了 opentsdb_test 時序中的點的必要資訊。

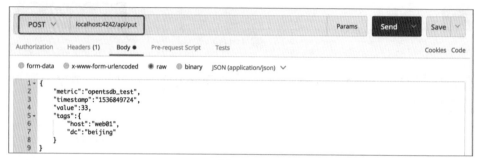

圖 1-19

寫入完成之後，回到 Grafana 中，更新前面設定的 Dashboard，即可看到對應的點，如圖 1-20 所示。

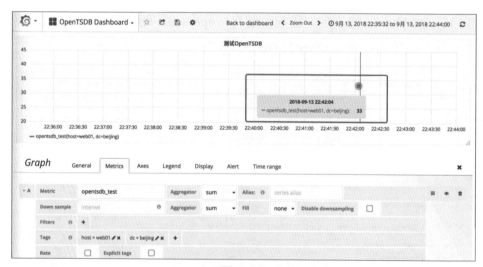

圖 1-20

至此，OpenTSDB 的原始程式環境就全部架設完成了。

1.3.4 HTTP 介面

OpenTSDB 提供了 HTTP 和 Telnet 兩種風格的指令與用戶端進行互動，筆者在實作中常用的是 HTTP 方式，本節將簡單介紹 OpenTSDB 中提供的 HTTP 介面。

在 OpenTSDB 1.0 版本中提供了比較簡單的 HTTP API 用於操作時序資料。在 OpenTSDB 2.0 版本中，HTTP API 的功能進一步獲得加強，雖然 OpenTSDB 2.0 依然支援 1.0 版本提供的 HTTP API，但是按照官方的計畫，在 OpenTSDB 3.0 中將不再支援 1.0 版本的 HTTP API，所以本節重點介紹的是 OpenTSDB 2.0 的 HTTP API。

OpenTSDB 2.0 提供的 HTTP API 都是以 "/api/" 開頭的。在開始介紹這些 HTTP API 之前，先簡單介紹一下其特徵：

- 請求和回應預設使用 JSON 格式，如果讀者需要支援其他格式，則可以參考 OpenTSDB 的官方文件增加對應的外掛程式，這裡不再多作說明 OpenTSDB 增加外掛程式的實際方式。
- OpenTSDB 2.0 提供的 HTTP API 還分為更細的小版本。如果需要明確使用某個特定的小版本，則可以在 URL 中指定，格式是 "/api/v<version>/<endpoint>"，例如 "/api/v2/suggest"。如果不明確指定版本，則預設使用最新版本。
- OpenTSDB 2.0 支援 query param 的方式傳遞參數，同時支援 POST+JSON 的方式傳遞參數。筆者推薦後者，因為可以避免在 URL 中編碼複雜字串，同時後者也沒有參數長度的限制。
- OpenTSDB 2.0 提供的 HTTP API 是支援壓縮傳輸的。只要將 HTTP 請求的 "Content-Encoding" 請求標頭設定成 "gzip" 即可。

了解 OpenTSDB 2.0 HTTP API 的上述特性之後，下面詳細介紹其實際的

HTTP API 介面，表 1-2 簡單羅列了 HTTP 介面的功能及筆者在實作中使用的頻率。

表 1-2

介面	功　　能	使用頻率
/api/put	儲存時序資料	非常頻繁
/api/query	查詢時序資料	非常頻繁
/api/uid	有三個子介面，分別用於分配 UID、操作 UIDMeta 及操作 TSMeta	頻繁
/api/suggest	實現字串的自動補全功能	頻繁
/api/annotation	操作 Annotation 資料	頻繁
/api/tree	其下有多個子介面，主要用於操作樹狀結構，例如操作 Tree、TreeRule、Branch 等	頻繁
/api/search	查詢 TSMeta、UIDMeta 等中繼資料，除了 /api/search/lookup，其下其他子介面都需要外掛程式支援	一般
/api/config	查詢目前 OpenTSDB 實例的設定資訊	不常用
/api/aggregators	查詢目前 OpenTSDB 實例支援的匯總函數	不常用
/api/dropcaches	清除目前 OpenTSDB 實例中的快取	不常用
/api/serializers	查詢目前全部序列化器	不常用
/api/version	查詢目前 OpenTSDB 實例的版本	不常用

下面對 "/api/put" 和 "/api/query" 兩個介面進行較為詳細的介紹，其他介面會在後面分析其對應功能時介紹。

put 介面

在上一節架設 OpenTSDB 原始程式環境中提到，用戶端可以透過 "/api/put" 介面將時序資料儲存到 OpenTSDB 中。為了節省傳輸頻寬，加強傳輸效率，該介面可以實現批次寫入多個屬於不同時序的點，OpenTSDB 在處理請求時，會將這些毫無關係的點分開單獨處理，即使其中一個點儲存失敗，也不會影響其他點的儲存。

當 OpenTSDB 處理完一次請求中所有的點（無論成功還是失敗）之後，才會向用戶端傳回回應，如果一次請求中包含的點過多，則 OpenTSDB 回應請求的速度必然會變慢，所以建議讀者在儲存大量時序資料時進行分批次處理。

另外，了解 HTTP 協定的讀者知道，當 HTTP 請求本體的大小超過一定限制之後，需要將其進行分段傳輸（Chunked Transfer）。為了處理分段傳輸的 HTTP 請求，OpenTSDB 提供了一個名為 "tsd.http.request.enable_chunked" 的設定，將其設定為 true（預設為 false），即可使 OpenTSDB 支援 HTTP 的 Chunked Transfer Encoding。

下面來看一個 "/api/put" 介面請求本體的範例，其中每個點都包含了 metric、tags、timestamp、value 等必要資訊：

```
[
    {
        "metric": "JVM_Heap_Memory_Usage_MB",
        "timestamp": 1525003500,
        "value": 1800,
        "tags": {
            "host": "server01",
            "instanceId": "Tomcat01"
        }
    },
    {
        "metric": "JVM_Heap_Memory_Usage_MB",
        "timestamp": 1525003520,
        "value": 2000,
        "tags": {
            "host": "server02",
            "instanceId": "Tomcat01"
        }
    }
]
```

在透過 put 介面進行寫入操作時，還可以在 URL 上增加以下可選參數，用於更加精細地控制寫入操作的行為及寫入操作的傳回值資訊。

- summary：增加該參數之後，會傳回寫入操作的概述資訊。
- details：增加該參數之後，會傳回寫入操作的詳細資訊。
- sync：增加該參數之後，此次寫入操作為同步寫入，即所有點寫入完成（成功或失敗）才向用戶端傳回回應，預設為非同步寫入。
- sync_timeout：同步寫入的逾時。

建議在測試環境中始終指定 details 和 summary 參數，其傳回格式大致如下：

```
{
    "errors": [   // 實際錯誤訊息
        {
            "datapoint": {
                "metric": "JVM_Heap_Memory_Usage_MB",
                "timestamp": 1525003620,
                "value": "NaN",
                "tags": {
                    "host": "server02",
                    "instanceId": "Tomcat01"
                }
            },
            "error": "Unable to parse value to a number"
        }
    ],
    "failed": 1, // 儲存失敗點的個數
    "success": 0 // 成功儲存點的個數
}
```

最後，OpenTSDB 中有一個與寫入操作緊密相關的設定項目—"tsd.mode"

設定，它決定了目前 OpenTSDB 實例處於「唯讀狀態」還是「讀寫狀態」，對應的設定值分別是 "ro" 和 "rw"（預設值）。當寫入操作一直失敗時，讀者可以先檢查一下該設定項目是否正確。

✎ query 介面

"/api/query" 介面是 OpenTSDB 提供給用戶端查詢時序資料的主要介面，下面來看 "/api/query" 介面請求本體的大致格式，程式如下，其中最重要的是 start 和 end 欄位，它們指定此次查詢操作的起止時間戳記。

```
{
    "start":1525037375896,          // 該查詢的起始時間
    "end":1525080575896,            // 該查詢的結束時間
    "globalAnnotations":false,      // 查詢結果中是否傳回 global annotation
    "noAnnotations":false           // 查詢結果中是否傳回 annotation
    "msResolution":false,           // 傳回的點的精度是否為毫秒級，如果該欄位為 false，
                                    // 則同一秒內的點將按照 aggregator 指定的方式聚合獲
                                    // 得該秒的最後值
    "showTSUIDs":true               // 查詢結果中是否攜帶 tsuid
    "showQuery":true,               // 查詢結果中是否傳回對應的子查詢
    "showSummary":false,            // 查詢結果中是否攜帶此次查詢時間的一些摘要資訊
    "showStats":false,              // 查詢結果中是否攜帶此次查詢時間的一些詳細資訊
    "delete":false,                 // 注意：如果該值設定為 true，則所有符合此次查詢準則
                                    // 的點都會被刪除
    "queries":[
        // 子查詢，這裡可以包含多筆相互獨立的子查詢，下面緊接著會詳細介紹子查詢的內容
    ],
}
```

上述請求本體中的 queries 欄位可以包含多筆相互獨立的子查詢（在查詢請求中至少要包含一個子查詢）。子查詢分為 Metric Query 和 TSUIDS Query 兩種類型，TSUIDS Query 可以看作 Metric Query 的最佳化。

- Metric Query：指定完整的 metric、tag 及聚合資訊。
- TSUID Query：指定一條或多筆 tsuid，不再指定 metric、tag 等。

在 Metric Query 中需要明確指定 metric、Tag 組合等資訊，實際格式如下所示。

```
{
    "metric":" JVM_Heap_Memory_Usage_MB",    // 查詢使用的metric
    "aggregator":"sum",                        // 使用的匯總函數
    "downsample":"30s-avg",                    // 取樣時間間隔和取樣函數
    "tags":{                    // tag組合，在OpenTSDB 2.0中已經標記為廢棄
                                // 推薦使用下面的filters欄位
        "host":"server01",
    }
    "filters":[]              // TagFilter，下面將詳細介紹 Filter 相關的內容
    "explicitTags":false      // 查詢結果是否只包含 filters 中出現的 tag
    "rate":false,             // 是否將查詢結果轉換成 rate
    "rateOption":{}           // 記錄了 rate 相關的參數，實際參數後面會介紹
}
```

TSUIDS Query 相對 Metric Query 來說簡單很多，其實際格式如下所示：

```
{
    "aggregator":"sum",        // 使用的匯總函數
    "tsuids":[                 // 查詢的 tsuid 集合，這裡讀者可以將 tsuid
                               // 了解成時序資料的 id，後面會介紹其實際的組成部分
        "0000010000002000042",
        "0000010000002000043"
    ]
}
```

❑ Timestamp

在 OpenTSDB 的查詢中支援兩種類型的時間：絕對時間和相對時

間。絕對時間主要用於精確指定查詢的起止時間，例如 2018-09-2908:01:23~2018-09-2909:05:10；相對時間主要用於指定查詢的時間範圍，例如 3h-ago（查詢的結束時間是目前時間，起始時間是 3 小時之前）。

絕對時間的格式（yyyy/MM/dd-HH:mm:ss）相信讀者都十分清楚，這裡不再詳細介紹。這裡重點介紹相對時間的格式：<amount><time unit>-ago。相對時間由三部分組成，amount 表示時間跨度（對應上述範例中的3），time unit 表示時間跨度的單位（對應上述範例中的 h），以及固定的 "-age"。除了 h（小時）這個時間單位，相對時間還支援以下單位：

```
ms - Milliseconds
s - Seconds
m - Minutes
h - Hours
d - Days (24 hours)
w - Weeks (7 days)
n - Months (30 days)
y - Years (365 days)
```

除了在指定查詢時間的場景，在 Downsampling 等操作時也會有關類似的格式（但是含義完全不同），希望讀者注意區分。

OpenTSDB 儲存時間序列的最高精度是毫秒。在使用毫秒精度時，HBase RowKey 中的時間戳記佔用 6 個位元組，而使用秒精度的時候，RowKey 中的時間戳記部分佔用 4 個位元組。即使使用了毫秒精度進行儲存，在查詢的時候，OpenTSDB 預設傳回的時序資料也是秒級的，OpenTSDB 預設會按照查詢中指定的聚合方式對 1 秒內的時序資料進行取樣聚合，形成最後的查詢結果。如果需要傳回毫秒級的時間序列，則需要在查詢中設定 msResolution 參數，在後面的分析中會看到 OpenTSDB 對毫秒級時序資料的處理方式。

❏ Filtering

OpenTSDB 中的 Filter 類似 SQL 敘述中的 Where 子句，主要用於 tagv 的
過濾。當在同一子查詢中使用多個 Filter 進行過濾時，這些 Filter 之間的
關係是 AND。如果多個 Filter 同時對一組 Tag 進行過濾，那麼只要有一
個 Filter 開啟了分組功能，就會按照該 Tag 進行分組。下面來看指定一個
Filter 的實際格式：

```
{
    "type":"wildcard",    // Filter 類型，可以直接使用 OpenTSDB 中內建的 Filter，
                          // 也可以透過插件的方式增加自訂的 Filter 類型
    "tagk":"host",        // 被過濾的 TagKey
    "filter":"*",         // 過濾運算式，該運算式作用於 TagValue 上，不同類型的
                          // Filter 支援不同形式的運算式
    "groupBy":true        // 是否對過濾結果進行分組（group by），預設為 false，
                          // 即查詢結果會被聚合成一筆時序資料
}
```

在 OpenTSDB 中提供了幾個比較實用的內建 Filter 類型，這些 Filter 類型
可以直接使用，無須撰寫外掛程式，實際如下。

■ literal_or、ilteral_or 類型：literal_or 類型的 Filter 的運算式支援單一
  字串，也支援使用 "|" 連接多個字串，使用方式如下。

```
{
    "type":"literal_or",
    "tagk":"host",
    "filter":"server01|server02|server03",
    "groupBy":false
}
```

其含義與 SQL 敘述中的 "WHERE host IN('server01',' server02','server03')"
相同。ilteral_or 是 literal_or 的大小寫不敏感版本，使用方式與 literal_
or 一致。

■ **not_literal_or、not_ilteral_or 類型**：與 literal_or 的含義相反，使用方式與 literal_or 一致。例如：

```
{
    "type":"not_literal_or",
    "tagk":"host",
    "filter":"server01|server02 ",
    "groupBy":false
}
```

其含義與 SQL 敘述中的 "WHERE host NOT IN('server01',' server02)" 相同。not_ilteral_or 是 not_literal_or 的大小寫不敏感版本，使用方式與 not_literal_or 一致。

■ **wildcard、iwildcard 類型**：wildcard 類型的 Filter 提供了字首、中綴、副檔名的比對功能，其中支援使用 "*" 萬用字元比對任何字元，其運算式中可以包含多個（但至少包含一個）"*" 萬用字元。其使用方式如下所示。

```
{
    "type":"wildcard",
    "tagk":"host",
    "filter":"server*",
    "groupBy":false
}
```

iwildcard 是 wildcard 的大小寫不敏感版本，使用方式與 wildcard 一致。

■ **regexp**：regexp 類型的 Filter 提供了正規表示法的過濾功能，其使用方式如下。

```
{
    "type":"regexp",
```

```
    "tagk":"host",
    "filter":".*",
    "groupBy":false
}
```

其含義與 SQL 敘述中的 "WHERE host REGEXP '.*'" 相同。

- **not_key**：not_key 類型的 Filter 提供了過濾指定 TagKey 的功能，其使用方式如下。

```
{
    "type":"not_key",
    "tagk":"host",
    "filter":"",
    "groupBy":false
}
```

其含義是跳過任何包含 host 這個 TagKey 的時序，注意，其 Filter 運算式必須為空。

讀者可以看一下 Grafana 的查詢介面，可以找到對應的 Filter 對應的設定項目，實際如圖 1-21 所示。

圖 1-21

有些讀者可能會問，Metric Query 子查詢中的 tags 是不是與這裡的 filters 功能類似？沒錯，從 OpenTSDB 2.2 開始，tags 欄位被標記為廢棄，轉而使用 filters 欄位實現 tags 的功能，從本節的介紹也可以看出，filters 欄位所能實現的功能是 tags 欄位的超集合。

後面的章節會詳細介紹 OpenTSDB 提供的這些內建 Filter 的實作方式。如果上述 OpenTSDB 的內建 Filter 不能滿足需求，那麼讀者還可以自訂 Filter，後面還會簡單介紹如何自訂 Filter。

❑ Aggregation

透過前面的介紹，我們了解了 OpenTSDB 使用 tag 組合方式管理時序資料所帶來的靈活性。OpenTSDB 可以讓使用者從更高層次、更加巨觀的角度來檢視時序資料。舉例來說，OpenTSDB 中儲存了一個 Tomcat 叢集的監控資料，作為一個開發或運行維護人員，我們最想先了解的是整個 Tomcat 叢集的健康情況，如果發現了例外情況，則尋找叢集中某個機房 Tomcat 的情況，定位到某台伺服器或某個 Tomcat 實例，進行更加深入的分析和處理。這僅是時序資料使用的一種場景，可以反映出巨觀資料的重要性。

為了支援上述場景，OpenTSDB 提供了聚合功能（Aggregation）。OpenTSDB 的聚合功能是將多筆時序資料聚合成一筆時序資料。這裡依然透過範例介紹「聚合」的概念。繼續前面原始程式環境架設的範例，我們先使用 PostMan 寫入一個點，如圖 1-22 所示，其中 host 的 tagk 對應的 tagv 為 web02。

圖 1-22

在 Grafana 中設定 A、B、C 三個子查詢，查詢的 metric 都是 opentsdb_
test，但是子查詢 A 只指定了 dc 這一個 TagFilter，而子查詢 B 和子查詢
C 除了指定 dc 這個 TagFilter，還指定了 host 這個 TagFilter，如圖 1-23
所示。

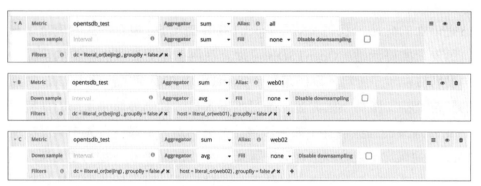

圖 1-23

注意，子查詢 A 中的 Aggregator 欄位設定成了 sum。獲得的查詢結果如
圖 1-24 所示。

圖 1-24

顯然，圖中子查詢 A 的結果是子查詢 B 和子查詢 C 的結果之和，也就是
前面 Aggregator 指定函數的計算結果。簡單地説，如果子查詢結果包含
多個時序資料，那麼 OpenTSDB 會按照其指定 Aggregator 函數對這些時
序資料進行聚合，獲得一筆時序資料傳回。

此時，如果將子查詢 A 的 Aggregator 指定成 avg，則會獲得圖 1-25 展示
的結果，其中子查詢 A 的結果是子查詢 B 和子查詢 C 的結果的平均值。

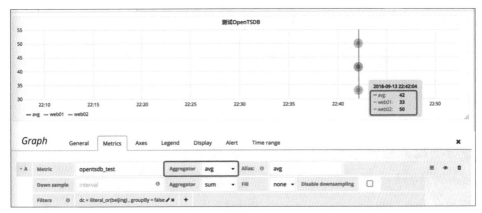

圖 1-25

有的讀者可能會問，如果在某個時序中的某個（或是某幾個）時間點
上的點遺失了，那麼該如何進行聚合呢？ OpenTSDB 會將遺失的點當
作 0、MAX、MIN，還是會忽略該時間點呢？在 OpenTSDB 中提供
了 Interpolation 來解決該問題。目前 OpenTSDB 支援以下四種類型的
Interpolation。

- LERP（Linear Interpolation）：根據遺失點的前後兩個點估計該點的
  值。舉例來說，時間戳記 t1 處的點遺失，則使用 t0 和 t2 兩個點的值
  （其前後兩個點）估計 t1 的值，公式是 v1=v0+(v2-v0)×((t1-t0)/ (t2-
  t0))。這裡假設 t0、t1、t2 的時間間隔為 5s，v0 和 v2 分別是 10 和 20，
  則 v1 的估計值為 15。如圖 1-26 所示。
- ZIM（Zero if missing）：如果存在遺失點，則使用 0 進行取代。
- MAX：如果存在遺失點，則使用其類型的最大值取代。
- MIN：如果存在遺失點，則使用其類型的最小值取代。

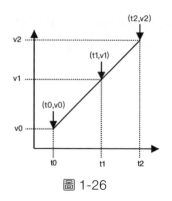

圖 1-26

最後簡單介紹幾個常用的 Aggregator 函數及其使用的 Interpolation 類型，如表 1-3 所示。

表 1-3

Aggregator 函數	描述	Interpolation 類型
avg	計算平均值作為聚合結果	Linear Interpolation
count	點的個數作為聚合結果	ZIM
dev	標準差	Linear Interpolation
min	最小值作為聚合結果	Linear Interpolation
max	最大值作為聚合結果	Linear Interpolation
sum	求和	Linear Interpolation
zimsum	求和	ZIM
p99	將 p99 作為聚合結果	Linear Interpolation

OpenTSDB 提供的其他聚合方式，這裡不再一一展示，讀者可以參看 OpenTSDB 的官方參考文件，或存取 OpenTSDB 的 "/api/aggregators" 介面取得 Aggregator 函數的清單。在後面分析 OpenTSDB 的實作方式時，將詳細介紹聚合的實現方法。

❑ Downsampling

在有些查詢中，時間跨度比較大，如果按照秒級精度查詢，那麼獲得的查詢結果中，點非常多，將它們展示在有限的介面上，顯得非常擁擠。

OpenTSDB 提供了取樣（Downsampling）功能，也就是將同一時序中臨近的多個點，按照指定的方式聚合成一個點，在取樣傳回的結果中，點的時間精度就會變大，點的個數就會變少。下面依然透過一個範例來幫助讀者了解 Downsampling 的概念。

首先以秒級精度查詢某個 tomcat 實例的 JVM_Heap_Memory_Usage_MB 指標，當時間範圍跨越幾個小時甚至更長的時候，傳回的點就已經很多了，展示在 Grafana 頁面中就會變成圖 1-27 所示的樣子。這種展示效果帶給使用者的體驗非常不好，並且傳輸大量的點也會浪費頻寬。

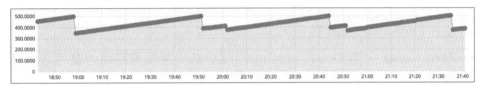

圖 1-27

為了減少查詢結果的點的個數，可以透過參數指定 OpenTSDB 對查詢結果進行取樣，例如按照 5m-avg 的方式進行取樣。這裡的 "5m-avg" 參數由兩個核心部分組成：第一部分是取樣的時間範圍，即 5 分鐘進行一次取樣；第二部分是取樣使用的匯總函數，這裡使用的是 avg（平均值）的聚合方式。所以 "5m-avg" 這個參數的含義就是每 5 分鐘為一個取樣區間，將每個區間的平均值作為傳回的點。按照 5m-avg 方式進行取樣獲得的結果中，每個點之間的時間間隔為 5 分鐘，其展示在 Grafana 的圖表中的內容就會清晰很多，如圖 1-28 所示。如果查詢的時間跨度繼續增大，那麼也可以增大取樣的時間區間，減少傳回的點，進一步保障展示的清晰。

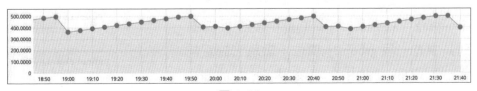

圖 1-28

與前面介紹的 Aggregation 類似，時序資料的遺失也會對 Downsampling 處理結果產生一定的影響。OpenTSDB 也為 Downsampling 提供了對應的填充策略，相較於前面介紹的 Interpolation，Downsampling 的填充策略比較簡單，如下所示。

- None（none）：預設填充策略，當 Downsampling 結果中缺少某個節點時，不會進行處理，而是在進行 "Aggregator" 時透過對應的 interpolation 進行填充。
- NaN（nan）：當 Downsampling 結果中缺少某個節點時，會將其填充為 NaN，在進行 "Aggregation" 時會跳過該點。
- Null（null）：與 NaN 類似。
- Zero（zero）：當 Downsampling 結果中缺少某個節點時，會將其填充為 0。

❑ **執行順序**

至此我們知道，OpenTSDB 在處理一個子查詢的時候，會有關過濾、聚合、分組、取樣等很多步驟。為了寫出正確的查詢，需要了解這些步驟的執行順序，如圖 1-29 所示。

在這些步驟中，Filting、Downsampling、Interpolation、Aggregation 這 4 個步驟在前面的章節中已經詳細介紹過了。

下面簡單介紹一下剩餘的 4 個步驟，首先是 Grouping，在前面介紹 TagFilter 時可以看到其中有一個 groupBy 欄位，當將它設定成 true 時，OpenTSDB 會根據該 tag 中的 tagv

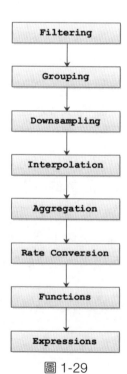

圖 1-29

進行分組，讀者可以將其與 SQL 敘述中的 group by 子句進行類比。

這裡依然延用前文的範例說明，我們在子查詢 A 中增加一個 host 連結的 TagFilter，並將其中的 groupBy 欄位設定為 true，如圖 1-30 所示。其中子查詢 A 傳回了兩個點，分別是按照 web01、web02（host 這個 tagk 對應的 tagv）進行分組之後的結果（與子查詢 B 和子查詢 C 的結果重合）。

圖 1-30

接下來介紹 Rate Conversion。在現實生活中，某些值隨時間的演進只會不斷增長，而不會減少，其相關的時序表現形式就是一路增長，例如網站存取量、發文的點擊量、某個商店的點單總量等。在這種場景下，總量對我們來說並沒有太大的參考價值，真正有參考意義的是增長率。當然，我們可以手動選定兩個時間點，並計算這個兩點之間的增長率，這種方法雖然可行但比較笨拙，OpenTSDB 提供了 Rate Conversion 來實現該功能。

在前面介紹的子查詢中，有兩個欄位與 Rate Conversion 相關，如下所示。

■ rate 欄位：表示是否進行 Rate Conversion 操作。
■ rateOptions 欄位：記錄 Rate Conversion 操作的一些參數，該欄位是一個 Map，其中的欄位及含義如下。

- counter 欄位：參與 Rate Conversion 操作的時序記錄是否為一個會溢位（rollover）的單調遞加值。
- counterMax 欄位：時序的最大值，在後面的範例中會介紹該值的使用方式。
- resetValue 欄位：當計算獲得的比值超過該欄位值時會傳回 0，主要是防止出現例外的峰值。
- dropResets 欄位：是否直接捨棄 resetValue 的點或出現 rollover 的點。

有的讀者可能對 counterMax 和 resetValue 兩個欄位的功能有些困惑，這裡透過官方文件中的簡單範例説明。假設有一筆時序記錄的是一個單調遞增的值，我們的系統中使用 2 byte 來記錄該值，當該值增加到 65535 之後會發生溢位並從 0 繼續開始增長。假設 t0 時刻的點為 64000，t0 ～ t1 這段時間發生了溢位，t1 時刻的點為 1000，此時計算 rate 就會獲得一個負值。為了避免這種情況，可以透過 counterMax 獲得正確的值，將 counterMax 設定為 65535，OpenTSDB 在計算時發現 t1 的值小於 t0 的值，就會將 65535 - 64000 + 1000 = 2535 作為差值參與 rate 運算，這樣在單調遞增的情況下，就會因為溢位而出現例外資料。

雖然 counterMax 可以解決溢位的問題，但解決不了系統重新啟動的問題。在不進行持久化的場景下，當系統重新啟動之後該單調遞加值會從 0 開始。假設 t0 為 2000，重新啟動後的 t1 為 500，根據上面的描述，OpenTSDB 會將 65535 - 2000 + 500 = 64035 作為差值，獲得的 rate 將出現一個極大的峰值。OpenTSDB 會透過 resetValue 削掉這個波峰，這裡將 resetValue 設定為 100，計算獲得的 rate 超過該值時會傳回 0，而非那個例外的波峰值。

OpenTSDB 除傳回基本的時序資料外，還提供了一些簡單的內建函數，例如 highestMax()、timeShfit() 函數等。另外 OpenTSDB 還支援簡單的運算式，例如簡單四則運算及類似 (m2 / (m1 + m2)) ×100 等複合運算。這兩個功能分別對應了前面提到的 Functions 步驟和 Expressions 步驟，OpenTSDB 提供的內建函數及支援的運算式，留給讀者閱讀官方文件進行學習，這裡不再一一列舉，相信讀者在拿到基礎的時序資料之後，都能夠實現 OpenTSDB 中的函數和運算式。

最後，歸納一下 OpenTSDB 處理查詢的整個流程：當 OpenTSDB 接收查詢請求時，首先會驗證 metric、tagk、tagv 是否存在，若其中任何一項不存在，則直接傳回錯誤訊息。驗證完成之後，OpenTSDB 會初始化用於查詢 HBase 表的 Scanner 物件，根據 metric、timestamp、tagk、tagv 確定掃描的起止 RowKey 位置，然後開始 HBase 表的掃描過程。當所有符合過濾條件的時序資料都被查詢出來之後，OpenTSDB 會按照查詢指定的 tagv 進行分組（Grouping）。分組完成之後，會根據 downsample 欄位指定的方式對每組時序資料執行取樣操作（Downsampling）。

完成取樣（Downsampling）之後，OpenTSDB 會在每個分組內，按照查詢中 aggregator 欄位指定的聚合方式將多筆時序資料聚合成一條，在聚合過程中如果發現有遺失的點，則使用對應的 Interpolation 填充遺失的點。聚合完成之後，會根據查詢中指定的參數完成 Rate Conversion 操作計算 rate 值。如果在查詢中使用了函數或運算式，則同樣在此時進行計算，至此就獲得了最後的查詢結果，可以將其傳回給用戶端。

☑ 其他介面

前面兩節中分別介紹了 put 和 query 介面，它們是 OpenTSDB 最核心、最重要的介面。由於篇幅限制，這裡只對相比較較常用的介面做簡單介紹。

- /api/suggest 介面：該介面的主要功能是根據指定的字首查詢符合該字首的 metric、tagk 或 tagv，主要用於給頁面提供自動補全功能。如果讀者使用 Grafana 設定了前面介紹的範例，那麼應該體會到這種自動補全的便捷性。suggest 介面的請求格式大致如下。

```
{
    "type":"metrics",    // 查詢的字串的類型，可選項有 metrics、tagk、tagv
    "q":"sys",           // 字串字首
    "max":10             // 此次請求傳回值攜帶的字串個數的上限
}
```

- /api/query/exp 介面：該介面支援運算式查詢。
- /api/query/gexp 介面：該介面主要是為了相容 Graphite 到 OpenTSDB 的移轉。
- /api/query/last 介面：在有些場景中，只需要一筆時序資料中最近的點的值，OpenTSDB 透過該介面支援該功能。
- /api/uid/assign 介面：該介面主要為 metric、tagk、tagv 分配 UID，UID 的相關內容和分配的實作方式在後面會進行詳細分析。
- /api/uid/tsmeta 介面：該介面支援查詢、編輯、刪除 TSMeta 中繼資料。
- /api/uid/uidmeta 介面：該介面支援編輯、刪除 UIDMeta 中繼資料。
- /api/annotation 介面：該介面支援增加、編輯、刪除 Annotation 資料。

1.3.5 範例分析

完成 OpenTSDB 原始程式環境的架設之後，可以看到 net.opentsdb.examples 套件下有兩個範例程式，其中 AddDataExample 是時序資料寫入的範例，該範例大概有 150 行程式，展示了使用 TSDB 寫入時序資料的基本實現，其 main() 方法的實作方式如下所示：

```
public static void main(final String[] args) throws Exception {
    // 第一個命令列參數可以是前面介紹的 opentsdb.conf 檔案的路徑，這裡會呼叫
    // processArgs(args) 方法解析命令列參數，並記錄 opentsdb.conf 設定檔的位置（略）

    final Config config;
    if (pathToConfigFile != null && !pathToConfigFile.isEmpty()) {
      config = new Config(pathToConfigFile);
        // 使用指定的 opentsdb.conf 檔案建立 Config 物件
    } else {
    // 未指定設定檔的位置，在預設位置尋找 opentsdb.conf 檔案並建立 Config 物件
      config = new Config(true);
    }
    final TSDB tsdb = new TSDB(config);
    // 建立 TSDB 物件，它是 OpenTSDB 的核心元件之一

    String metricName = "my.tsdb.test.metric"; // 指定寫入時序的 metric
    byte[] byteMetricUID;
    try {
        // 檢測指定的 metric 是否已經存在對應的 UID，UID 的概念將在後面的章節中詳細介紹
        byteMetricUID = tsdb.getUID(UniqueIdType.METRIC, metricName);
    } catch (IllegalArgumentException iae) {
        ... ... // 出現這種例外，直接退出程式（略）
    } catch (NoSuchUniqueName nsune) {
        // 出現 NoSuchUniqueName 例外，則表示該 metric 不存在對應的 UID
        byteMetricUID = tsdb.assignUid("metric", metricName);
    }

    long timestamp = System.currentTimeMillis() / 1000; // 寫入點的時間戳記
    long value = 314159;  // 寫入點的值
    Map<String, String> tags = new HashMap<String, String>(1);
    // 記錄寫入時序的 tag 資訊
    tags.put("script", "example1");
```

```
int n = 100;
ArrayList<Deferred<Object>> deferreds = new ArrayList<Deferred<Object>>(n);
for (int i = 0; i < n; i++) {
    // 循環呼叫 TSDB.addPoint() 方法，寫入時序資料
    Deferred<Object> deferred = tsdb.addPoint(metricName, timestamp,
value + i, tags);
    deferreds.add(deferred);
    timestamp += 30;
}

    // 前面的寫入都是非同步的，在這裡增加回呼物件處理寫入成功（或失敗）後的結果
    Deferred.groupInOrder(deferreds).addErrback(new AddDataExample().new
errBack())
        .addCallback(new AddDataExample().new succBack()).join();

    tsdb.shutdown().join();   // 關閉 TSDB 實例
}
```

透過該範例可以看到，OpenTSDB 寫入時序資料的核心操作是在 TSDB.
addPoint() 方法中完成的，此內容在後面的章節中會進行詳細分析，這裡
讀者需要關注的是整個寫入的流程。

下面繼續來看 QueryExample 範例，它展示了 OpenTSDB 查詢一筆時序
資料的基本流程，其 main() 方法的實作方式如下所示。

```
public static void main(final String[] args) throws IOException {

    // 根據指定的（或預設的）opentsdb.conf 設定檔建立 Config 物件，該過程與前面
    // AddExample 中建立 Config 物件的過程類似，這裡不再展開贅述（略）
    final TSDB tsdb = new TSDB(config);

    // 建立 TSQuery 物件，它對應的是前面介紹的主查詢，其中可以包含多個子查詢
    final TSQuery query = new TSQuery();
```

```
// 設定主查詢的起止時間
query.setStart("1h-ago");


// 建立 TSSubQuery 物件，它對應的是前面介紹的子查詢
final TSSubQuery subQuery = new TSSubQuery();
// 指定該子查詢需要查詢的 metric
subQuery.setMetric("my.tsdb.test.metric");


// 在該子查詢中增加 TagVFilter
final List<TagVFilter> filters = new ArrayList<TagVFilter>(1);
filters.add(new TagVFilter.Builder().setType("literal_or").
setFilter("example1")
    .setTagk("script").setGroupBy(true).build());
subQuery.setFilters(filters);


// 設定子查詢的 Aggregator 欄位
subQuery.setAggregator("sum");


// 將子查詢增加到主查詢中，可以在 subQueries 集合中增加多筆子查詢 ( 即多個
TSSubQuery 物件 )
final ArrayList<TSSubQuery> subQueries = new ArrayList<TSSubQuery>(1);
subQueries.add(subQuery);
query.setQueries(subQueries);
query.setMsResolution(true);      // 設定傳回時序資料的時間精度


query.validateAndSetQuery();      // 檢測整個 TSQuery 主查詢是否合法
// 建立 TSQuery 的過程與前面手動使用 Grafana 設定 Dashboard 的過程十分類似，
// 其中參數欄位與前文介紹的內容也能一一對應


// 將 TSQuery 編譯成 TsdbQuery 物件，這才是 OpenTSDB 內部使用的物件
Query[] tsdbqueries = query.buildQueries(tsdb);


final int nqueries = tsdbqueries.length;
```

```
final ArrayList<DataPoints[]> results = new ArrayList<DataPoints[]>();
// 記錄查詢結果
final ArrayList<Deferred<DataPoints[]>> deferreds =
    new ArrayList<Deferred<DataPoints[]>>(nqueries);

// 呼叫 TsdbQuery 的 runAsync() 方法掃描 HBase 表獲得時序資料，該方法是一個非同步
方法
for (int i = 0; i < nqueries; i++) {
  deferreds.add(tsdbqueries[i].runAsync());
}

// QueriesCB 這個 Callback 實現負責將查詢到的時序資料增加到 results 集合中
class QueriesCB implements Callback<Object, ArrayList<DataPoints[]>> {
  public Object call(final ArrayList<DataPoints[]> queryResults) throws
Exception {
    results.addAll(queryResults);
    return null;
  }
}

// QueriesEB 這個 Callback 實現主要負責處理查詢 HBase 表過程中的例外
class QueriesEB implements Callback<Object, Exception> {
  ... ... // QueriesEB 的實作方式會列印堆疊資訊 (略)
}

try {
  // 前面的 runAsync() 方法是非同步的，這裡增加 QueriesCB 和 QueriesEB 兩個回呼，
並等待查詢結束
  Deferred.groupInOrder(deferreds).addCallback(new QueriesCB())
      .addErrback(new QueriesEB()).join();
} catch (Exception e) {
  e.printStackTrace();
}
```

```
for (final DataPoints[] dataSets : results) {
// 檢查查詢到的時序資料，開始輸出
  for (final DataPoints data : dataSets) {
    System.out.print(data.metricName()); // 輸出時序資料的 metric
    Map<String, String> resolvedTags = data.getTags();
    for (final Map.Entry<String, String> pair : resolvedTags.entrySet()) {
      System.out.print(" " + pair.getKey() + "=" + pair.getValue());
      // 輸出時序資料的 tag
    }
    System.out.print("\n");
    final SeekableView it = data.iterator();
    while (it.hasNext()) {     // 檢查時序中的點並輸出
      final DataPoint dp = it.next();
      System.out.println("  " + dp.timestamp() + " "
          + (dp.isInteger() ? dp.longValue() : dp.doubleValue()));
    }
    System.out.println("");
  }
}
  tsdb.shutdown().join();       // 關閉 TSDB 實例
}
```

透過該實例可以看出，OpenTSDB 掃描 HBase 表取得時序資料的核心操作是在 TsdbQuery.runAsync () 方法中完成的（OpenTSDB 還有別的元件可以完成時序資料查詢的功能），在後面的章節中會詳細分析，這裡讀者需要關注的是整個查詢流程。

1.4 本章小結

本章首先透過範例對時序資料進行了清晰的介紹，然後介紹了時序資料庫應該具備的基本特徵。之後列舉了一些比較熱門的開放原始碼時序資料庫產品，例如 InfluxDB、Graphite、OpenTSDB 等，並簡單介紹了其背景和特點。另外，還簡單提到了一些雲廠商的時序資料庫產品，例如 HiTSDB。

接下來介紹 OpenTSDB 的基礎知識，並對 HBase 進行了簡單介紹，然後詳細介紹了架設 OpenTSDB 原始程式環境的步驟，還提到了 Grafana 的安裝及它如何配合 OpenTSDB 使用。之後簡單介紹了 OpenTSDB 中最常用的 API，其中重點分析了 put 和 query 這兩個核心介面。最後，分析了一下 OpenTSDB 原始程式中提供的 AddDataExample 和 QueryExample 兩個範例，讓讀者初步了解了 OpenTSDB 讀寫時序資料的大致過程。希望讀者跟隨本章的介紹，完成 OpenTSDB 原始程式環境的架設，了解 Grafana 的安裝和使用，並親自動手實現本章中的小實例，熟悉 OpenTSDB 提供的 API 介面，為後續分析 OpenTSDB 的原始程式實現打下基礎。

網路層

OpenTSDB 的網路層是使用 Netty 3 實現的，本章首先介紹 NIO 的基礎知識，然後介紹 Netty 3 的大致原理和基本使用方式，最後詳細介紹 OpenTSDB 中定義的 ChannelHandler 和 OpenTSDB 網路層的實作方式。

2.1 Java NIO 基礎

本節將介紹 Java NIO 的基礎知識，熟悉 Java 程式設計的讀者應該了解，Java NIO 提供了實現 Reactor 模式的 API，Reactor 模式是一種以事件驅動為基礎的模式。常見的單執行緒 Java NIO 的程式設計模型（也就是 Reactor 單程模型）如圖 2-1 所示。

下面簡單介紹其工作原理：

（1）建立 ServerSocketChannel 物件並在 Selector 上註冊 OP_ACCEPT 事件，ServerSocketChannel 負責監聽指定通訊埠上的連接請求。

（2）當用戶端發起到服務端的網路連接時，服務端的 Selector 監聽到此 OP_ACCEPT 事件，會觸發 Acceptor 來處理 OP_ACCEPT。

（3）當 Acceptor 收到來自用戶端的 Socket 連接請求時，會為這個連接
建立對應的 SocketChannel，並將 SockChannel 設定為非阻塞模式，
在 Selector 上註冊其關注的 I/O 事件，舉例來說，OP_READ、OP_
WRITE。此時，用戶端與服務端之間的 Socket 連接正式建立完成。

（4）當用戶端透過上面建立的 Socket 連接向服務端發送請求時，服務端
的 Selector 會監聽到 OP_READ 事件，並觸發執行對應的處理邏輯
（圖 2-1 中的 Reader Handler）。當服務端可以向用戶端寫資料時，服
務端的 Selector 會監聽到 OP_WRITE 事件，並觸發執行對應的處理
邏輯（圖 2-1 中的 Writer Handler）。

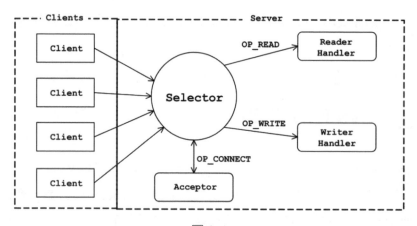

圖 2-1

注意，這裡所有事件的處理邏輯都是在同一執行緒中完成的。這種設計
比較適合用戶端這種平行處理連接數較小、資料量較小的場景，舉例來
說，Kafka 中的 Producer 和 Consumer 都使用了這種設計。但是，如果在
服務端使用這種單執行緒的模式，則很難完全發揮伺服器的硬體效能。
舉例來說，請求的處理過程比較複雜，造成了執行緒阻塞，那麼所有後
續請求都無法被處理，這就會導致大量的請求逾時。另外，一條執行緒
只能執行在一個 CPU 上，這也就造成了伺服器運算資源的浪費。為了避

免上述情況的發生，要求服務端在讀取請求、處理請求及發送回應等各個環節必須能迅速完成，這就加強了程式設計難度，也加強了對開發人員的要求。

為了滿足高平行處理的需求，並充分利用伺服器的硬體資源，服務端需要使用多執行緒來執產業務邏輯。我們對上述架構稍作調整，將網路讀寫的邏輯與業務處理的邏輯進行拆分，由不同的執行緒池來處理，進一步實現多執行緒處理。這也就是常說的 Reactor 多執行緒模型，其設計架構如圖 2-2 所示。

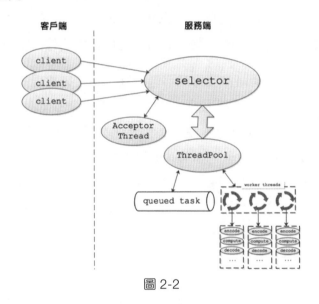

圖 2-2

圖 2-2 中的 Acceptor 單獨執行在一個執行緒中，也可以使用單執行緒的 ExecutorService 實現，因為 ExecutorService 會在執行緒例外退出時，建立新執行緒進行補償，所以可以防止出現執行緒例外退出後整個服務端不能接收請求的情況。圖 2-2 中的 ThreadPool 執行緒池中的所有執行緒都會在 Selector 上註冊事件，然後由其中的 woker thread 負責處理服務端的請求，當然，每個 worker thread 都可以處理多個讀取寫入請求。

當 ThreadPool 執行緒池中的執行緒個數達到上限之後，請求將堆積到 ThreadPool 執行緒中的佇列中，當 worker threads 執行完它處理的請求之後，會從該佇列中取得待處理的請求進行處理。圖 2-2 所示的模式中，即使處理某個請求的執行緒阻塞了，ThreadPool 中還有其他執行緒繼續從佇列中取得請求並進行處理，進一步避免了整個服務端阻塞的情況。

最後需要注意的是，當讀取請求與業務處理之間的速度不符合時，ThreadPool 佇列的大小限制就變得尤為重要。如果佇列長度的上限太小，則會出現拒絕請求的情況；如果不限制該佇列長度的上限，則可能因為堆積過多未處理請求而導致 OutOfMemoryException 例外。這就需要開發人員根據實際的業務需求進行權衡，選擇合適的佇列長度。

上面的設計是透過將網路處理與業務邏輯進行切分後實現的，此設計中的請求處理是透過多執行緒實現的，這樣能夠充分發揮伺服器的多 CPU 的運算能力，使其不再成為效能瓶頸。但是，如果同一時間出現大量網路 I/O 事件，上述設計中的單一 Selector 就可能在分發事件時阻塞（或延遲時間）而成為整個服務端的瓶頸。我們可以將上述設計中單獨的 Selector 物件擴充成多個，讓它們監聽不同的網路 I/O 事件，這樣就可以避免單一 Selector 帶來的上述問題。這也就是我們常説的 Reactor 主從多執行緒模型，其實際設計架構如圖 2-3 所示。

在圖 2-3 的設計中，Acceptor Thread 會單獨佔用一個 Selector，當 Main Selector 監聽到 OP_ACCEPT 事件的時候，會建立對應的 SocketChannel。另外，這裡也可以將單一 Acceptor Thread 擴充成 Acceptor ThreadPool，這樣可以更有效地應對大平行處理的用戶端連接，也可以應對在連接建立過程中比較耗時的場景，例如安全認證操作。然後讓 SocketChannel 在 Sub Selector 上註冊 I/O 事件，之後就由 Sub Selector 負責監聽該 SocketChannel 上的網路事件。這樣就可以緩解單一 Selector 帶來的瓶頸問題，當然，這裡的 Sub Selector 也可以使用 Selector 集合，然後輪詢或按照其他選擇策略選擇合適的 Sub Selector 來處理對應的連接。

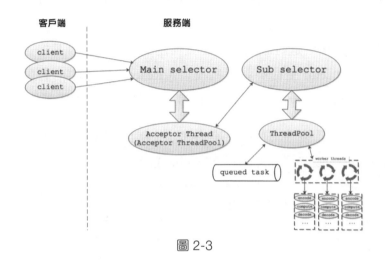

圖 2-3

2.2 Netty 基礎

介紹完 Java NIO 的基礎之後，我們接下來介紹 Netty 的基本內容，本節將有關 Netty 的執行緒模型、常用元件，以及概念、基本範例等內容。在 OpenTSDB 2.3.1 版本中使用的是 Netty 3，本節主要介紹 Netty 3 的內容，Netty 4 的相關內容留給讀者進行自我學習，本節不做實際介紹。雖然 Netty 4 和 Netty 3 有一定差異，但是相信讀者透過本章的閱讀，了解了 Netty 3 後，再去學習 Netty 4 時就會覺得非常簡單容易。

Netty 是一個 NIO 的架構，其底層是以前面介紹為基礎的 Java NIO 實現的。可以使用 Netty 實現快速完成網路相關的開發，在很多架構或開放原始碼產品中都可以看到 Netty 的身影，例如 Dubbo、HBase、ZooKeeper 等，當然也包含本書的主角 OpenTSDB。

2.2.1　ChannelEvent

Netty 作為一個成熟的 NIO 架構，它同時支援前面介紹的 Reactor 單執行緒模式、Reactor 多執行緒模式及 Reactor 主從多執行緒模型，可以在 Netty 的啟動參數中進行設定，決定其使用的實際模型。其中，服務端最常用的就是 Reactor 主從多執行緒模型。Reactor 模型的本質是由網路事件驅動的，既然 Netty 使用了 Reactor 模型，那麼必然也是事件驅動的。

Netty3 將其內部發生的所有事件都抽象成了 ChannelEvent 物件，ChannelEvent 介面的子介面和實作方式如圖 2-4 所示。

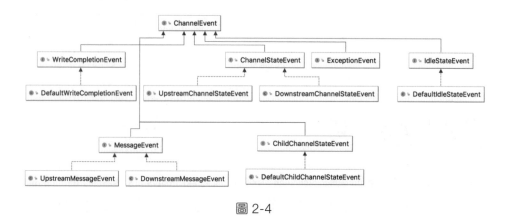

圖 2-4

本書畢竟不是 Netty 原始程式的剖析，這裡就簡單介紹一下其中比較重要的 ChannelEvent 實現類別的實際含義，至於其內部的實現，讀者可以參考相關資料進行學習。

- ChannelStateEvent：Channel 狀態的變化事件。Channel 和 ChannelPipeline 的相關概念在後面會進行詳細介紹。
- MessageEvent：從 Socket 連接中讀取完資料，需要向 Socket 連接寫入資料或 ChannelHandler 對目前 Message 解析後觸發的事件，它由 NioWorker 和需要對 Message 做進一步處理的 ChannelHandler 產生。

- WriteCompletionEvent：表示寫完成而觸發的事件。
- ExceptionEvent：ExceptionEvent 表示在處理網路請求的過程中出現了例外。
- IdleStateEvent：IdleStateEvent 主要由 IdleStateHandler 觸發，後面會介紹 ChannelHandler 的相關內容。

2.2.2 Channel

在 Netty 中使用 Channel（注意區別於 Java NIO 中的 Channel）對一個底層的 NIO 網路連接進行抽象。除了底層的網路連接，Channel 中還封裝了網路連接有關的其他相關資源，例如 ChannelPipeline。因為 Channel 中封裝了底層網路連接，它提供了 connect()、bind() 等方法來連接到某個指定的位址。

ChannelPipeline 是與 Channel 緊密相關的資源之一，它主要負責管理 Channel 相關的 ChannelHandler 物件。每個 Channel 都有一個唯一確定的 ChannelPipeline 物件，我們可以在執行過程中動態增加或刪除 ChannelPipeline 中管理的 ChannelHandler。在 ChannelPipeline 內部維護的 ChannelHandler 物件會形成一個雙向鏈結串列，如圖 2-5 所示。

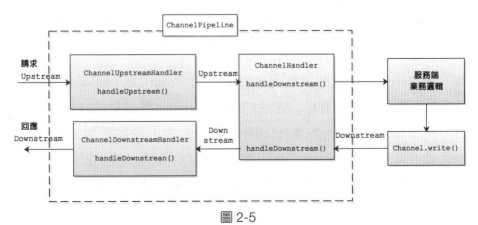

圖 2-5

其中，將 Upstream 方向定為正向，Downstream 方向定為反向。當一個 ChannelHandler 處理完請求之後，會將處理結果按照 ChannelPipeline 維護的 ChannelHandler 順序，傳遞給下一個 ChannelHandler 進行處理，這樣多個 ChannelHandler 就以責任鏈的方式組織在了一起。

ChannelHandler 介面在 Netty 3 中是處理 ChannelEvent 事件的核心介面。ChannelHandler 介面的繼承關係如圖 2-6 所示。

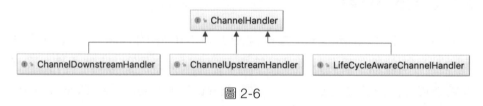

圖 2-6

- ChannelUpstreamHandler：當資料從網路連接進入 Netty 3，然後進入服務端應用時，ChannelPipeline 會呼叫其中的 C hannelUpstreamHandler 進行處理。

- ChannelDownstreamHandler：當資料從服務端應用進入 Netty 3，然後透過網路連接發送去取的過程中，ChannelPipeline 會呼叫其中的 ChannelDownstreamHandler 進行處理。

- LifeCycleAwareChannelHandler：當一個 ChannelHandler 被增加到 ChannelPipeline 或從 ChannelPipeline 中被刪除時，會觸發對應的事件並由 LifeCycleAwareChannelHandler 進行處理。

為了幫助使用者快速架設應用的網路模組，Netty 為 ChannelHandler 介面提供了豐富的實現類別，這些 ChannelHandler 實現都是針對不同協定的，我們可以透過幾個 ChannelHandler 的組合，輕鬆實現對某個協定的支援。這些 ChannelHandler 的實現大多在 org.jboss.netty.handler 套件中，並且根據其支援的協定進行了細分。例如圖 2-7 中展示的 org.jboss. netty.handler.http 套件中的 ChannelHandler 實現，都是與 HTTP 相關的。

圖 2-7

2.2.3 NioSelector

介紹完 Netty 對事件（ChannelEvent）及網路連接（Channel）的抽象之後，再簡單介紹一下 Netty 中對執行緒模型的抽象。

在 Netty 3 中使用 NioSelector 封裝了 Java NIO Selector，當產生新的 Channel 時，都需要向這個 NioSelector 進行註冊，這樣 NioSelector 就可以監聽該 Channel 上發生的事件。與使用 Java NIO 中原生 Selector 類似，在向 NioSelector 註冊時會將 Channel 實例以 attachment 的形式傳入，當監聽到 Channel 的相關事件發生時，Channel 就會以 attachment 的形式存在於 SelectionKey 中，這樣就可以從事件中直接取得連結的 Channel 物件，並在這個 Channel 中取得與之相連結的 ChannelPipeline 物件。

當 NioSelector 監聽到 Channel 上有指定的事件觸發時，就會產生 ChannelEvent 實例並將該 ChannelEvent 事件發送到該 Channel 對應的 ChannelPipeline 中。之後，ChannelPipeline 會根據傳遞方向將 ChannelEvent 按序交給各個 ChannelHandler 進行處理。

如圖 2-8 所示，Netty 3 中的 NioSelector 介面繼承了 Runnable 介面。另外，NioSelector 介面的實現可以分為兩種：Boss 和 Worker。其中 Boss 實現（NioServerBoss、NioClientBoss）負責處理新增連接的相關事件，Worker 實現（NioWorker）負責處理 Channel 上發生的讀寫相關事件。讀者可以回顧前面介紹的 Reactor 主從多執行緒模型，這裡的 Boss 實現對應的就是 MainSelector 部分，Worker 實現對應的就是 SubSelector 部分。

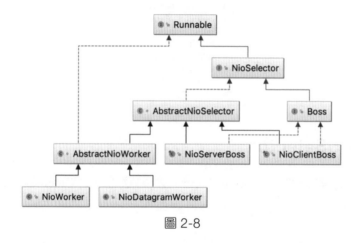

圖 2-8

另一個需要讀者簡單了解的是 NioSelectorPool 介面，其繼承結果如圖 2-9 所示。

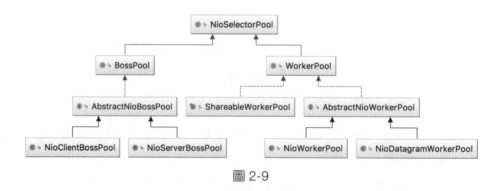

圖 2-9

NioSelectorPool 的主要功能就是按照一定的輪詢策略取得 NioSelector 物件。從圖 2-9 中各個實現類別的名稱就可以看出它們的功能。舉例來說,當服務端接收用戶端的連接請求時,就會透過 NioServerBossPool 取得一個 Boss 物件並進行處理,在成功建立連接之後,Boss 物件會透過 NioWorkPool 取得 Worker 物件並處理該新增連接上的各種事件。

2.2.4　ChannelBuffer

最後介紹 Netty 中儲存資料的核心介面—ChannelBuffer。ChannelBuffer 是 Netty 用來儲存資料的容器,同時 ChannelBuffer 介面也提供了讀寫其儲存資料的基本功能。其實,Netty 提供的 ChannelBuffer 與 Java NIO 中提供的 ByteBuffer 有些類似,但是 ChannelBuffer 的功能更加強大,對外提供的 API 方法也更加簡單好用。

根據實現方式的不同,ChannelBuffer 介面的繼承關係如圖 2-10 所示。

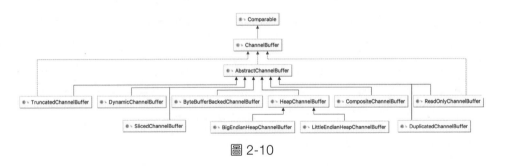

圖 2-10

由圖 2-10 可以看出,ChannelBuffer 介面有很多實現類別,本節主要介紹幾個在後面會頻繁使用到的實現類別。

■ HeapChannelBuffer:HeapChannelBuffer 是 後 面 最 常 用 的 ChannelBuffer 實現類別之一。當 Netty 收到網路資料時,就會預設使用 HeapChannelBuffer 儲存這些資料。相信了解 Java 的讀者應該可以

猜到，HeapChannelBuffer 中的 "Heap" 就是 Java Heap 的含義，也就是說，HeapChannelBuffer 會在 Java Heap 中開闢一個 byte[] 陣列來實現儲存功能。

兩個「零拷貝」

熟悉 Java NIO 的讀者可能知道「零拷貝」，這裡透過一個簡單的場景介紹。當服務端在向用戶端發送回應的時候，服務端會先從硬碟（或其他儲存）中讀出資料到記憶體，然後將記憶體中的資料原封不動地透過 Socket 發送給消費者。雖然該場景下的發送操作可以描述得非常簡單，但是其中有關的步驟非常多，效率也比較差，尤其是當資料量較大時。按照這種設計，其底層執行步驟大致如下：首先，應用程式呼叫 read() 方法讀取磁碟上的資料時，需要從使用者態切換到核心態，然後進行系統呼叫，將資料從磁碟上讀取出來儲存到核心緩衝區中；接著，核心緩衝區中的資料傳輸到應用程式，此時 read() 方法呼叫結束，從核心態切換到使用者態。之後，應用程式執行 send() 方法，此時需要再次從使用者態切換到核心態，將資料傳輸給 Socket Buffer；最後，核心會將 Socket Buffer 中的資料發送到 NIC Buffer（網路卡緩衝區）進行發送，此時 send() 方法結束，從核心態切換到使用者態。如圖 2-11 所示，在這個過程中有關四次上下文切換（Context Switch）及四次數據複製，並且其中兩次複製操作由 CPU 完成。但是在這個過程中，資料完全沒有變化，僅是從磁碟複製到了網路卡緩衝區中，會浪費大量的 CPU 週期。

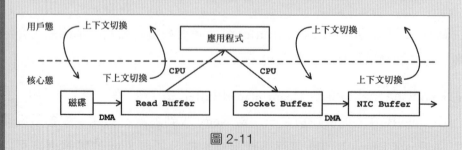

圖 2-11

透過「零拷貝」技術可以去掉這些無謂的資料複製操作，也會減少上下文切換的次數。其大致步驟如下：首先，應用程式呼叫 transferTo() 方法，DMA 會將檔案資料發送到核心緩衝區；然後，Socket Buffer 追加資料的描述資訊；最後，DMA 將核心緩衝區的資料發送到網路卡緩衝區，這樣就完全解放了 CPU。如圖 2-12 所示，這就是我們說的第一個「零拷貝」的概念。

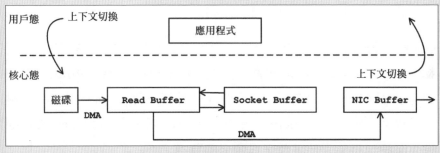

圖 2-12

在 Netty 中還有另一個「零拷貝」的概念，這個概念比較簡單。Netty 允許我們將多個 ChannelBuffer 合併為一個完整的虛擬 ChannelBuffer，這樣就無須建立新的 ChannelBuffer 物件（會重新分配記憶體），也不需要對原有 ChannelBuffer 中的資料進行拷貝。這就是我們要介紹的第二個「零拷貝」的概念。

在前面展示的繼承關係中可以看到 HeapChannelBuffer 有兩個子類別，分別是 BigEndianHeap-ChannelBuffer 和 LittleEndianHeapChannelBuffer，從名字也可以看出這兩個子類別是根據網路位元組順序的方式進行區分的，預設使用的是 BigEndianHeapChannelBuffer。

■ DynamicChannelBuffer：DynamicChannelBuffer 與 HeapChannelBuffer 的功能類似，但是 DynamicChannelBuffer 可以動態自我調整大小，兩

者的關係類似 List<Byte> 與 Byte[] 陣列之間的關係。一般在資料量已知的情況下，我們通常使用 HeapChannelBuffer，但是在資料量大小未知的情況下，DynamicChannelBuffer 的便捷性就會非常明顯。

■ ByteBufferBackedChannelBuffer：ByteBufferBackedChannelBuffer 是封裝了 Java NIO 中 ByteBuffer 的類別，主要用於實現對堆外記憶體的處理（即封裝 Java NIO DirectByteBuffer），當然，它也可以封裝其他類型的 Java NIO ByteBuffer 實現類別。

■ CompositeChannelBuffer：CompositeChannelBuffer 就是前面提到的 Netty 中「零拷貝」概念的實作方式，CompositeChannelBuffer 中可以封裝多個 ChannelBuffer，而呼叫方只看到一個 ChannelBuffer 物件，這樣就可以使用 ChannelBuffer 統一的 API 處理多個 ChannelBuffer 物件。同時也避免了記憶體拷貝帶來的負擔。

■ DuplicatedChannelBuffer：DuplicatedChannelBuffer 是對另一個 ChannelBuffer 物件進行的一層封裝，兩者獨立維護讀取位置等資訊。

■ SlicedChannelBuffer：SlicedChannelBuffer 與前面介紹的 DuplicatedChannelBuffer 類似，也是對另一個 ChannelBuffer 物件進行了封裝，但是區別在於 SlicedChannelBuffer 只能操作底層 ChannelBuffer 物件的一部分，如圖 2-13 所示。

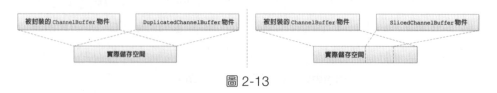

圖 2-13

Netty 並不推薦直接呼叫上述 ChannelBuffer 實現類別的建置方法，而是推薦使用其提供工廠類別進行建立。Netty 中提供了

ChannelBufferFactory 介面，其實際的實現有 DirectChannelBufferFactory 和 HeapChannelBufferFactory，如圖 2-14 所示。從這兩個實現類別的命名可以看出，HeapChannelBufferFactory 建立的 ChannelBuffer 是在 Java Heap 上分配空間的，而 DirectChannelBufferFactory 建立的 ChannelBuffer 則分配堆外記憶體。

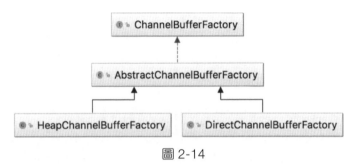

圖 2-14

2.2.5 Netty 3 範例分析

介紹完 Netty 的基本概念和核心元件之後，我們使用 Netty 3 簡單撰寫一個範例。這裡使用 ServerBootstrap 的方式可以快速架設服務端程式，其大致步驟如下：

（1）建立 NioServerSocketChannelFactory。

（2）建立 ServerBootstrap 輔助類別。ServerBootstrap 是 Netty 提供的服務端啟動輔助類別。

（3）建立 ChannelPipelineFactory 工廠物件。ChannelPipelineFactory 主要負責為接下來建立的每個 Channel 建立對應的 ChannelPipeline，同時還會在其中指定每個 ChannelPipeline 中包含的 ChannelHandler。

（4）將 ChannelPipelineFactory 設定到 ServerBootstrap 輔助類別中。

（5）使用 ServerBootstrap 綁定監聽位址和通訊埠。

接下來看一下服務端的實作方式，程式如下：

```java
public class Server {
  public void start() {
    ChannelFactory factory = null;
    try {
      // 建立 NioServerSocketChannelFactory
      factory = new NioServerSocketChannelFactory(
        Executors.newCachedThreadPool(),// boss 執行緒池，預設執行緒數是 1
        Executors.newCachedThreadPool(),// worker 執行緒池
        4 // worker 執行緒數
      );
      // ServerBootstrap 是 Netty 建置服務端網路元件的輔助類別
      ServerBootstrap bootstrap = new ServerBootstrap(factory);
      // 對於每個 Channel，Netty 都會呼叫 PipelineFactory 為該連接建立一個
      // ChannelPipline，並將這裡指定的 ChannelHandler 按序增加到
      // ChannelPipeline 中
      bootstrap.setPipelineFactory(new ChannelPipelineFactory() {
        public ChannelPipeline getPipeline() throws Exception {
          ChannelPipeline pipeline = Channels.pipeline();
          pipeline.addLast("decoder", new StringDecoder());
          pipeline.addLast("encoder", new StringEncoder());
          pipeline.addLast("log", new ServerLogicHandler());
          return pipeline;
        }
      });
      // 綁定指定的 IP 位址和 Port
      Channel channel = bootstrap.bind(new InetSocketAddress("127.0.0.1",
8080));
      System.out.println("netty server start success!");
    } catch (Exception e) {
      e.printStackTrace();
      if (factory != null) {
        // 如果出現例外，則需要呼叫 releaseExternalResources() 關閉
```

```
      // ChannelPipelineFactory 所佔用的系統資源
      factory.releaseExternalResources();
    }
  }
}

public static void main(String[] args) throws InterruptedException {
  Server server = new Server();
  server.start();
  Thread.sleep(Integer.MAX_VALUE);
}
}
```

在上面的 ChannelPipelineFactory 中，我們為每個 ChannelPipeline 增加了
StringDecoder、StringEncoder 及 ServerLogHandler 三 個 ChannelHandler
實現，其中前兩個都是 Netty 提供的 ChannelHandler 實現，主要
完成 ChannelBuffer 中儲存的位元組資料與 String 之間的轉換。而
ServerLogHandler 則是我們自訂的 ChannelHandler，它主要負責列印記錄
檔。為了便於實現自訂 ChannelHandler，Netty 提供了 SimpleChannelHandler
這個輔助類別，它同時實現了前面介紹的 ChannelUpstreamHandler 和
ChannelDownstreamHandler，並對這兩個介面的方法做了對應擴充，這裡的
ServerLogHandler 繼承了 SimpleChannelHandler。ServerLogHandler 的實作
方式程式如下：

```
public class ServerLogHandler extends SimpleChannelHandler {
  @Override
  public void channelConnected(ChannelHandlerContext ctx, ChannelStateEvent e)
        throws Exception {
    // 處理連接建立成功的事件
    System.out.println(" 連接建立成功，Channel: " + e.getChannel().toString());
  }

  @Override
```

```
public void messageReceived(ChannelHandlerContext ctx, MessageEvent e)
    throws Exception {
  // 處理接收的訊息
  String msg = (String) e.getMessage();
  System.out.println("Server 接收了 Client 的訊息, Message: " + msg);

  Channel channel = e.getChannel();
  String str = "Hello，client";

  channel.write(str); // 將回應發給 Client
  System.out.println("Server 發送資料: " + str + " 完成 ");
}

@Override
public void exceptionCaught(ChannelHandlerContext ctx, ExceptionEvent e)
    throws Exception {
  // 處理接收的例外
  e.getCause().printStackTrace();
  e.getChannel().close();
}
}
```

使用 Netty 架設用戶端的過程與架設服務端的過程十分類似，其實際步驟
如下：

（1）建立 NioClientSocketChannelFactory。

（2）建立 ClientBootstrap 端啟動輔助類別。ClientBootstrap 是 Netty 提供
的服務端啟動輔助類別。

（3）建立 ChannelPipelineFactory 工廠物件。

（4）將 ChannelPipelineFactory 設定到 ClientBootstrap 輔助類別中。

（5）使用 ClientBootstrap 連接服務端監聽的位址和通訊埠。

接下來介紹用戶端的實作方式：

```java
public class Client {
  public static void main(String[] args) {
    // 建立 NioClientSocketChannelFactory
    ChannelFactory factory = new NioClientSocketChannelFactory(
        Executors.newCachedThreadPool(),
        Executors.newCachedThreadPool(),
        8
    );
    // 建立 ClientBootstrap 輔助類別
    ClientBootstrap bootstrap = new ClientBootstrap(factory);
    // 設定 ChannelPipelineFactory
    bootstrap.setPipelineFactory(new ChannelPipelineFactory() {
      public ChannelPipeline getPipeline() throws Exception {
        ChannelPipeline pipeline = Channels.pipeline();
        pipeline.addLast("decoder", new StringDecoder());
        pipeline.addLast("encoder", new StringEncoder());
        pipeline.addLast("log", new ClientLogHandler());
        return pipeline;
      }
    });
    // 連接指定服務端指定位址
    bootstrap.connect(new InetSocketAddress("127.0.0.1", 8080));
    System.out.println("netty client start success!");
  }
}
```

在用戶端使用的 ClientLogHandler 與前面介紹的 ServerLogHandler 實現
類似，也只是輸出一筆記錄檔資訊，其實作方式程式如下：

```java
public class ClientLogicHandler extends SimpleChannelHandler {

  @Override
```

```java
public void channelConnected(ChannelHandlerContext ctx, ChannelStateEvent e)
    throws Exception {
  // 處理連接成功事件
  String str = "hello server!";
  e.getChannel().write(str);
}


@Override
public void writeComplete(ChannelHandlerContext ctx, WriteCompletionEvent e)
    throws Exception {
  // 發送完成後會產生 WriteCompletionEvent 事件並呼叫該方法
  System.out.println("Client Write Complete");
}


@Override
public void messageReceived(ChannelHandlerContext ctx, MessageEvent e)
    throws Exception {
  // 處理收到的訊息
  String msg = (String) e.getMessage();
  System.out.println("用戶端收到訊息, msg: " + msg);
}


@Override
public void exceptionCaught(ChannelHandlerContext ctx, ExceptionEvent e)
    throws Exception {
  // 處理例外
  e.getCause().printStackTrace();
  e.getChannel().close();
}
}
```

到這裡，Netty 3 的核心概念及基本使用就介紹完了，希望讀者透過本節的閱讀，能夠了解 Netty 3 的設計理念，熟練 Netty 3 的使用，為後面分析 OpenTSDB 的網路層打下基礎。至於 Netty 4 相關的內容本書不做詳細介紹，雖然 Netty 4 相較於 Netty 3 有一定的改進和最佳化，但是其核心思維基本一致，相信讀者在閱讀完本節之後，再參考 Netty 4 的相關文件即可快速上手 Netty 4。

2.3 OpenTSDB 網路層

在前面的介紹中提到，OpenTSDB 2.3.1 的網路層是使用 Netty 3.10.6 架設的。前面的章節也重點介紹了 Java NIO 和 Netty 3 的基礎內容，本節將重點對 OpenTSDB 的網路層進行分析。

2.3.1 TSDMain 入口

前面架設 OpenTSDB 原始程式環境的時候簡單提到，整個 OpenTSDB 實例啟動的入口是 TSDMain 這個類別的 main() 方法，也是在這個 main() 方法中完成了 Netty 服務端元件的初始化。

這裡先簡單介紹一下 TSDMain 初始化 OpenTSDB 實例的過程：

(1) 建立 ArgP 物件。ArgP 是 OpenTSDB 提供的命令列解析工具，它會將傳入的命令列參數解析成 Map<String, String> 的格式，並提供 get() 供外部查詢。

(2) 載入設定檔，並與前面 ArgP 物件的解析結果一起組成 Config 物件。

(3) 檢測 OpenTSDB 實例啟動所必需的參數是否存在。

(4) 根據 Config 物件中的設定，建立 Netty 的相關元件，例如 ServerSocketChannelFactory、NioServerBossPool、NioWorkerPool 等，同時設定相關參數。

(5) 載入使用者自訂的 StartupPlugin 的實現。StartupPlugin 是 OpenTSDB 提供的外掛程式介面之一，可以提供該介面的實現類別，修改 Config 物件中的設定資訊。後面會詳細介紹 StartupPlugin 抽象類別和 loadStartupPlugins() 方法載入自訂 StartupPlugin 類別的實現過程。

(6) 建立 TSDB 物件。它是 OpenTSDB 的核心，整個 OpenTSDB 實例的 讀寫都與其緊密相關。

(7) 載入並初始化 StartupPlugin 以外的其他類型的使用者自訂外掛程式。

(8) 根據設定項目決定是否預先載入 HBase 表的 meta 資訊（主要是 Region 資訊），這樣，在執行過程中就可以省掉這部分負擔，尤其是 HBase 的 Regin 特別多的時候，該最佳化帶來的效能提升還是很明顯 的。

(9) 建立 Netty 中的 ServerBootstrap，其中會指定連結的 ChannelPipelineFactory。這裡使用的 ChannelPipelineFactory 實 現是 OpenTSDB 自訂的 PipelineFactory，它實現了 Netty 的 ChannelPipelineFactory 介面，後面將詳細介紹 PipelineFactory 的實 作方式。

(10) 根據前面獲得的 Config 物件，設定 Netty 的相關參數，這些參數主 要是 TCP 的相關參數，實際含義不再一一列舉，讀者可以參考 Netty 的官方文件進行了解。

(11) 解析該 OpenTSDB 實例監聽的位址和通訊埠，Netty 網路模組開始監 聽該位址。

(12) 整個 OpenTSDB 實例初始化完成，透過 StartupPlugin.setReady() 方 法通知 StartupPlugin 元件。

(13) 上述過程中出現任何例外，都需要透過 ServerSocketChannelFactory. releaseExternalResources() 和 TSDB.shutdown() 方法釋放其佔用的系 統資源。

下面詳細分析 TSDMain.main() 方法的實作方式，程式如下：

```java
public static void main(String[] args) throws IOException {
  Logger log = LoggerFactory.getLogger(TSDMain.class);
  // 取得 Logger，為後面的記錄檔輸出做準備
  log.info("Starting.");

  // ArgP 是 OpenTSDB 提供的命令列解析工具，它會和下面的 CliOptions 配合解析命令列
傳入的參數
  final ArgP argp = new ArgP();
  // 這裡 CliOptions.addCommon() 方法會註冊一些基本的命令列參數，例如
:"--table"、"--uidtable" 等，
  // 後面我們會看到這些參數在別的工具類別中也有使用，是公共的命令列參數
  CliOptions.addCommon(argp);
  // 繼續向 ArgP 物件註冊後續需要解析的參數的基本資訊
  argp.addOption("--port", "NUM", "TCP port to listen on.");
  argp.addOption("--bind", "ADDR", "Address to bind to (default:
0.0.0.0).");
  ... ... // 省略部分命令列參數的註冊

  CliOptions.addAutoMetricFlag(argp);    // 註冊 "--auto-metric" 參數
  args = CliOptions.parse(argp, args);   // 解析實際傳入的命令列參數
  args = null; // args 陣列解析後會被被記錄到 ArgP 物件中，args 陣列可以被 GC

  Config config = CliOptions.getConfig(argp);
  // 根據前面 ArgP 的解析結果建立 Config 物件

  // 接下來是對 Config 物件中各項設定進行的檢測，檢測過程比較簡單，省略了相關程式。
  // 這裡只對大致邏輯和設定含義進行簡單說明：
  // 檢測 " tsd.http.staticroot"、"tsd.http.cachedir"、"tsd.network.port"
  // 三個設定項目不能為空，前面架設環境的時候，簡單介紹過這三個設定項目的大致含義，
  // 分別是：儲存前端資源的目錄、暫存檔案目錄、服務端接收網路連接的通訊埠編號。另外，
  // 還要保障 OpenTSDB 對前兩個目錄有足夠的讀寫許可權
```

```
final ServerSocketChannelFactory factory;
int connections_limit = 0;
// 檢測 "tsd.core.connections.limit" 設定項目 ( 服務端能處理的最大連接數上限 )
// 是否合法

// 根據 "tsd.network.async_io" 設定項目決定是否使用前面介紹的 Netty 的 NIO
if (config.getBoolean("tsd.network.async_io")) {
    int workers = Runtime.getRuntime().availableProcessors() * 2;
    if (config.hasProperty("tsd.network.worker_threads")) {
        // 如果使用 NIO，則需要讀取 worker 執行緒的個數
        workers = config.getInt("tsd.network.worker_threads");
    }
    final Executor executor = Executors.newCachedThreadPool();
    // 類似前面的範例，建立 NioServerBossPool，這裡的 Boss 執行緒數也設定成了 1
    final NioServerBossPool boss_pool =
        new NioServerBossPool(executor, 1, new Threads.BossThreadNamer());
    // 建立 NioWorkerPool
    final NioWorkerPool worker_pool = new NioWorkerPool(executor,
        workers, new Threads.WorkerThreadNamer());
    // 建立 NioServerSocketChannelFactory
    factory = new NioServerSocketChannelFactory(boss_pool, worker_pool);
} else { // 一般都使用 NIO
    factory = new OioServerSocketChannelFactory(Executors.
newCachedThreadPool(),
        Executors.newCachedThreadPool(), new Threads.PrependThreadNamer());
}
// 根據設定資訊，載入 StartupPlugin。StartupPlugin 是 OpenTSDB 提供的外掛程式介
// 面之一，我們可以提
// 供該介面的實現類別，修改 Config 物件中的設定資訊
StartupPlugin startup = loadStartupPlugins(config);

try {
```

```
// 建立 TSDB 物件，它是 OpenTSDB 的核心，整個 OpenTSDB 實例的讀寫都與其緊密相關
tsdb = new TSDB(config);
if (startup != null) {
  tsdb.setStartupPlugin(startup);
}
// 初始化 StartupPlugin 以外的其他外掛程式實現類別，後面有專門章節介紹 OpenTSDB
// 中的外掛程式
tsdb.initializePlugins(true);
if (config.getBoolean("tsd.storage.hbase.prefetch_meta")) {
  // 根據設定項目決定是否預先載入 HBase 表的 meta 資訊（主要是 Region 資訊）
  tsdb.preFetchHBaseMeta();
}
// 檢測該 OpenTSDB 實例所需要的 HBase 表都是存在的，如果不存在，則會拋出例外
tsdb.checkNecessaryTablesExist().joinUninterruptibly();
registerShutdownHook();// 註冊 JVM 的鉤子函數

// 下面開始初始化 Netty 相關的網路元件
final ServerBootstrap server = new ServerBootstrap(factory);
// 初始化 RpcManager 實例，RpcManager 是 OpenTSDB 網路層的核心元件之一，其中管
// 理各種網路協議元件，後面會詳細介紹其實作方式。這裡讀者需要注意，RpcManager
// 是單例的，其生命週期與
// OpenTSDB 實例一致
final RpcManager manager = RpcManager.instance(tsdb);
// 建立並設定 ChannelPipelineFactory
server.setPipelineFactory(new PipelineFactory(tsdb, manager,
connections_limit));
// 根據前面獲得的 Config 物件，設定 Netty 的相關參數，這些參數主要是 TCP 的相關參數
if (config.hasProperty("tsd.network.backlog")) {
  server.setOption("backlog", config.getInt("tsd.network.backlog"));
}
server.setOption("child.tcpNoDelay", config.getBoolean("tsd.network.
tcp_no_delay"));
server.setOption("child.keepAlive", config.getBoolean("tsd.network.
```

```
keep_alive"));
    server.setOption("reuseAddress", config.getBoolean("tsd.network.
reuse_address"));

    // 解析該 OpenTSDB 實例監聽的位址和通訊埠
    InetAddress bindAddress = null;
    if (config.hasProperty("tsd.network.bind")) {
      bindAddress = InetAddress.getByName(config.getString("tsd.network.
bind"));
    }
    final InetSocketAddress addr = new InetSocketAddress(bindAddress,
        config.getInt("tsd.network.port"));
    server.bind(addr); // Netty 監聽指定的位址
    if (startup != null) {
      // 該 OpenTSDB 實例初始化完成之後，會透過 StartupPlugin.setReady()
      // 方法通知 StartupPlugin 元件
      startup.setReady(tsdb);
    }
  } catch (Throwable e) { // 如果出現例外，則需要釋放前面開啟的相關資源
    factory.releaseExternalResources();
    if (tsdb != null) tsdb.shutdown().joinUninterruptibly();
    // 釋放 TSDB 物件佔用的資源
    throw new RuntimeException("Initialization failed", e);
  }
}
```

2.3.2 PipelineFactory 工廠

介紹完 OpenTSDB 實例的啟動之後，本節將深入介紹 OpenTSDB 的網路
層中都有關了哪些 ChannelHandler 實現，以及這些 ChannelHandler 實現
是如何協作工作的。

在 TSDMain.main() 方法分析中可以看到，在初始化 Netty 時使用的是 OpenTSDB 自訂的 ChannelPipelineFactory 實現—PipelineFactory，它也是本節的主角。在 ChannelPipelineFactory 介面中只定義了一個 getPipeline() 方法，該方法負責為每個 Channel 物件建立對應的 ChannelPipeline，如圖 2-15 所示。

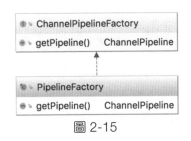

圖 2-15

這裡需要讀者注意的是，PipelineFactory 是一個單例物件（即 PipelineFactory 物件在一個 OpenTSDB 實例中是全域唯一的）。下面來了解一下 PipelineFactory 實現中各個核心欄位的含義。

■ connmgr（ConnectionManager 類型）：在前面介紹 TSDMain 的初始化過程中提到 "tsd.core.connections.limit" 設定項目（目前 OpenTSDB 實例所能處理的連接數上限）。ConnectionManager 就是根據該設定項目管理目前連接數的 ChannelHandler 實現，在後面會詳細介紹其實作方式。

■ HTTP_OR_RPC（DetectHttpOrRpc 類型）：在前面的介紹中提到，OpenTSDB 同時支援多種網路通訊協定，舉例來說，HTTP、Telnet 等。DetectHttpOrRpc 會根據目前 Channel 上傳遞的資料內容判斷其使用的實際協定，並在對應的 ChannelPipeline 中增加對應的 ChannelHandler 實現。

■ timeoutHandler（IdleStateHandler 類型）：IdleStateHandler 是 Netty 提供的 ChannelHandler 實現，其主要功能就是在 Channel 空閒（不

再進行讀寫操作）一段時間之後，觸發對應的 IdleStateEvent。IdleStateHandler 會與後面介紹的時間輪配合，實現定時觸發 IdleStateEvent 的功能。

- rpchandler（RpcHandler 類型）：RpcHandler 是 OpenTSDB 提供的 ChannelHandler 介面的實現，也是 OpenTSDB 處理的網路請求的核心。在後面會詳細介紹 RpcHandler 的實作方式。

- tsdb（TSDB 類型）：連結的 TSDB 物件。TSDB 是 OpenTSDB 的核心類別，OpenTSDB 的讀寫都與其緊密相關。

- socketTimeout（int 類型）：服務端 Socket 連接的逾時，對應 Config 中的 "tsd.core.socket.timeout" 設定項目。

- timer（Timer 類型）：Timer 介面是 Netty 中定義的計時器介面，Netty 同時提供了 HashedWheelTimer 實現類別，其核心原理就是下面要介紹的「時間輪」概念。

時間輪

時間輪這個概念在很多成熟的架構和系統中都有表現，舉例來說，Kafka、Quartz、Muduo 及這裡使用到的 Netty。時間輪主要解決的就是如何更進一步地處理大規模定時工作的問題。有的讀者可能會感到奇怪，既然可以使用 JDK 本身提供的 java.util.Timer 或 DelayQueue 輕鬆「搞定」定時工作的功能，那麼為什麼還需要使用時間輪元件呢？

如果使用 Netty 架設一個高平行處理、高性能的分散式系統，那麼系統中就會出現大量的定時工作，JDK 提供 java.util.Timer 和 DelayedQueue 底層實現使用的是堆這種資料結構，存取操作的複雜度都是 O($n\log(n)$)，無法支援大量的定時工作。在大多數高性能的架構中，為了將定時工作的存取操作及取消操作的時間複雜度降為 O(1)，一般會使用其他方式實現定時工作元件，例如這裡的時間輪方式。除了時間輪方式，還有很多其他的變種方式，例如 ZooKeeper 使用「時間桶」的方式處理 Session 過期。下面簡單介紹時間輪的核心原理。圖 2-16 展示了時間輪的核心結構。

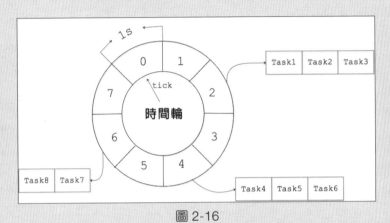

圖 2-16

首先需要讀者了解的是，時間輪本質上是一種環狀資料結構，正如圖 2-16 所展示的那樣，時間輪中有很多小格子，每個小格子代表一段時間。例如圖 2-16 中的時間輪，每個小格子表示 1s 的時間跨度。另外，每個小格子上可以連結一個工作清單，其中記錄了在該小格子對應時間到期時的工作。隨著時間的流逝，時間輪的指標（即圖 2-16 中的 tick）不斷後移，當指標指向某個小格子時，即表示其連結列表中的所有工作都已到期，此時就會由時間輪中的 Worker 執行緒取出工作，並交由系統執行工作。

另外需要注意的是，整個時間輪表示的時間跨度是不變的，例如圖 2-16 中的時間輪所表示的時間跨度始終為 7s，隨著指標 tick 的後移，目前時間輪能處理的時間段也在不斷後移，新來的定時工作可以越過已經到期的小格子。例如圖 2-16 處於 2018-08-0910:08:30 這個時間點，[2018-08-0910:08:30 ～ 2018-08-0910:08:37] 這段時間內的定時工作都可以增加到該時間輪中維護。隨著時間的演進，錶針 tick 不斷後移，我們來到了圖 2-17 所示的狀態，此時的時間點是 2018-08-0910:08:33，該時間輪表示的時間跨度依然是 7s，但是其表示的時間段變成了 [2018-08-0910:08:33 ～ 2018-08-0910:08:40]。圖 2-17 中 Task9 ～ Task11 都是在 2018-08-0910:08:40 這個時間點過期的。

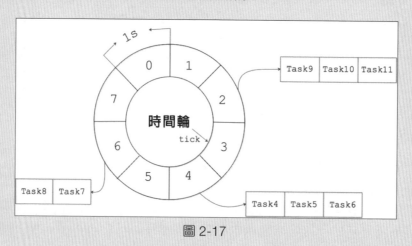

圖 2-17

有的讀者可能會問下面兩個問題：如果需要處理的定時工作的時間跨度超過了 7s，那麼我們如何處理這些定時工作呢？如果需要處理的定時工作的時間精度更高，那麼又該如何處理呢？

解決第一個問題的一種方案就是增加時間輪中小格子的數量，這樣時間輪表示的時間跨度就會變長。解決第二個問題的一種方案就是減小一個小格子所帶代表的時間單位，這樣指標 tick 轉動一次的時間精度就會變高，進一步加強了其中定時工作的時間精度。上述兩種方案都會造成時間輪所佔的空間增大，當出現大量高精度的定時工作時，如果採用上述兩種方式進行處理，那麼極有可能出現記憶體不足的情況。

筆者推薦的一種解決方案是「層級時間輪」。在很多高平行處理的分散式系統中，都可以看到層級時間輪的應用，例如前面提到的 Kafka。層級時間輪中的第一層時間輪的時間跨度比較小，也是最精確的時間輪，之後層級越高的時間輪的時間跨度越大，每個小格子所代表的時間也就越長。如圖 2-18 所示，定時工作首先會被增加到高層次的時間輪中，隨著該時間輪的指標轉動，會有定時工作到期（例如圖 2-18 中的 Task12 和 Task13 兩個工作），這些工作會重新增加到到二層時間輪中等待過期。這些工作在二層時間輪中過期之後，會再次加入一層時間輪中等待過期，此時的時間精度已經是 1ms 了。當這些工作在一層時間輪中過期時，即是按照 1ms 的時間精度過期的，此時就可以開始執行這些定時工作了。

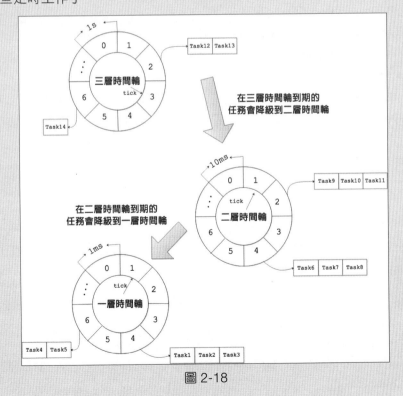

圖 2-18

介紹完 PipelineFactory 中的核心欄位之後，再來分析其建置方法，實作
方式如下：

```
public PipelineFactory(TSDB tsdb, RpcManager manager, int connections_
limit) {
  this.tsdb = tsdb;
  // 取得 "tsd.core.socket.timeout" 設定項目的值
  socketTimeout = tsdb.getConfig().getInt("tsd.core.socket.timeout");
  timer = tsdb.getTimer();   // 建立 HashedWheelTimer 物件
  // 建立 IdleStateHandler 物件，注意，IdleStateHandler 的功能是在 Channel 空閒
  // 一段時間後觸發 IdleStateEvent 事件，這個功能就是依靠在 HashedWheelTimer 中增
  // 加對應的定時工作實現的
  timeoutHandler = new IdleStateHandler(timer, 0, 0, socketTimeout);
  // 建立 RpcHandler 物件
  rpchandler = new RpcHandler(tsdb, manager);
  // 建立 ConnectionManager 物件
  connmgr = new ConnectionManager(connections_limit);
  // 載入 OpenTSDB 預設提供的 使用者自訂的 HttpSerializer 介面實現 (HTTP 序列化器)，
  // 後面會詳細介紹該方法的實際操作，以及 HttpSerializer 介面的相關內容。這裡省略了
  // try/catch 程式區塊
  HttpQuery.initializeSerializerMaps(tsdb);
}
```

在 PipelineFactory 建 置 方 法 中 會 呼 叫 TSDB.getTimer() 方 法 建 立
HashedWheelTimer 物件，其底層是呼叫 Threads 輔助類別中的 newTimer()
方法實現的，該方法的實作方式程式如下：

```
public static HashedWheelTimer newTimer(int ticks, int ticks_per_wheel,
String name) {
  // ThreadNameDeterminer 是 Netty 的介面，用於為執行緒命名
  class TimerThreadNamer implements ThreadNameDeterminer {
    @Override
```

```
    public String determineThreadName(String currentThreadName,
        String proposedThreadName) throws Exception {
      return "OpenTSDB Timer " + name + " #" + TIMER_ID.incrementAndGet();
    }
  }
  // 這裡重點介紹一下 HashedWheelTimer 建置方法參數的含義,也方便讀者後續單獨使用
  // HashedWheelTimer 第一個參數是建立 HashedWheelTimer 中的 worker 執行緒的執行
  // 緒工廠,第二個參數用於 worker 執行緒的命名,第三個參數 ticks 是兩次指標轉動之間
  // 的時間差,第四個參數是 ticks 參數的時間單位,最後一個參數 ticks_per_wheel
  // 表示目前時間輪有多少個小格子。最後三個可以共同決定目前時間輪的時間跨度
  return new HashedWheelTimer(Executors.defaultThreadFactory(),
      new TimerThreadNamer(), ticks, MILLISECONDS, ticks_per_wheel);
}
```

接下來看一下 PipelineFactory 對 ChannelPipelineFactory 介面的實現,即對 getPipeline() 方法的實現,程式如下:

```
public ChannelPipeline getPipeline() throws Exception {
  // 建立 DefaultChannelPipeline 物件
  final ChannelPipeline pipeline = pipeline();
  // 增加 ConnectionManager 和 DetectHttpOrRpc 兩個 ChannelHandler 物件
  pipeline.addLast("connmgr", connmgr);
  pipeline.addLast("detect", HTTP_OR_RPC);
  return pipeline;
}
```

2.3.3 ConnectionManager

ConnectionManager 繼承了 Netty 提供的 SimpleChannelHandler,其主要功能就是用來對目前 OpenTSDB 實例處理的網路連接數進行控制和管理,ConnectionManager 有以下兩個核心欄位。

- connections_limit（int 類型）：表示目前 OpenTSDB 實例所能處理的最大連接數上限（0 表示沒有限制），當達到該上限值之後，目前 OpenTSDB 實例不再建立新的網路連接。
- channels（DefaultChannelGroup 類型）：記錄目前 OpenTSDB 實例建立的 Channel 物件。

ConnectionManager 的限流操作主要是在 channelOpen() 方法中實現的，在 Netty 開啟一個 Channel 的時候，會呼叫對應的 ChannelPipeline 上所有 ChannelHandler 物件的 channelOpen() 方法。ConnectionManager. channelOpen() 方法的實作方式程式如下：

```
public void channelOpen(ChannelHandlerContext ctx ChannelStateEvent e)
throws IOException {
  if (connections_limit > 0) {  // 檢測目前連接數是否達到上限值
    final int channel_size = open_connections.incrementAndGet();
    if (channel_size > connections_limit) {
      // 連接數達到上限值之後，拋出例外
      throw new ConnectionRefusedException("...");
      // exceptionCaught will close the connection and increment the counter.
    }
  }
  channels.add(e.getChannel()); // 可以繼續建立新連接，將 Channel 物件增加到
  // channels 結合中記錄相關的監控資訊（略）
}
```

ConnectionManager 中另一個需要介紹的方法就是 closeAllConnections() 靜態方法，該方法會關閉 channels 欄位中維護的全部 Channel 連接，實作方式程式如下：

```
static void closeAllConnections() {
  // 等待所有 Channel 物件關閉
```

```
channels.close().awaitUninterruptibly();
}
```

2.3.4 DetectHttpOrRpc

在成功透過 ConnectionManager 的檢查建立連接之後,再來看
ChannelPipeline 中的另一個 ChannelHandler 實現―DetectHttpOrRpc,
DetectHttpOrRpc 實現了 Netty 中提供的 FrameDecoder 解碼器(抽象類
別)。在 TCP/IP 資料傳輸方式中,TCP/IP 套件在傳輸的過程中會分片和
重組,FrameDecoder 的主要功能就是幫助接收方將這些 TCP/IP 資料封包
整理成有意義的資料頁框,如圖 2-19 所示。

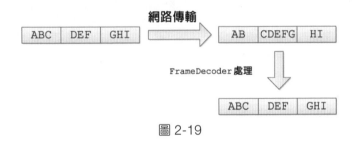

圖 2-19

在 Netty 的官方文件中列出了 FrameDecoder 的基本使用範例,這裡簡單
分析一下。如圖所 2-20 所示,這裡自訂了一種協定格式,完整的訊息頁
框包含定長的訊息表頭(4 byte)和變長的訊息體,其中訊息表頭中記錄
了訊息體的長度(不包含訊息表頭)。

圖 2-20

相關的 FrameDecoder 實現程式如下：

```
public class IntegerHeaderFrameDecoder extends FrameDecoder {
  @Override
  protected Object decode(ChannelHandlerContext ctx, Channel channel,
      ChannelBuffer buf) throws Exception {
    if (buf.readableBytes() < 4) {          // 嘗試讀取 Header
      return null;                          // 讀取失敗
    }
    buf.markReaderIndex();                   // 記錄 ChannelBuffer 中的讀取位置
    int length = buf.readInt();              // 取得訊息體長度
    if (buf.readableBytes() < length) {  // 訊息體不完整
      buf.resetReaderIndex();                // 重置讀取位置
      return null;
    }
    // 讀取完整的訊息體，並傳回
    ChannelBuffer frame = buf.readBytes(length);
    return frame;
  }
}
```

介紹完 FrameDecoder 的基礎知識，我們回來看 DetectHttpOrRpc 的實作方式。DetectHttpOrRpc 會根據從 Channel 中讀取的第一個位元組判斷目前使用的協定，並對目前 ChannelPipeline 上註冊的 ChannelHandler 做出調整。DetectHttpOrRpc 的核心方法自然也是 decode() 方法，其實作方式程式如下：

```
protected Object decode(ChannelHandlerContext ctx, Channel chan,
    ChannelBuffer buffer) throws Exception {
  if (buffer.readableBytes() < 1) {  // 讀取第一個位元組
    return null;
  }
```

```
final int firstbyte = buffer.getUnsignedByte(buffer.readerIndex());
// 取得目前 Channel 連結的 ChannelPipeline 物件
final ChannelPipeline pipeline = ctx.getPipeline();
// 檢測第一個位元組的範圍，如果在 A~Z 的範圍內，則用戶端必然使用的是 HTTP，
// 其他命令列協定 ( 例如 Telnet) 的第一個字元必然不是 ASCII 碼
if ('A' <= firstbyte && firstbyte <= 'Z') {
    // 下面增加的 ChannelHandler 物件主要負責處理 HTTP 請求
    // 增加 HttpRequestDecoder，Netty 提供的 ChannelHandler 實現之一，支援對解碼
    // HTTP 的請求
    pipeline.addLast("decoder", new HttpRequestDecoder());
    // 如果 OpenTSDB 實例支援 HTTP Chunk( 對應 "tsd.http.request.enable_
    // chunked" 設定項目 )
    // 則增加 HttpChunkAggregator，該 ChannelHandler 支援 HTTP Chunk，後面會簡
    // 單介紹一下 HTTP Chunk 的概念
    if (tsdb.getConfig().enable_chunked_requests()) {
        pipeline.addLast("aggregator", new HttpChunkAggregator(
            tsdb.getConfig().max_chunked_requests()));
    }
    // 增加 HttpContentDecompressor 物件，該 ChannelHandler 會將 Gzip 壓縮 HTTP
    // 請求進行解壓
    pipeline.addLast("inflater", new HttpContentDecompressor());

    // 下面增加的 ChannelHandler 讀寫主要負責處理 OpenTSDB 實例傳回的 HTTP 回應
    pipeline.addLast("encoder", new HttpResponseEncoder());
    pipeline.addLast("deflater", new HttpContentCompressor());
} else {
    // 如果用戶端使用的是其他命令列協定，則增加對應的 ChannelHandler 解析
    // 本書重點介紹 OpenTSDB 對 HTTP 請求支援，其他協定的處理要比 Http 協定的處理簡單
    // 得多，就留給讀者自行進行分析了
    pipeline.addLast("framer", new LineBasedFrameDecoder(1024));
    pipeline.addLast("encoder", ENCODER);
    pipeline.addLast("decoder", DECODER);
}
```

```
// 增加 IdleStateHandler，在 Channel 長時間空閒的時候，觸發 IdleStateEvent 事件
pipeline.addLast("timeout", timeoutHandler);
pipeline.remove(this);
// 增加 RpcHandler，後面會詳細介紹 RpcHandler 如何處理用戶端請求
pipeline.addLast("handler", rpchandler);

// Forward the buffer to the next handler.
return buffer.readBytes(buffer.readableBytes());
}
```

HTTP Chunk

這裡簡單介紹一下 HTTP Chunk 的基本概念，對此熟悉的讀者可以直接
跳過該部分，繼續後面的閱讀。

在使用 HTTP 協定發送資料時，會在 HTTP 表頭的 Content-Length 欄
位中告訴對方需要接收的資料量。但是，在有些場景中，無法直接計
算實際的資料量，例如發送一個較大的頁面或靜態資源，這時就可以
用 HTTP Chunk 的方式進行傳輸，此方式會將 HTTP 表頭中的 Transfer-
Encoding 欄位設定為 chunk，而不再設定 Content-Length 欄位。HTTP
協議會將 Chunk 資料分成多個資料區塊進行傳輸，每個資料區塊都會
以 "\r\n" 結束，完整的 Chunk 資料以一個空的 Chunk 資料區塊（即 "0\
r\n"）作為結束的標示，如圖 2-21 所示。

圖 2-21

經過對 DetectHttpOrRpc.decode() 方法的分析，可以大致了解 OpenTSDB
為 HTTP 提供的 ChannelPipeline，如圖 2-22 所示。

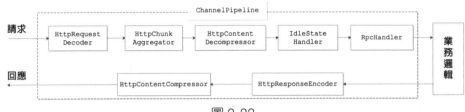

圖 2-22

2.3.5 RpcHandler 分析

了解 ChannelPipeline 上其他 ChannelHandler 的功能之後，我們來分析 OpenTSDB 網路模組的核心 ChannelHandler 實現 —RpcHandler。RpcHandler 是無狀態的，它能夠處理 Telnet、HTTP 等多種協定。

下面介紹一下 RpcHandler 實現中核心欄位的含義。

- rpc_manager（RpcManager 類型）：透過 RpcHandler 解析之後獲得的請求資訊，會交給 RpcManager 進行處理。
- tsdb（TSDB 類型）：該 OpenTSDB 實例連結的 TSDB 實例。
- http_rpcs_received、http_plugin_rpcs_received、exceptions_caught（AtomicLong 類型）：這三個欄位主要用來記錄收到的 HTTP 請求個數、外掛程式收到的 HTTP 請求個數及出現例外的個數。

RpcHandler 中還有其他一些關於 HTTP 跨域請求的相關欄位，本書不再詳細介紹 HTTP 跨域請求的相關資訊，有興趣的讀者可以參考相關資料進行學習。

用戶端發來的 HTTP 請求經過前面介紹的各個 ChannelHandler 物件處理之後，最後會進入 RpcHandler.messageReceived() 方法進行處理，該方法的實作方式如下所示。

```
public void messageReceived(ChannelHandlerContext ctx, MessageEvent msgevent) {
```

```
try {
  // 取得經過前面解析後的訊息
  final Object message = msgevent.getMessage();
  if (message instanceof String[]) { // 對 Telnet 訊息的處理
    handleTelnetRpc(msgevent.getChannel(), (String[]) message);
  } else if (message instanceof HttpRequest) {
  // 對 HTTP 請求的處理，這是本書分析的重點
    handleHttpQuery(tsdb, msgevent.getChannel(), (HttpRequest) message);
  } else {
    // 輸出錯誤記錄檔（略）
    exceptions_caught.incrementAndGet();  // 記錄例外數
  }
} catch (Exception e) {
  // 輸出錯誤記錄檔（略）
  exceptions_caught.incrementAndGet();     // 記錄例外數
  }
}
```

當 RpcHandler.messageReceived() 方 法 收 到 HTTP 請 求 時 會 透 過
handleHttpQuery() 方法進行處理，在該方法中根據請求 URL 位址建立對
應的 AbstractHttpQuery 物件，然後根據 AbstractHttpQuery 物件的實際類
型決定將其交給 HttpRpc 還是 HttpRpcPlugin 進行處理。

✎ AbstractHttpQuery

這裡先了解一下 AbstractHttpQuery 及其子類別，它們的繼承關係如圖
2-23 所示。

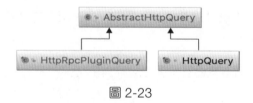

圖 2-23

首先介紹 AbstractHttpQuery 中各個核心欄位的含義，如下所示。

- request（HttpRequest 類型）：該 AbstractHttpQuery 對應的 HTTP 請求。

- start_time（long 類型）：該 AbstractHttpQuery 建立的時間戳記，主要用於統計請求處理的時長。

- chan（Channel 類型）：目前 AbstractHttpQuery 物件連結的 Channel。

- method（HttpMethod 類型）：該 HTTP 請求的方法名稱。

- querystring（Map<String, List<String>>）：此次 HTTP 請求攜帶的 GET 參數，注意，HTTP 請求參數的解析是延遲載入的，只有在第一次存取 querystring 欄位時，才會真正解析 HTTP 請求參數並填充到該集合中。

- response（DefaultHttpResponse 類型）：目前 HTTP 請求對應的 HTTP 回應物件。

在 AbstractHttpQuery 中提供了取得請求基本資訊的一些方法，這些方法都比較簡單，簡單介紹一下即可。

- channel() 方法：取得 chann 欄位。
- getHeaders() 方法：傳回 HTTP 請求中攜帶的 Header 資訊。
- getContent() 方法：將 HTTP 請求本體轉換成字串並傳回。
- getQueryPath() 方法和 explodePath() 方法：取得 HTTP 請求的 URI 位址。前者是傳回完整的請求 URI，後者的傳回值則是將 URI 按照 "/" 切分後獲得的 String[] 陣列。
- getQueryString() 和 getQueryStringParam() 方法：取得請求指定的參數。
- getRemoteAddress() 方法：取得用戶端的 IP 位址和通訊埠。

在 AbstractHttpQuery 中提供了 getQueryBaseRoute() 方法供子類別實現，該方法的傳回值會決定其由哪個 RpcHandler 處理。後面會詳細介紹 HttpQuery 和 HttpRpcPluginQuery 兩個子類別對該方法的實現。

AbstractHttpQuery 提供了 sendStatusOnly() 和 sendBuffer() 兩個方法，前者只會向用戶端傳回 HTTP 回應碼，後者 HTTP 回應中除了回應碼還會攜帶回應體。下面先來看一下 sendStatusOnly() 方法的實作方式：

```
public void sendStatusOnly(final HttpResponseStatus status) {
  // 檢測目前連接的狀態，如果連接已經中斷，則直接執行 done() 方法並傳回
  if (!chan.isConnected()) {
    done();
    return;
  }
  // 設定 HTTP 回應的回應碼
  response.setStatus(status);
  // 根據 HTTP 請求標頭中的 keep-alive 欄位，設定 HTTP 回應標頭中的 Content-Length
  // 欄位
  final boolean keepalive = HttpHeaders.isKeepAlive(request);
  if (keepalive) {
    HttpHeaders.setContentLength(response, 0);
  }
  // 將傳回 HTTP 回應寫入 Channel，經過 ChannelPipeline 中各個 ChannelHandler 處
  // 理後，最後將其傳回給用戶端
  final ChannelFuture future = chan.write(response);
  if (stats != null) {
    // 在 ChannelFuture 上增加一個 Listener，在 HTTP 回應成功法發送後，會回呼該
    // Listener
    future.addListener(new SendSuccess());
  }
  if (!keepalive) { // 如果不需要保持連接，則在回應發送成功之後，關閉該 Channel
    future.addListener(ChannelFutureListener.CLOSE);
  }
}
```

```
    done(); // 呼叫 done() 方法,其中會記錄監控及輸出記錄檔
}
```

接下來看一下 sendBuffer() 方法,其實作方式與上面介紹的 sendStatusOnly()
方法類似,程式如下:

```
public void sendBuffer(HttpResponseStatus status, ChannelBuffer buf,
String contentType) {
  if (!chan.isConnected()) {
    done(); // 檢測目前連接的狀態,如果連接已經中斷,則直接執行 done() 方法並傳回
    return;
  }
  // 設定 HTTP 回應標頭的 Content-Type 欄位
  response.headers().set(HttpHeaders.Names.CONTENT_TYPE, contentType);
  response.setStatus(status);    // 設定過 HTTP 回應碼
  response.setContent(buf);      // 設定過 HTTP 回應體
  // 根據 HTTP 請求標頭中的 keep-alive 欄位,設定 HTTP 回應標頭中的 Content-Length
  // 欄位
  final boolean keepalive = HttpHeaders.isKeepAlive(request);
  if (keepalive) {
    HttpHeaders.setContentLength(response, buf.readableBytes());
  }
  // 將傳回 HTTP 回應寫入 Channel,經過 ChannelPipeline 中各個 ChannelHandler 處
  // 理後,最後會將其傳回給用戶端
  final ChannelFuture future = chan.write(response);
  if (stats != null) {
    // 在 ChannelFuture 上增加一個 Listener,在該 HTTP 回應成功法發送後,會回呼該
    // Listener
    future.addListener(new SendSuccess());
  }
  if (!keepalive) { // 如果不需要保持連接,則在回應發送成功之後,關閉該 Channel
    future.addListener(ChannelFutureListener.CLOSE);
  }
```

```
done(); // 呼叫 done() 方法，其中會記錄監控及輸出記錄檔
}
```

🔲 HttpQuery

了解了 AbstractHttpQuery 的基本實現之後，開始分析 HttpQuery，它是 AbstractHttpQuery 的實現類別之一，也是最常用的實現類別。

- api_version（int 類型）：記錄了目前 API 的版本編號。在靜態欄位 MAX_API_VERSION 中記錄目前最大的 API 版本編號（目前是 1）。
- serializer（HttpSerializer 類型）：此次請求使用的 HttpSerializer 物件。HttpSerializer 的主要功能就是反序列化 HTTP 請求本體，並且序列化 HTTP 回應體。後面會看到 HttpSerializer 抽象類別只有 HttpJsonSerializer 這一個實現類別，該實現類別負責將 JSON 格式的 HTTP 請求本體反序列化為 OpenTSDB 中的 *Query 物件，同時負責將對應的處理結果序列化成 JSON 並填充到 HTTP 回應體中。
- show_stack_trace（boolean 類型）：是否在 HTTP 回應中記錄錯誤訊息，該值對應 "tsd.http.show_stack_trace" 設定項目。

在開始分析 HttpQuery.getQueryBaseRoute() 方法的實現之前，需要了解用戶端可能請求的 URI 位址有哪些，如下所示。

- "/q?start=1h-ago..."：傳回的 Route 字串是 q，低版本的 API。
- "/api/v4/query"：其中指定了 API 的版本編號，傳回的 Route 字串是 "api/query"，即去掉版本編號。
- "/api/query"：如果未指定 API 版本編號則使用目前預設版本 API，傳回的 Route 字串是 "api/query"。

透過 HttpQuery.getQueryBaseRoute() 方法傳回的 Route 字串用於選擇處

理該請求的 RpcHandler 物件，該方法的實作方式程式如下：

```java
public String getQueryBaseRoute() {
  final String[] split = explodePath(); // 取得按照 "/" 切分後的 URI
  if (split.length < 1) {
    return "";
  }
  // 如果 URI 第一部分不是 "api"，則使用的是低版本的 API，直接將其作為 Route 字串傳回
  if (!split[0].toLowerCase().equals("api")) {
    return split[0].toLowerCase();
  }
  this.api_version = MAX_API_VERSION;
  if (split.length < 2) { // 如果只包含 "api"，則直接將其作為 Route 字串
    return "api";
  }
  // 如果 URI 中帶有版本編號資訊，則對版本編號進行檢查
  if (split[1].toLowerCase().startsWith("v") && split[1].length() > 1 &&
      Character.isDigit(split[1].charAt(1))) {
    final int version = Integer.parseInt(split[1].substring(1));
    if (version > MAX_API_VERSION) {
      throw new BadRequestException("...");
    }
    this.api_version = version; // 真正初始化 api_version 欄位
  } else {
    // 預設版本編號，則直接產生 Route 字串並傳回
    return "api/" + split[1].toLowerCase();
  }
  if (split.length < 3) { // 如果 URI 為 "api/ 版本編號 " 則 Route 字串為 "api"
    return "api";
  }
  // 將 API 的版本資訊截掉，傳回 Route
  return "api/" + split[2].toLowerCase();
}
```

HttpQuery 與前面介紹的 AbstractHttpQuery 類似，核心也是 send*() 方法，它們主要負責向用戶端傳回 HTTP 回應資訊。這些 send*() 方法的呼叫關係如圖 2-24 所示。

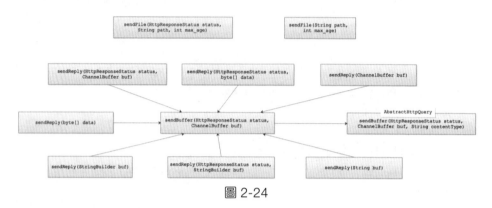

圖 2-24

HttpQuery.sendRely() 方 法 的 多 個 多 載 都 是 透 過 呼 叫 HttpQuery. sendBuffer() 方法實現的，這裡以其中一個多載為例進行分析：

```
public void sendReply(final byte[] data) {
  // 呼叫 HttpQuery.sendBuffer() 方法向用戶端傳回 HTTP 回應，這裡傳回的是 202 回應碼
  sendBuffer(HttpResponseStatus.OK, ChannelBuffers.wrappedBuffer(data));
}
```

在 HttpQuery.sendBuffer() 方法中會根據使用的 API 版本來確定 HTTP 回應的 Content-Type，實作方式程式如下：

```
private void sendBuffer(HttpResponseStatus status, ChannelBuffer buf) {
  // 如果是低版本的 API，則透過 guessMimeType() 方法確定 Content-Type，在
  // guessMimeType() 方法中首先會根據請求的 URI 判斷 Content-Type，如果失敗，則根
  // 據傳回的實際資料 (即這裡傳入的
  // ChannelBuffer)
  // 判斷 URI。如果使用新版本的 API，則透過 HttpSerializer 確定 Content-Type
  final String contentType = (api_version < 1 ? guessMimeType(buf) :
    serializer.responseContentType());
```

```
  // 呼叫 AbstractHttpQuery.sendBuffer() 方法向用戶端發送 HTTP 回應，其實作方式在
  // 前面已經詳細分析過了，這裡不再贅述
  sendBuffer(status, buf, contentType);
}
```

HttpQuery.sendFile() 方法會讀取指定檔案的內容，並將檔案內容封裝成 HTTP 回應傳回給用戶端，其底層雖然沒有呼叫 AbstractHttpQuery.sendBuffer() 方法，但是實現卻與之類似，程式如下：

```
public void sendFile(HttpResponseStatus status, String path,
        int max_age) throws IOException {
  // 檢測 HttpQuery 連結的 Channel 是否依然連接（略）
  RandomAccessFile file;
  try {
    // 讀取指定的檔案
    file = new RandomAccessFile(path, "r");
  } catch (FileNotFoundException e) {
    // 如果讀取檔案出現例外，則直接傳回 404 回應碼
    this.sendReply(HttpResponseStatus.NOT_FOUND, serializer.
formatNotFoundV1());
    return;
  }
  final long length = file.length();
  {
    ... ... // 設定 HTTP 回應標頭中的相關欄位，包含 Content-Type 欄位等（略）
    // 設定 HTTP 回應標頭中的 Content-Length 欄位
    HttpHeaders.setContentLength(response(), length);
    // 將 HTTP 回應標頭寫入 Channel，最後會發送給用戶端
    channel().write(response());
  }
  // DefaultFileRegion 是 Netty 提供的工具類別之一，它底層使用前面介紹的零拷貝方式
  // （第一種）發送檔案內容
  final DefaultFileRegion region = new DefaultFileRegion(file.
```

```
getChannel(), 0, length);
  // 下面開始真正發送檔案內容
  final ChannelFuture future = channel().write(region);
  // 增加 Listenr，在整個檔案內容發送完畢之後，釋放讀取的檔案，
  // 然後呼叫 done() 方法統計此次請求的處理時間並輸出記錄檔資訊
  future.addListener(new ChannelFutureListener() {
    public void operationComplete(final ChannelFuture future) {
      region.releaseExternalResources();
      done();
    }
  });
  if (!HttpHeaders.isKeepAlive(request())) {
    // 如果不是長連接，則增加 Listener，在回應發送完之後，關閉目前 Channel
    future.addListener(ChannelFutureListener.CLOSE);
  }
}
```

除此之外，HttpQuery 還提供了一些實用的輔助方法，這裡簡單了解一下
其功能即可，實作方式比較簡單，留給讀者自行分析：

- makePage() 方法會傳回較小的 HTML 頁面，例如 home 頁面。
- notFound() 方法直接傳回 404 回應碼。
- redirect() 方法傳回的 HTTP 回應標頭中會攜帶 Location 欄位，它會將
  用戶端瀏覽器跳躍到指定的位址。

最後需要介紹的是 HttpQuery.initializeSerializerMaps() 方法，在前面介
紹 PipelineFactory 的建置方法時會呼叫該方法完成初始化 HttpQuery.
serializer_map_content_type、serializer_map_ query_string 等欄位，其中
按照 ContentType、shortName 等為 HttpSerializer 實例建立索引，後面會
詳細介紹這幾個欄位的作用。HttpQuery.initializeSerializerMaps() 方法的
實作方式程式如下：

```
public static void initializeSerializerMaps(final TSDB tsdb)
    throws SecurityException, NoSuchMethodException,
ClassNotFoundException {
  // 載入使用者自定的 HttpSerializer 外掛程式實現
  List<HttpSerializer> serializers = PluginLoader.loadPlugins
(HttpSerializer.class);
  // 未發現使用者自訂 HttpSerializer 實現，則使用 OpenTSDB 提供的預設實現，即這裡的
  // HttpJsonSerializer
  if (serializers == null) {
    serializers = new ArrayList<HttpSerializer>(1);
  }
  final HttpSerializer default_serializer = new HttpJsonSerializer();
  serializers.add(default_serializer);
  serializer_map_content_type =
      new HashMap<String, Constructor<? extends HttpSerializer>>();
  serializer_map_query_string =
      new HashMap<String, Constructor<? extends HttpSerializer>>();
  serializer_status = new ArrayList<HashMap<String, Object>>();

  for (HttpSerializer serializer : serializers) { // 檢查 serializers 集合
    // 取得 HttpSerializer 的建置方法
    final Constructor<? extends HttpSerializer> ctor =
        serializer.getClass().getDeclaredConstructor(HttpQuery.class);

    // 按照 ContentType、shortName 對所有 HttpSerializer 物件進行索引
    Constructor<? extends HttpSerializer> map_ctor =
        serializer_map_content_type.get(serializer.requestContentType());
    // 檢測該 ContentType 是否已有對應的 HttpSerializer 實現，如果有則拋出例外表示
    // 衝突（略）
    // 將 HttpSerializer 實現的建置方法記入 serializer_map_content_type 集合中
    serializer_map_content_type.put(serializer.requestContentType(), ctor);

    // 按照 shortName 對所有 HttpSerializer 物件進行索引
```

```
  map_ctor = serializer_map_query_string.get(serializer.shortName());
  // 檢測該 shortName 是否已有對應的 HttpSerializer 實現，如果有則拋出例外表示衝
  // 突 (略)
  // 將 HttpSerializer 實現的建置方法記入 serializer_map_query_string 集合
  serializer_map_query_string.put(serializer.shortName(), ctor);

  serializer.initialize(tsdb); // 初始化 HttpSerializer 實例

  if (serializer.shortName().equals("json")) {
    continue;
  }
  // 將 HttpSerializer 實現的一些中繼資料記錄到 serializer_status 集合中
  ... ... // 省略建立 status 集合的過程，有興趣的讀者可以參考程式進行學習
  serializer_status.add(status);
  }
}
```

在處理 HTTP 請求的過程中（完成 initializeSerializerMaps() 方法初始化
之後），會呼叫 HttpQuery.setSerializer() 方法設定該 HttpQuery 物件使用
的 HttpSerializer 實現，該方法的實作方式如下：

```
public void setSerializer() throws Exception {
  // 首先尋找 HTTP 請求是否透過參數指定了使用 HttpSerializer 實現
  if (this.hasQueryStringParam("serializer")) {
    final String qs = this.getQueryStringParam("serializer");
    // 根據 serializer 參數中攜帶的是 HttpSerializer 實現的 shortName，
    // 故去 serializer_map_query_string 集合中尋找
    Constructor<? extends HttpSerializer> ctor =
        serializer_map_query_string.get(qs);
    if (ctor == null) {
      ... ... // 尋找失敗則傳回 4XX 回應碼 (略)
    }
    this.serializer = ctor.newInstance(this);
```

```
    // 建立尋找到的 HttpSerializer 物件
    return;
  }
  // 如果 HTTP 請求的參數中未明確指定，則根據 Content-Type 尋找對應的 HttpSerializer
  // 實現，此次是在 serializer_map_content_type 集合中尋找
  String content_type = request().headers().get("Content-Type");
  if (content_type.indexOf(";") > -1) {
    content_type = content_type.substring(0, content_type.indexOf(";"));
  }
  Constructor<? extends HttpSerializer> ctor =
      serializer_map_content_type.get(content_type);
  if (ctor == null) {
    return;
  }
  this.serializer = ctor.newInstance(this);
  // 建立尋找到的 HttpSerializer 物件
}
```

至此，抽象類別 AbstractHttpQuery 及其實現類別 HttpQuery 的大致實現已經介紹完了。AbstractHttpQuery 的另一個實現類別 HttpRpcPluginQuery 實現比較簡單，只實現了 AbstractHttpQuery.getQueryBaseRoute() 抽象方法，這裡就不再詳細介紹了，有興趣的讀者可以參考原始程式進行分析。

📝 handleHttpQuery() 方法

下面回到 RpcHandler.handleHttpQuery() 方法繼續介紹 RpcHandler 對 HTTP 請求的處理。該方法首先會根據請求的 URI 建立 AbstractHttpQuery 實現，然後根據 AbstractHttpQuery 傳回的 Route 字串尋找 HttpRpc 實現來處理 HTTP 請求。如果在處理過程中出現例外，則會根據例外類型傳回 4XX 或 5XX 的回應碼及提示訊息。RpcHandler.handleHttpQuery() 方法的實作方式程式如下：

```
private void handleHttpQuery(final TSDB tsdb, final Channel chan, final
HttpRequest req) {
  AbstractHttpQuery abstractQuery = null;
  try {
    // 建立該 HTTP 請求對應的 AbstractHttpQuery 物件，根據存取的 URI 決定使
    // 用哪個 AbstractHttpQuery 的實作方式
    abstractQuery = createQueryInstance(tsdb, req, chan);
    // 在不支援 HTTP Chunk 的情況下收到 Chunk 類型的 HTTP 請求，則直接傳回例外資訊（略）
    // 透過前面介紹的 AbstractHttpQuery.getQueryBaseRoute() 方法取得 Route 字串
    final String route = abstractQuery.getQueryBaseRoute();
    // 根據 AbstractHttpQuery 的實際類型進行分類處理
    if (abstractQuery.getClass().isAssignableFrom(HttpRpcPluginQuery.
class)) {
        ... ... // 省略 HttpRpcPluginQuery 的處理過程，有興趣的讀者可以參考原始
                // 程式進行學習
    } else if (abstractQuery.getClass().isAssignableFrom(HttpQuery.class)) {
      final HttpQuery builtinQuery = (HttpQuery) abstractQuery;
      // 設定該請求使用的 HttpSerializer 物件，在前面已經分析過該方法的實作方式，
      // 這裡不再贅述
      builtinQuery.setSerializer();
      // 設定跨域存取的相關設定（略）
      // 根據 Route 字串尋找對應的 HttpRpc 物件
      final HttpRpc rpc = rpc_manager.lookupHttpRpc(route);
      if (rpc != null) {
        rpc.execute(tsdb, builtinQuery);
      // 由尋找到的 HttpRpc 物件處理該 HTTP 請求
      } else {
        builtinQuery.notFound(); // 查找不到對應的 HttpRpc 實現，則直接傳回 404
      }
    }
  } catch (Exception ex) {
    // 根據出現的例外類型，傳回 4XX 或 5XX 回應碼，實作方式與前面介紹的
```

```
    // HttpQuery.sendBuffer() 等方法類似，這裡不再多作說明
  }
}
```

這裡簡單看一下 createQueryInstance() 方法選擇 AbstractHttpQuery 實作方式的方式，實作方式程式如下：

```
private AbstractHttpQuery createQueryInstance(TSDB tsdb, HttpRequest
    request, Channel chan) throws BadRequestException {
  final String uri = request.getUri();   // 取得請求的 URI 位址
  ... ... // 檢測 URI 的合法性（略）
  if (rpc_manager.isHttpRpcPluginPath(uri)) {
   // 建立 HttpRpcPluginQuery 物件
   http_plugin_rpcs_received.incrementAndGet();
   return new HttpRpcPluginQuery(tsdb, request, chan);
  } else {    // 使用 HttpQuery 物件
   http_rpcs_received.incrementAndGet();
   HttpQuery builtinQuery = new HttpQuery(tsdb, request, chan);
   return builtinQuery;
  }
}
```

最後需要讀者了解的是，RpcHandler 繼承了 Netty 中的 IdleStateAwareChannelUpstreamHandler 類別，當 Channel 空閒時，觸發的 IdleStateEvent 事件會呼叫其 channelIdle() 方法進行處理，實作方式程式如下：

```
public void channelIdle(ChannelHandlerContext ctx, IdleStateEvent e) {
  if (e.getState() == IdleState.ALL_IDLE) { // Channel 不再讀寫資料
    e.getChannel().close(); // 關閉 Channel 並輸出記錄檔
    LOG.info("Closed idle socket: " + channel_info);
  }
}
```

2.3.6 RpcManager

在前面介紹 RpcHandler.handHttpQuery() 方法的時候提到，HTTP 請求會交由 HttpRpc 介面對應的實作方式進行處理。在 OpenTSDB 中，所有 HttpRpc 介面物件都是無狀態的，它們都是由 RpcManager 進行管理的，RpcManager 本身也是無狀態的並且是單例的，其生命週期與整個 OpenTSDB 實例的生命週期一致。

下面介紹 RpcManager 中核心欄位的含義。

- INSTANCE（AtomicReference<RpcManager> 類型）：指向全域唯一的 RpcManager 物件，初始化完成之後，呼叫方取得的 RpcManager 物件都是該欄位指向的 RpcManager 物件。

- http_commands（ImmutableMap<String, HttpRpc> 類型）：記錄所有 HttpRpc 物件。其中 Key 是前面提到的 Route 字串，Value 就是 HttpRpc 實作方式類別的物件。

- telnet_commands（ImmutableMap<String, TelnetRpc> 類型）：記錄所有 TelnetRpc 物件。其 Key/Value 含義與 http_commands 欄位中的類似。

- http_plugin_commands（ImmutableMap<String, HttpRpcPlugin> 類型）：記錄所有 HttpRpcPlugin 物件。其 Key/Value 含義與 http_commands 欄位中的類似。

- rpc_plugins（ImmutableList<RpcPlugin> 類型）：記錄所有 RpcPlugin 物件。

- HAS_PLUGIN_BASE_WEBPATH（Pattern 類型）：透過請求 URI 判斷此次 HTTP 請求是否由 HttpRpcPlugin 物件處理的正規表示法。

在 RpcHandler 的建置方法中可以看到，其中呼叫了 RpcManager.instance() 方法完成了 RpcManager 物件的初始化，其主要功能就是初始化 RpcPlugins、HttpRpc、TelnetRpc 及 HttpRpcPlugin 等實現，實作方式程式如下：

```
public static synchronized RpcManager instance(final TSDB tsdb) {
  final RpcManager existing = INSTANCE.get();
  // 單例模式，先檢查是否已存在建立好的 RpcManager
  if (existing != null) {
    return existing;
  }
  // 建立 RpcManager 物件
  final RpcManager manager = new RpcManager(tsdb);
  // 取得目前 OpenTSDB 的模式，ro 表示只能讀取時序資料，wo 表示只能寫入時序資料，
  // rw 表示讀取寫入
  final String mode = Strings.nullToEmpty(tsdb.getConfig().
getString("tsd.mode"));

  // 如果使用了使用者自訂的 Rpc 外掛程式，則需要在這裡完成載入和初始化
  // initializeRpcPlugins() 方法及 RpcPlugin 的實作方式將在後面進行詳細介紹
  final ImmutableList.Builder<RpcPlugin> rpcBuilder = ImmutableList.
builder();
  if (tsdb.getConfig().hasProperty("tsd.rpc.plugins")) {
    final String[] plugins = tsdb.getConfig().getString("tsd.rpc.
plugins").split(",");
    manager.initializeRpcPlugins(plugins, rpcBuilder);
  }
  manager.rpc_plugins = rpcBuilder.build(); // 初始化 rpc_plugins 欄位

  // 初始化 HttpRpc 和 TelnetRpc，initializeBuiltinRpcs() 方法中的實際初始化過程
  // 在後面會詳細介紹
  final ImmutableMap.Builder<String, TelnetRpc> telnetBuilder =
ImmutableMap.builder();
  final ImmutableMap.Builder<String, HttpRpc> httpBuilder =
ImmutableMap.builder();
  manager.initializeBuiltinRpcs(mode, telnetBuilder, httpBuilder);
  manager.telnet_commands = telnetBuilder.build();
  manager.http_commands = httpBuilder.build();
```

```
// 初始化 HttpRpcPlugin，initializeHttpRpcPlugins() 方法中的實際初始化過程在
// 後面會詳細介紹
final ImmutableMap.Builder<String, HttpRpcPlugin> httpPluginsBuilder =
    ImmutableMap.builder();
if (tsdb.getConfig().hasProperty("tsd.http.rpc.plugins")) {
  final String[] plugins =
        tsdb.getConfig().getString("tsd.http.rpc.plugins").split(",");
  manager.initializeHttpRpcPlugins(mode, plugins, httpPluginsBuilder);
}
manager.http_plugin_commands = httpPluginsBuilder.build();

INSTANCE.set(manager); // 更新 INSTANCE 參考
return manager;
}
```

這裡重點介紹的是初始化 HttpPlugin 相關實現的過程，也就是 RpcManager.initializeBuiltinRpcs() 方法，在該方法中會根據目前 OpenTSDB 的讀寫模式，決定註冊哪些 HttpRpc 和 TelnetRpc 實現，其實作方式程式如下：

```
private void initializeBuiltinRpcs(String mode, ImmutableMap.Builder
<String, TelnetRpc>
        telnet, ImmutableMap.Builder<String, HttpRpc> http) {
  // 是否允許用戶端使用 "/api/xxx" 這種格式 URI
  final Boolean enableApi =
      tsdb.getConfig().getString("tsd.core.enable_api").equals("true");
  // 是否處理 UI 等靜態資源的請求
  final Boolean enableUi =
      tsdb.getConfig().getString("tsd.core.enable_ui").equals("true");
  // 是否允許用戶端發送一行特殊的指令 (diediedie) 來關閉目前 OpenTSDB 實例
  final Boolean enableDieDieDie =
      tsdb.getConfig().getString("tsd.no_diediedie").equals("false");

  // 只有在 OpenTSDB 實例為寫入模式下，才會增加 PutDataPointRpc 實現，
```

```
// PutDataPointRpc 處理的是寫入時序資料的請求
if (mode.equals("rw") || mode.equals("wo")) {
  final PutDataPointRpc put = new PutDataPointRpc();
  telnet.put("put", put);      // 最後會增加到 telnet_commands 集合中
  if (enableApi) {
    http.put("api/put", put); // 最後會增加到 http_commands 集合中
  }
}


if (mode.equals("rw") || mode.equals("ro")) {
// 在讀取模式下增加對應的 HttpRpc 和 TelnetRpc
  final StaticFileRpc staticfile = new StaticFileRpc();
  final StatsRpc stats = new StatsRpc();
  final DropCachesRpc dropcaches = new DropCachesRpc();
  final ListAggregators aggregators = new ListAggregators();
  final SuggestRpc suggest_rpc = new SuggestRpc();
  final AnnotationRpc annotation_rpc = new AnnotationRpc();
  final Version version = new Version();

  telnet.put("stats", stats);
  telnet.put("dropcaches", dropcaches);
  telnet.put("version", version);
  telnet.put("exit", new Exit());
  telnet.put("help", new Help());

  if (enableUi) {
    http.put("", new HomePage());
    http.put("aggregators", aggregators);
    http.put("dropcaches", dropcaches);
    http.put("favicon.ico", staticfile);
    http.put("logs", new LogsRpc());
    http.put("q", new GraphHandler());
    http.put("s", staticfile);
    http.put("stats", stats);
    http.put("suggest", suggest_rpc);
```

```
    http.put("version", version);
  }


  if (enableApi) {
    http.put("api/aggregators", aggregators);
    http.put("api/annotation", annotation_rpc);
    http.put("api/annotations", annotation_rpc);
    http.put("api/config", new ShowConfig());
    http.put("api/dropcaches", dropcaches);
    http.put("api/query", new QueryRpc());
    http.put("api/search", new SearchRpc());
    http.put("api/serializers", new Serializers());
    http.put("api/stats", stats);
    http.put("api/suggest", suggest_rpc);
    http.put("api/tree", new TreeRpc());
    http.put("api/uid", new UniqueIdRpc());
    http.put("api/version", version);
  }
}


if (enableDieDieDie) {  // 增加 DieDieDie
  final DieDieDie diediedie = new DieDieDie();
  telnet.put("diediedie", diediedie);
  if (enableUi) {
    http.put("diediedie", diediedie);
  }
}
}
```

按照前面對 RpcHandler 的分析，在 RpcManager 完成初始化操作
之後，就可以接收用戶端的 HTTP 請求了。RpcManager 會透過
lookupHttpRpc()、lookupTelnetRpc() 等方法尋找對應的物件來處理請
求，這裡以 lookupHttpRpc() 方法為例介紹，其他的 lookup*() 方法的實
現邏輯類似，程式如下：

```
HttpRpc lookupHttpRpc(final String queryBaseRoute) {
  // 在 http_commands 集合中 ( 根據 Route 字串 ) 尋找對應的 HttpRpc 物件
  return http_commands.get(queryBaseRoute);
}
```

2.3.7 HttpRpc 介面

透過前面幾節的介紹，我們了解了 RpcHandler、RpcManager 的初始化過程，還提到了 HttpRpc 物件與 Route 字串的對映關係等。本節將重點介紹 HttpRpc 介面及其實現類別，由於篇幅限制，本節會詳細分析 PutDataPointRpc、QueryRpc 等核心的 HttpRpc 實現類別，其他的 HttpRpc 實現類比較簡單，只簡單介紹一下其功能即可。

```
interface HttpRpc {
  // 所有 HTTP 請求最後都會轉化成 HttpQuery 物件，並透過對應 HttpRpc 物件的 execute()
  // 方法進行處理
  void execute(TSDB tsdb, HttpQuery query) throws IOException;
}
```

圖 2-25 展示了 OpenTSDB 中提供的 HttpRpc 介面實現類別。

下面簡單介紹一下各個 HttpRpc 實現類別的功能，內容如下。

圖 2-25

- PutDataPointRpc：處理所有與時序資料寫入相關的請求，後面會詳細分析其實作方式。
- QueryRpc：處理所有與時序資料查詢相關的請求，後面會詳細分析其實作方式。
- UniqueIdRpc：所有與 UID 相關的請求都是由該 HttpRpc 實現處理的，對應的 HTTP 介面是 "/api/uid"，後面會詳細分析其實作方式。

- **SuggestRpc**：前面簡單介紹過，"/api/suggest" 這個 HTTP 介面是用來提示 metric、tagk 或 tagv 的，SuggestRpc 的主要功能就是處理 suggest 相關的請求。

- **AnnotationRpc**：所有增刪改查 Annotation 的請求都是由該 HttpRpc 實現的，對應的 HTTP 介面是 "/api/annotation"，後面會詳細分析其實作方式。

- **TreeRpc**：所有增刪改查 Tree 的請求都是由該 HttpRpc 實現的，對應的 HTTP 介面是 "/api/tree"，後面會詳細分析其實作方式。

- **DropCachesRpc**：在後面介紹 UniqueId 的相關內容時會提到快取，該 HttpRpc 實現的功能就是將所有 UniqueId 物件中的快取清空。

- **SearchRpc**：前面提到過 "/api/search" 這個 HTTP 介面提供了查詢 OpenTSDB 中繼資料的功能，而 SearchRpc 正是實現該功能的 HttpRpc。後面會詳細介紹 SearchRpc 的實現及 OpenTSDB 中中繼資料的儲存方式。

- **DieDieDie**：前面提到過，用戶端可以透過 "/ diediedie" 這個 HTTP 介面關閉 OpenTSDB 實例，DieDieDie 就是實現該功能的 HttpRpc。

- **ShowConfig**：前面提到過 "/api/config" 這個 HTTP 介面可以傳回目前 OpenTSDB 實例的所有設定資訊，這裡的 ShowConfig 就是實現該 HTTP 介面功能的 HttpRpc。

- **ListAggregators**：前面提到過 "/api/aggregators" 這個 HTTP 介面可以傳回目前 OpenTSDB 實例支援的匯總函數清單，這裡的 ListAggregators 就是實現該 HTTP 介面功能的 HttpRpc。

- **Version**："/api/version" 這個 HTTP 介面會傳回目前 OpenTSDB 實例的版本資訊，這裡的 Version 就是實現該 HTTP 介面功能的 HttpRpc。

- **Serializers**："/api/serializers" 這個 HTTP 介面會傳回目前請求使用的 HttpSerializer 資訊，這裡的 Serializers 就是實現該 HTTP 介面功能的 HttpRpc。

- HomePage：負責傳回 OpenTSDB 的首頁。
- StaticFileRpc：所有靜態資源檔都是透過該 HttpRpc 傳回的，對應的 HTTP 介面是 "/s"。

介紹完每個 HttpRpc 實現的大致功能之後，本節的剩餘部分將詳細分析幾個核心的 HttpRpc 實現。

PutDataPointRpc

PutDataPointRpc 是 OpenTSDB 提供的 HttpRpc 介面實現之一，主要負責處理寫入時序資料的請求，對應的 HTTP 介面是 "/api/put"。除實現 HttpRpc 介面外，PutDataPointRpc 還同時實現了 TelnetRpc 介面，如圖 2-26 所示，所以 PutDataPointRpc 同時具有處理 HTTP 請求和 Telnet 請求的能力。

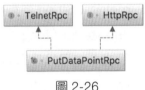

圖 2-26

PutDataPointRpc 中的欄位都是用來記錄全域統計資訊的，沒有記錄狀態的相關欄位，正如前面介紹的那樣，PutDataPointRpc 物件是無狀態的，在整個 OpenTSDB 實例中只有一個實例。下面介紹 PutDataPointRpc 中核心欄位的含義。

- requests（AtomicLong 類型）：統計目前 PutDataPointRpc 物件已經處理的總請求個數，其中包含 HTTP 請求和 Telnet 請求兩種。
- hbase_errors（AtomicLong 類型）：統計寫入 HBase 出現例外的次數。
- invalid_values（AtomicLong 類型）：統計寫入的時序資料出現非法值的次數。
- illegal_arguments（AtomicLong 類型）：統計寫入時序資料時 IncomingDataPoint 攜帶的 metric、timestamp、tag 等資訊出現例外時會增加的欄位。

- writes_blocked（AtomicLong 類型）：統計寫入被阻塞的次數。
- writes_timedout（AtomicLong 類型）：統計寫入逾時的次數。

在開始介紹 PutDataPointRpc 中核心方法的實現之前，先來介紹一下 OpenTSDB 對寫入的點的抽象。透過 HTTP 用戶端向 OpenTSDB 寫入時序資料時發送的實際上是一段 JSON 資料，這段 JSON 資料在到達 OpenTSDB 服務端並解析之後會獲得一個 IncomingDataPoint 集合，每個 IncomingDataPoint 物件表示一個待寫入的點。IncomingDataPoint 是一個 POJO，其核心欄位如下所示。

- metric（String 類型）：該點對應的 metric 名稱。
- timestamp（long 類型）：該點對應的時間戳記，該時間戳記可以是秒級的，也可以是毫秒級的。
- value（String 類型）：該點的實際值。
- tags（HashMap<String, String> 類型）：該點對應的 tag 組合。
- tsuid（String 類型）：該點對應的 tsuid。

下面重點分析的是 PutDataPointRpc.execute() 方法的實作方式，該方法完成了對時序資料寫入請求的處理，程式如下：

```
public void execute(final TSDB tsdb, final HttpQuery query) throws
IOException {
  requests.incrementAndGet(); // 增加 requests
  // 檢測 HttpMethod，PutDataPointRpc 只處理 POST 請求（略）
  // 解析 HTTP 請求本體，獲得待寫入的點，預設使用的 HttpSerializer 實現是
  // HttpJsonSerializer，實際上就是解析 JSON 資料
  final List<IncomingDataPoint> dps = query.serializer().parsePutV1();
  // 檢測解析獲得的 dps 集合中 IncomingDataPoint 物件的個數（略）
  // 解析 HTTP 請求中攜帶的其他參數，這裡簡單介紹一下這幾個參數的含義
  // details 參數表示在 HTTP 回應中是否包含寫入操作的詳細描述資訊
  final boolean show_details = query.hasQueryStringParam("details");
```

```java
// summary 參數表示在 HTTP 回應中是否包含寫入操作的概況資訊
final boolean show_summary = query.hasQueryStringParam("summary");
// sync 參數表示此次寫入是否為同步寫入
final boolean synchronous = query.hasQueryStringParam("sync");
// sync_timeout 參數表示同步寫入的逾時
final int sync_timeout = query.hasQueryStringParam("sync_timeout") ?
    Integer.parseInt(query.getQueryStringParam("sync_timeout")) : 0;
final AtomicBoolean sending_response = new AtomicBoolean();
sending_response.set(false);
// details 集合用於記錄寫入過程中的詳細描述資訊
final ArrayList<HashMap<String, Object>> details = show_details
  ? new ArrayList<HashMap<String, Object>>() : null;
int queued = 0; // 記錄目前正在寫入的點
final List<Deferred<Boolean>> deferreds = synchronous ?
    new ArrayList<Deferred<Boolean>>(dps.size()) : null;
for (final IncomingDataPoint dp : dps) {
// 檢查前面解析獲得的 IncomingDataPoint
// 當該點寫入發生例外時，會回呼 PutErrback 這個 Callback 實現進行處理，後面將詳細
// 介紹其實現
  final class PutErrback implements Callback<Boolean, Exception> {
    ... ...
  }

  // 當該點寫入成功之後會回呼 SuccessCB 這個 Callback 實現，其 call 實現比較簡單，
  // 直接傳回 true
  final class SuccessCB implements Callback<Boolean, Object> {
    @Override
    public Boolean call(final Object obj) {
      return true;
    }
  }
  try {
    // 檢測該 IncomingDataPoint 中的 metric、timestamp、value、tag 組合等方面
```

```
    // 是否合法，如果檢測失敗則遞增 illegal_arguments 值，並根據 show_details
    // 參數決定是否向 details 集合中記錄對應資訊（略）
    // 根據目前 IncomingDataPoint 中的 value 值，呼叫 TSDB 對應的 addPoint() 方
    // 法寫入該點，TSDB.addPoint() 方法的實作方式在後面的章節中會進行詳細分析
    final Deferred<Object> deferred;
    if (Tags.looksLikeInteger(dp.getValue())) {
      deferred = tsdb.addPoint(dp.getMetric(), dp.getTimestamp(),
          Tags.parseLong(dp.getValue()), dp.getTags());
    } else {
      deferred = tsdb.addPoint(dp.getMetric(), dp.getTimestamp(),
          Float.parseFloat(dp.getValue()), dp.getTags());
    }
    if (synchronous) {        // 如果是同步寫入，則增加 SuccessCB 作為回呼物件
      deferreds.add(deferred.addCallback(new SuccessCB()));
    }
    deferred.addErrback(new PutErrback());    // 增加 PutErrback 處理例外
    ++queued;
  } catch (Exception x) {
    // 根據 show_details 參數決定是否向 details 集合中記錄對應資訊（略）
    // 根據不同的例外類型，決定遞增 illegal_arguments、invalid_values 還是
    // unknown_metrics（略）
  }
}
// 如果是同步寫入請求，一般會指定此次寫入的逾時，如果一直等待寫入可能會阻塞後面的請
// 求，這裡會建立 TimerTask 定時工作，TimerTask 是 Netty 提供的介面，也是增加到
// HashedWheelTimer 中的定時工作。當該定時工作到期時，寫入依然沒有完成，則認為寫
// 入逾時並向用戶端傳回逾時的 HTTP 響應資訊。PutTimeout 的實作方式會在後面進行詳細
// 的分析
class PutTimeout implements TimerTask {
  ... ...
}


// 如果此次 HTTP 請求寫入需要同步完成（即 HTTP 請求的 sync 參數設定為 true），則建立
```

```
// PutTimeOut 並將其增加到前面建立的 HashedWheelTimer 中，等待過期
final Timeout timeout = sync_timeout > 0 ?
    tsdb.getTimer().newTimeout(new PutTimeout(queued), sync_timeout,
        TimeUnit.MILLISECONDS) : null;


// GroupCB 這個 Callback 實現負責向用戶端傳回 HTTP 回應，其實作方式會在後面詳細分析
class GroupCB implements Callback<Object, ArrayList<Boolean>> {
  ... ...
}


// ErrCB 這個 Callback 實現會處理 Callback 鏈中出現的例外，其實作方式會在後面詳細
// 分析
class ErrCB implements Callback<Object, Exception> {
  ... ...
}


// 如果是同步寫入，則等待上述全部 IncomingDataPoint 寫入完成後，再呼叫 GroupCB
// 回呼，如果是非同步寫入，則直接呼叫 GroupCB 回呼將 HTTP 回應傳回
if (synchronous) {
  Deferred.groupInOrder(deferreds).addCallback(new GroupCB(queued))
    .addErrback(new ErrCB());
} else {
  new GroupCB(queued).call(EMPTY_DEFERREDS);
}
}
```

介紹完 PutDataPointRpc.execute() 方法的大致步驟之後，下面詳細介
紹其中有關的內部類別實現。首先來看 PutErrback 實現，當對應的
IncomingDataPoint 寫入失敗時，會由連結的 PutErrback 物件處理，實作
方式程式如下：

```
final class PutErrback implements Callback<Boolean, Exception> {
  public Boolean call(final Exception arg) {
    handleStorageException(tsdb, dp, arg); // 處理例外
```

```
    hbase_errors.incrementAndGet();     // 遞增 hbase_errors
    if (show_details) {
    // 根據 show_details 參數決定是否向 details 集合中記錄詳細資訊
        details.add(getHttpDetails("Storage exception: " + arg.
getMessage(), dp));
    }
    return false;
  }
}
```

接下來要分析的是 PutTimeout，它實現了 Netty 提供的 TimerTask 介面。
PutTimeOut 定時工作的逾時就是 HTTP 請求中指定的 sync_timeout 參
數。當該工作到期時，若同步寫入依然未完成，則認為此次寫入逾時。
PutTimeout 的實作方式程式如下：

```
class PutTimeout implements TimerTask {
    final int queued; // 此次寫入的點的個數，其建置函數中會初始化該欄位（略）
    @Override
    public void run(final Timeout timeout) throws Exception {
        if (sending_response.get()) {
            return; // 已經向戶端發送過 HTTP 回應，則直接傳回
        } else {
            sending_response.set(true); // 更新 sending_response 標識
        }
        int good_writes = 0;
        int failed_writes = 0;
        int timeouts = 0;
        for (int i = 0; i < deferreds.size(); i++) { // 檢查 deferreds 集合
            try {
                if (deferreds.get(i).join(1)) {
                // 統計有多少點寫入成功，有多少點寫入失敗
                    ++good_writes;
                } else {
```

```
                ++failed_writes;

            }
        } catch (TimeoutException te) {
            // 根據 show_details 參數決定是否向 details 集合中記錄詳細資訊 ( 略 )
            ++timeouts;    // 統計有多少點寫入逾時
        }
    }
    writes_timedout.addAndGet(timeouts); // 更新 writes_timeout 欄位
    final int failures = dps.size() - queued;
    if (!show_summary && !show_details) {
        throw new BadRequestException("..."); // 拋出例外
    } else {
        final HashMap<String, Object> summary = new HashMap<String,
Object>();
        ......// 填充概況資訊，記錄寫入成功、失敗、逾時的點的個數，以及例外資訊 ( 略 )
        // 向用戶端發送 HTTP 回應資訊，HttpQuery.sendReply() 方法的實作方式在前面
        // 分析過了，這裡不再展開分析
        query.sendReply(HttpResponseStatus.BAD_REQUEST,
            query.serializer().formatPutV1(summary));
    }
  }
}
```

了解了 PutTimeout 在同步寫入逾時如何傳回 HTTP 回應後，再來分析
GroupCB 實現，它主要負責在非同步寫入或同步寫入完成時，向用戶端
發送 HTTP 回應，實作方式程式如下：

```
class GroupCB implements Callback<Object, ArrayList<Boolean>> {
  final int queued; // 此次寫入的點的個數，其建置函數中會初始化該欄位 ( 略 )

  @Override
  public Object call(final ArrayList<Boolean> results) {
    if (sending_response.get()) {
```

```
        return null; // 已經向用戶端發送過 HTTP 回應，則直接傳回
    } else {
    sending_response.set(true); // 更新 sending_response 標識
    if (timeout != null) {
    // 如果是同步寫入，則前面會建立 PutTimeout 定時工作，此時寫入完成，需要停止
    // 該定時工作
        timeout.cancel();
    }
    }
    int good_writes = 0;
    int failed_writes = 0;
    for (final boolean result : results) {
    // 統計寫入成功和寫入失敗的點的個數
      if (result) {
        ++good_writes;
      } else {
        ++failed_writes;
      }
    }
    final int failures = dps.size() - queued;
    // 根據 summary 參數和 details 參數建立 HTTP 回應體，最後透過 HttpQuery.
    // sendReply() 方法向用戶端發送 HTTP 回應，該部分實現與 PutTimeOut 中的實現
    // 類似，所以不再貼上程式
    ... ...
    return null;
  }
}
```

最後，ErrCB 這個 Callback 實現主要處理 Callback 鏈中出現的例外，它
也會先檢測 sending_response 欄位，如果之前未向用戶端發送 HTTP 回
應，則嘗試取消前面的 PutTimeOut 定時工作並拋出例外。ErrCB 的實現
比較簡單，這裡就不再展開詳細介紹了，有興趣的讀者可以參考原始程
式進行學習。

至此，PutDataPointRpc 對 HTTP 請求處理的過程就介紹完了。除此之外，PutDataPointRpc 還能處理 Telnet 請求，該過程與本節介紹的對 HTTP 請求的處理過程類似，這裡就不再展開詳細介紹了，有興趣的讀者可以參考原始程式進行學習。

QueryRpc

QueryRpc 是 OpenTSDB 提供的 HttpRpc 介面實現之一，如圖 2-27 所示。它主要負責處理查詢時序資料的請求，對應的 HTTP 介面是 "/api/query" 和 "/api/query/*"。

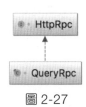

圖 2-27

QueryRpc 中的三個欄位 query_success、query_invalid、query_exceptions（都為 AtomicLong 類型），分別記錄了查詢成功、查詢參數非法及查詢失敗的請求個數。

QueryRpc.execute() 方法是處理 HTTP 請求的入口方法，它會根據 HTTP 請求的 URI 呼叫不同的 QueryRpc.handle*() 方法進行處理，實作方式程式如下：

```java
public void execute(final TSDB tsdb, final HttpQuery query) throws
IOException {

  // 檢測 HttpMethod，QueryRpc 只接收 GET、POST、DELETE 三個方法（略）
  // 當 HttpMethod 為 DELETE 時，表示刪除查詢到的時序資料，此時需要開
  // 啟 "tsd.http.query.allow_delete" 欄位（略）
  // 解析該請求的 URI，並根據 URI 位址呼叫對應的 handle*() 方法處理 HTTP 請求
  final String[] uri = query.explodeAPIPath();
  final String endpoint = uri.length > 1 ? uri[1] : "";

  if (endpoint.toLowerCase().equals("last")) { // 請求 "/api/query/last" 位址
    handleLastDataPointQuery(tsdb, query);
```

```
  } else if (endpoint.toLowerCase().equals("gexp")) {
  // 請求 "/api/query/gexp" 位址
    handleQuery(tsdb, query, true);
  } else if (endpoint.toLowerCase().equals("exp")) {
  // 請求 "/api/query/exp" 位址
    handleExpressionQuery(tsdb, query);
    return;
  } else { // 請求 "/api/query" 位址
    handleQuery(tsdb, query, false);
  }
}
```

❑ handleQuery() 方法

下面分析 QueryRpc.handleQuery() 方法，該方法定義了查詢需要的多個 Callback 實現，並透過 Callback 鏈定義了查詢時序資料的步驟，其內容大致如下：

（1）查詢並處理 Annotation 資訊。

（2）將 TSQuery 轉換成 TsdbQuery，同時將 metric、tag 中的字串轉換成 UID。

（3）呼叫 TsdbQuery.runAsync() 方法查詢時序資料。

（4）根據請求的 URI 和請求攜帶的運算式處理步驟 3 中查詢到的時序資料。

（5）將步驟 4 的處理結果和前面查詢到的 Annotation 資訊封裝成 HTTP 回應傳回給用戶端。

QueryRpc.handleQuery() 方法的實作方式程式如下：

```
private void handleQuery(TSDB tsdb, HttpQuery query, boolean allow_
expressions) {
  final long start = DateTime.currentTimeMillis();
  final TSQuery data_query;
```

```
final List<ExpressionTree> expressions;
// 如果是 POST 請求，則將 HTTP 請求本體解析成 TSQuery 物件
if (query.method() == HttpMethod.POST) {
  switch (query.apiVersion()) {
    case 0:
    case 1:   // 目前 0、1 兩個版本都是使用 HttpSerializer 將 JSON 資料解析成
              // TSQuery 物件
      data_query = query.serializer().parseQueryV1();
      break;
    default: // 目前只有 0、1 兩個版本的 API
      query_invalid.incrementAndGet();
      throw new BadRequestException("...");
  }
  expressions = null;
} else {
  expressions = new ArrayList<ExpressionTree>();
  // 如果是其他 HttpMethod，例如 GET，則將 HTTP 請求的參數解析成 TSQuery 物件
  data_query = parseQuery(tsdb, query, expressions);
}


if (query.getAPIMethod() == HttpMethod.DELETE &&
    tsdb.getConfig().getBoolean("tsd.http.query.allow_delete")) {
  // 根據 HttpMethod 和 "tsd.http.query.allow_delete" 設定項目設定 TSQuery
  // 中的 delete 欄位
  data_query.setDelete(true);
}


// 檢測 TSQuery 中各個欄位及其中的子查詢是否合法，如果檢測失敗，則拋出例外（略）
// TSQuery 中子查詢的個數
final int nqueries = data_query.getQueries().size();
final ArrayList<DataPoints[]> results = new ArrayList<DataPoints[]>
(nqueries);
final List<Annotation> globals = new ArrayList<Annotation>();
```

```java
// ErrorCB 主要處理查詢過程遇到的各種例外
class ErrorCB implements Callback<Object, Exception> {
    ... ...
}


// QueriesCB 是在時序資料查詢結束之後執行的,它負責整理查詢到的時序資料,並以
// DataPoints[] 數組的形式傳回
class QueriesCB implements Callback<Object, ArrayList<DataPoints[]>> {
    ... ...
}


// BuildCB 是真正查詢時序資料的地方,它是在 metric、tag 等字串解析成 UID 之後執行的
class BuildCB implements Callback<Deferred<Object>, Query[]> {
    ... ...
}


// GlobalCB 主要在完成全域 Annotation 查詢之後,儲存這些查詢到的 Annotation 物件
// GlobalCB 同時還會將 metric、tag 等字串解析成對應的 UID,為後續的查詢做準備
class GlobalCB implements Callback<Object, List<Annotation>> {
    ... ...
}


if (!data_query.getNoAnnotations() && data_query.getGlobalAnnotations()) {
    // 先查詢全域 Annotation,然後查詢時序資料。在 Annotation.
    // getGlobalAnnotations() 方法的實作方式在後面會詳細介紹,這裡不展開分析
    Annotation.getGlobalAnnotations(tsdb,
        data_query.startTime() / 1000, data_query.endTime() / 1000)
        .addCallback(new GlobalCB()).addErrback(new ErrorCB());
} else {
    // 不需要查詢全域 Annotation,則直接開始查詢時序資料。TSQuery.
    // buildQueriesAsync() 方法負責將 TSSubQuery 物件解析成 TsdbQuery 物件
    // (包含其中的子查詢),也會進行對應的 UID 解析。
    // TSQuery 的實作方式在後面會詳細介紹,這裡不多作說明
    data_query.buildQueriesAsync(tsdb).addCallback(new BuildCB())
```

```
        .addErrback(new ErrorCB());
    }
}
```

接下來看一下 GlobalCB 的 Callback 的實作方式，首先儲存查詢到的
Annotation 物件，然後呼叫 TSQuery.buildQueriesAsync() 方法建立對應的
TsdbQuery，實作方式程式如下：

```
class GlobalCB implements Callback<Object, List<Annotation>> {
  public Object call(final List<Annotation> annotations) throws Exception {
    globals.addAll(annotations); // 將查詢到的 Annotation 記錄到 globals 集合中
    // 呼叫 TSQuery.buildQueriesAsync() 方法將 TSSubQuery 物件解析成 TsdbQuery
    // 物件 (包含其中的子查詢)，也會進行對應的 UID 解析。
    return data_query.buildQueriesAsync(tsdb).addCallback(new BuildCB());
  }
}
```

在完成 TSQuery 到 TsdbQuery 的轉換之後，接下來回呼 BuildCB 的
Callback 實現，然後呼叫 TsdbQuery.runAsync() 方法完成時序資料的查
詢，實作方式程式如下：

```
class BuildCB implements Callback<Deferred<Object>, Query[]> {
  public Deferred<Object> call(final Query[] queries) {
    ArrayList<Deferred<DataPoints[]>> deferreds =
        new ArrayList<Deferred<DataPoints[]>>(queries.length);
        // 記錄查詢結果
    for (final Query query : queries) {
      deferreds.add(query.runAsync());  // 查詢時序資料
    }
    // 在查詢結束之後會回呼 QueriesCB
    return Deferred.groupInOrder(deferreds).addCallback(new QueriesCB());
  }
}
```

完成時序資料的查詢之後會回呼 QueriesCB，然後根據請求的 URI 和
請求攜帶的運算式處理查詢結果，並將處理後的結果及前面查詢到的
Annotation 資訊封裝成 HTTP 回應發送給用戶端，實作方式程式如下：

```
class QueriesCB implements Callback<Object, ArrayList<DataPoints[]>> {

  public Object call(final ArrayList<DataPoints[]> query_results)
      throws Exception {
    if (allow_expressions) {
      // 根據 URI 及實際使用的運算式處理查詢結果，Expression 的內容後面會詳細解析
      // 另外，對 "/api/query/gexp" 和 "/api/query" 兩個 URI 上請求的區別，也只有
      // 這個參數的區別
      ... ...
    } else {
      results.addAll(query_results);
    }

    // SendIt 比較簡單，它直接呼叫前面介紹的 HttpQuery.sendReply() 方法向用戶端傳
    // 回 HTTP 回應
    class SendIt implements Callback<Object, ChannelBuffer> {
      public Object call(final ChannelBuffer buffer) throws Exception {
        query.sendReply(buffer);
        query_success.incrementAndGet();
        return null;
      }
    }

    switch (query.apiVersion()) {
      case 0:
      case 1:    // 將處理的結果及前面查詢到的 Annotation 資訊序列化成 JSON 格式的
                 // 資料，並回呼 SendIt
        query.serializer().formatQueryAsyncV1(data_query, results,
          globals).addCallback(new SendIt()).addErrback(new ErrorCB());
```

```
        break;
    default: // 目前還沒有其他版本的 API
        throw new BadRequestException("...");
    }
    return null;
    }
}
```

❏ handleLastDataPointQuery() 方法

了解了 QueryRpc.handleQuery() 方法如何查詢時序資料之後，再來分析 QueryRpc.handle- LastDataPointQuery() 方法，該方法主要負責查詢指定時序的最後一個點。

在上一節已經詳細介紹過，handleQuery() 方法會將 HTTP 請求解析成 TSQuery 物件，而 handleLastDataPointQuery() 方法則會將 HTTP 請求解析成 LastPointQuery 物件。這裡先簡單介紹一下 LastPointQuery 及其子查詢 LastPointSubQuery，LastPointQuery 中各個欄位的含義如下。

- resolve_names（boolean 類型）：當我們按照指定條件查詢到 LastPoint 之後，是否要將 metric 和 tag 對應的 UID 轉換成字串。
- back_scan（int 類型）：back_scan 欄位指定了向前尋找的小時（行）數上限。
- sub_queries（List<LastPointSubQuery> 類型）：對應的子查詢。

LastPointSubQuery 中各個欄位的含義如下：

- tsuid（byte[] 類型）：此次查詢的 tsuid。
- metric（String 類型）：此次查詢的 metric。
- tags（Map<String, String> 類型）：此次查詢的 tag 組合。

與 TSQuery、TSSubQuery、TsdbQuery 三者的關係類似，LastPointQuery

和 LastPointSubQuery 最後會在轉換成 TSUIDQuery 之後完成查詢,在後面分析 TSUIDQuery 時還會對上述欄位進行更詳細的說明。

下面回到 handleLastDataPointQuery() 方法繼續分析,它會將 LastPointQuery 和 LastPointSubQuery 轉換成對應的 TSUIDQuery 物件,並呼叫其 getLastPoint() 方法查詢指定時序的最後一個點,實作方式程式如下:

```
private void handleLastDataPointQuery(final TSDB tsdb, final HttpQuery
query) {
    // 如果是 POST 請求,則將 HTTP 請求本體解析成 TSQuery 物件
    // 如果是其他 HttpMethod,例如 GET,則將 HTTP 請求的參數解析成 TSQuery 物件
    // 這個步驟與前面分析的 handleQuery() 方法類似,所以這裡省略這段程式
    LastPointQuery data_query = ...
    // 檢測 LastPointQuery 中是否指定了實際的子查詢,如果沒有則會拋出例外(略)

    final ArrayList<Deferred<Object>> calls = new ArrayList<Deferred<Object>>();
    // 用於記錄最後的查詢結果
    final List<IncomingDataPoint> results = new ArrayList<IncomingDataPoint>();
    ... ... // 省略 ErrBack 這個 Callback 的定義,它主要負責處理例外(略)

    // FetchCB 這個 Callback 實現會將查詢到的多個 ArrayList<IncomingDataPoint>
    // 集合拍平成一個 ArrayList<IncomingDataPoint> 集合,其實作方式後面會做簡單分析
    class FetchCB implements Callback<Deferred<Object>,
ArrayList<IncomingDataPoint>> {
        ... ...
    }

    // 當從 tsdb-meta 表中尋找到指定序列的最後寫入時間戳記之後,會回呼該 TSUIDQueryCB
    // 在 TSUIDQueryCB 中會呼叫 TSUIDQuery.getLastPoint() 方法查詢該序列最後寫入的
    // 點 TSUIDQueryCB 的實作方式會在後面詳細介紹
    class TSUIDQueryCB implements Callback<Deferred<Object>, ByteMap<Long>> {
        ... ...
    }
```

```
// FinalCB 這個 Callback 會將前面經過 FetchCB 整理好的查詢結果序列化成 JSON 並傳回
// 給用戶端
class FinalCB implements Callback<Object, ArrayList<Object>> {
  public Object call(final ArrayList<Object> done) throws Exception {
    query.sendReply(query.serializer().formatLastPointQueryV1(results));
    return null;
  }
}


// 檢查全部 LastPointSubQuery 子查詢完成查詢
for (final LastPointSubQuery sub_query : data_query.getQueries()) {
  final ArrayList<Deferred<IncomingDataPoint>> deferreds =
      new ArrayList<Deferred<IncomingDataPoint>>();
  // 如果目前 LastPointSubQuery 子查詢指定了 tsuid，則優先使用 tsuid 進行查詢
  if (sub_query.getTSUIDs() != null && !sub_query.getTSUIDs().isEmpty()) {
    for (final String tsuid : sub_query.getTSUIDs()) {
      // 將 LastPointSubQuery 子查詢轉換成對應的 TSUIDQuery 物件
      final TSUIDQuery tsuid_query = new TSUIDQuery(tsdb, UniqueId.
stringToUid(tsuid));
      // 呼叫 TSUIDQuery.getLastPoint() 方法完成時序資料的查詢
      deferreds.add(tsuid_query.getLastPoint(data_query.
getResolveNames(), data_query.getBackScan()));
    }
  } else { // 如果目前 LastPointSubQuery 子查詢未指定 tsuid，則使用 metric 和
           // tag 組合進行查詢
    final TSUIDQuery tsuid_query = new TSUIDQuery(tsdb, sub_query.
getMetric(),
            sub_query.getTags() != null ? sub_query.getTags() :
Collections.EMPTY_MAP);
    if (data_query.getBackScan() > 0) {
      deferreds.add(tsuid_query.getLastPoint(data_query.getResolveNames(),
        data_query.getBackScan()));
```

```
    } else {
        // 先透過 TSUIDQuery.getLastWriteTimes() 方法查詢指定時序的最後寫入時間
        // 戳記，然後回呼 TSUIDQueryCB，在 TSUIDQueryCB 中會呼叫 TSUIDQuery.
        // getLastPoint() 方法查詢該序列最後寫入的點。需要注意的是，這裡沒有使用
        // tsuid 查詢，可能會找到多筆符合條件的時序資料
        calls.add(tsuid_query.getLastWriteTimes().addCallbackDeferring(
            new TSUIDQueryCB()));
    }
}
if (deferreds.size() > 0) { // 查詢完成之後會回呼 FetchCB
    calls.add(Deferred.group(deferreds).addCallbackDeferring(new
FetchCB()));
}
}
// 待全部查詢完成，且經過 FetchCB 整理完成之後，會回呼 FinalCB，將結果序列化成
// JSON 並傳回給用戶端
Deferred.group(calls).addCallback(new FinalCB()).addErrback(new
ErrBack())
    .joinUninterruptibly();
}
```

這裡簡單介紹一下 TSUIDQueryCB 和 FetchCB 兩個 Callback 實現。在從 tsdb-meta 表中尋找到指定序列的最後寫入時間戳記之後，會回呼該 TSUIDQueryCB，而在 TSUIDQueryCB 中會呼叫 TSUIDQuery. getLastPoint() 方法查詢該序列最後寫入的點。

```
class TSUIDQueryCB implements Callback<Deferred<Object>, ByteMap<Long>> {
    public Deferred<Object> call(final ByteMap<Long> tsuids) throws
Exception {
        // 檢測 tsuids 集合是否為空 (略)
        final ArrayList<Deferred<IncomingDataPoint>> deferreds =
            new ArrayList<Deferred<IncomingDataPoint>>(tsuids.size());
        for (Map.Entry<byte[], Long> entry : tsuids.entrySet()) {
```

```
     // 呼叫 TSUIDQuery.getLastPoint() 方法查詢指定時序的最後一個點
     deferreds.add(TSUIDQuery.getLastPoint(tsdb, entry.getKey(),
         data_query.getResolveNames(), data_query.getBackScan(),
entry.getValue()));
    }
    return Deferred.group(deferreds).addCallbackDeferring(new FetchCB());
  }
}


class FetchCB implements Callback<Deferred<Object>,
ArrayList<IncomingDataPoint>> {
    @Override
    public Deferred<Object> call(final ArrayList<IncomingDataPoint> dps) {
      synchronized (results) {
        for (final IncomingDataPoint dp : dps) {
          // 將多個 ArrayList<IncomingDataPoint> 拍平
          if (dp != null) {
            results.add(dp);
          }
        }
      }
      return Deferred.fromResult(null);
    }
}
```

❏ handleExpressionQuery() 方法

QueryRpc 中最後需要介紹的就是 handleExpressionQuery() 方法了，該方法的主要處理 URI 為 "/api/query/exp" 的 HTTP 請求，其與前面介紹的 handleQuery() 方法的最大區別就是支援 Expression 運算式，前面章節也已經介紹過 Expression 運算式的使用方式，這裡就不再多作說明了。

QueryRpc.handleExpressionQuery() 方法本身的實現並不複雜，它會將請

求委派給 QueryExecutor 物件處理。它首先會將 HTTP 請求解析成 Query 物件,然後建立 QueryExecutor 物件並呼叫其 execute() 方法完成查詢,實作方式程式如下:

```
private void handleExpressionQuery(final TSDB tsdb, final HttpQuery
query) {
    // 將 HTTP 請求解析成 Query 物件,注意與 net.opentsdb.core.Query 介面的區分
    final net.opentsdb.query.pojo.Query v2_query =
        JSON.parseToObject(query.getContent(), net.opentsdb.query.pojo.
Query.class);
    v2_query.validate(); // 檢測請求參數是否合法
    // 建立對應的 QueryExecutor 物件並呼叫 execute() 方法完成查詢
    final QueryExecutor executor = new QueryExecutor(tsdb, v2_query);
    executor.execute(query);
}
```

QueryExecutor 如何支援 Expression 運算式的解析和處理,以及如何完成時序資料的查詢,這裡不做詳細介紹,在後面介紹完 OpenTSDB 的核心邏輯之後,讀者可以輕鬆了解 QueryExecutor 的實現。

HttpRpc 的其他實現相較於本節介紹的 PutDataPointRpc 和 QueryRpc 來說要簡單得多,這裡不再一一列舉分析,有興趣的讀者可以參考原始程式進行學習。

2.3.8 拾遺

介紹完 OpenTSDB 網路層的實作方式之後,我們回到 TSDMain.main() 方法看一下剩餘幾個未分析的初始化方法。

✎ HBase 詮譯資訊檢查與預先載入

了解 HBase 的讀者都知道,用戶端讀寫 HBase 的大致流程如下所示。

（1）用戶端首先從設定資訊中尋找到 ZooKeeper 叢集位址，然後與 ZooKeeper 叢集建立連接。

（2）用戶端讀取 ZooKeeper 中指定節點（/<hbase-rootdir>/meta-region-server 節點）的資訊，在該節點中記錄了 HBase 中繼資料表（即 META 表）所在的 RegionServer 資訊（IP 位址、通訊埠等）。

（3）用戶端存取 HBase 的 META 表所在的 Region Server，將 META 表中的中繼資料載入到本機並進行快取。

（4）根據快取的中繼資料和待查詢的 RowKey 確定待查詢資料所在的 RegionServer 位址。

（5）用戶端連接待查詢資料所在的 Region Server，並發送資料讀取請求。

（6）在 Region Server 接收用戶端讀取資料的請求之後，會處理該請求並傳回查詢到的資料。

這裡只是簡單介紹了用戶端與 HBase 進行互動的簡單流程，其中的每一步都需要非常複雜的處理邏輯支撐，有興趣的讀者可以查閱 HBase 相關的資料進行深入學習。

HBase 是可以支撐巨量資料的，當 HBase 中資料量特別大的時候，Region 和 Region Server 的數量也會特別大，此時 META 表中的中繼資料就會比較大。為了加速查詢，OpenTSDB 在啟動的時候會呼叫 TSDB.preFetchHBaseMeta() 方法預先載入 META 表資料進行最佳化，實作方式程式如下：

```
public void preFetchHBaseMeta() {
  final long start = System.currentTimeMillis();
  final ArrayList<Deferred<Object>> deferreds = new
ArrayList<Deferred<Object>>();
  deferreds.add(client.prefetchMeta(table)); // 預先載入 TSDB 表的中繼資料
  deferreds.add(client.prefetchMeta(uidtable));
  // 預先載入 tsdb-uid 表的中繼資料
```

```
try {
    Deferred.group(deferreds).join(); // 等待上述兩個表的中繼資料載入完成
} catch (Exception e) {
    LOG.error("Failed to prefetch meta for our tables", e);
}
}
```

完成 TSDB 和 tsdb-uid 兩張表的中繼資料載入之後，OpenTSDB 在初始化的過程中還會呼叫 checkNecessaryTablesExist() 方法檢測基本的 HBase 表是否存在，實作方式程式如下：

```java
public Deferred<ArrayList<Object>> checkNecessaryTablesExist() {
    ArrayList<Deferred<Object>> checks = new ArrayList<Deferred<Object>>(2);
    checks.add(client.ensureTableExists(
        config.getString("tsd.storage.hbase.data_table")));
        // 檢測 TSDB 表是否存在
    checks.add(client.ensureTableExists(
        config.getString("tsd.storage.hbase.uid_table")));
        // 檢測 tsdb-uid 表是否存在
    if (config.enable_tree_processing()) {
        checks.add(client.ensureTableExists(
            config.getString("tsd.storage.hbase.tree_table")));
            // 檢測 tsdb-tree 表是否存在
    }
    if (config.enable_realtime_ts() || config.enable_realtime_uid() ||
        config.enable_tsuid_incrementing()) {
        checks.add(client.ensureTableExists(
            config.getString("tsd.storage.hbase.meta_table")));
            // 檢測 tsdb-meta 表是否存在
    }
    return Deferred.group(checks);
}
```

✍ registerShutdownHook

在 OpenTSDB 的初始化過程中，會呼叫 TSDMain.registerShutdownHook()
方法增加 JVM 鉤子方法，在該鉤子方法中會對 RpcManager、TSDB 等元
件的 shutdown() 方法進行清理工作，實作方式程式如下：

```java
private static void registerShutdownHook() {
  final class TSDBShutdown extends Thread {
    public void run() {
      if (RpcManager.isInitialized()) {
        // 呼叫 RpcManager.shutdown() 方法，該方法會呼叫所有外掛程式的
        // shutdown() 方法，釋放外掛程式所佔的資源
        RpcManager.instance(tsdb).shutdown().join();
      }
      if (tsdb != null) {
        tsdb.shutdown().join(); // 釋放 TSDB 佔用的所有資源
      }
    }
  }
  Runtime.getRuntime().addShutdownHook(new TSDBShutdown());
  // 增加上述 JVM 鉤子
}
```

2.4 本章小結

本章首先介紹了 NIO 的基礎知識，包含 NIO 程式設計的三種模型，並
詳細介紹了每種模型的優點和缺點。然後介紹了 Netty 3 的大致原理和基
本使用方法，其中有關 Netty 3 的基本元件內容，例如 ChannelEvent、
Channel、NioSelector、ChannelBuffer 等，並列出了一個簡單的範例程
式，其中的服務端和用戶端都是使用 Netty 3 完成的。

接下來深入分析 OpenTSDB 的網路層實現。首先分析 TSDMain 類別，它是整個 OpenTSDB 實例的入口，也是 OpenTSDB 整個網路層初始化的地方。透過對 TSDMain 進行分析，讀者可以了解到 OpenTSDB 各個設定載入的時機、各元件初始化的時機及外掛程式的載入時機。然後詳細分析了 PipelineFactory，它實現了 Netty 3 中的 ChannelPipelineFactory 介面，它在建立 ChannelPipeline 時會為其增加 OpenTSDB 自訂的 ChannelHandler。在介紹 PipelineFactory 的同時，還穿插介紹了 Netty 3 中提供的 HashedWheelTimer 的工作原理。隨後介紹的是 ConnectionMananger 和 DetectHttpOrRpc，兩者都是 Netty 3 中 ChannelHandler 的實現，ConnectionManager 負責管理目前 OpenTSDB 實例的連接數，而 DetectHttpOrRpc 則會根據 Channel 上第一個請求的第一個位元組確定目前使用的協定類型。

緊接著介紹了 OpenTSDB 網路模組的核心元件之一——RpcHandle，同時還詳細介紹了 HttpQuery 元件的實作方式。OpenTSDB 網路層將 HTTP 請求交給對應的 HttpRpc 物件進行處理，這些 HttpRpc 物件是無狀態的，它們都會在 OpenTSDB 實例啟動時註冊到 RpcManager 中，並由 RpcManager 進行統一管理。

本章簡單介紹了 OpenTSDB 網路層中所有的 HttpRpc 實現，重點介紹了 PutDataPointRpc 和 QueryRpc 兩個 HttpRpc 實現。其中 PutDataPointRpc 用於支援第 1 章介紹的 put 介面，完成時序資料的寫入；QueryRpc 用於支援第 1 章中介紹的 query 介面及其子介面，完成時序資料的查詢。最後，簡單介紹了 OpenTSDB 實例初始化時預先載入 HBase 中繼資料的功能、檢測 HBase 表是否存在的功能，以及註冊 JVM 鉤子方法的功能。

希望透過本章的介紹，讀者能夠了解 OpenTSDB 啟動的大致流程，熟悉 OpenTSDB 網路層的工作原理和實作方式。

UniqueId

在 第 1 章的介紹中提到，OpenTSDB 底層儲存使用的是 HBase，這裡簡單回顧一下 HBase 的幾個關鍵特性。首先，HBase 將表中的資料按照 RowKey 切分成 HRegion，然後分散到叢集的 HRegion Server 中儲存並提供查詢支援。HBase 表設計的關鍵就是 RowKey 設計，一個良好的 RowKey 設計可以將讀寫壓力均勻地分散到叢集中各個 HRegion Server 上，這樣才能充分發揮整個 HBase 叢集的讀寫能力。其次，HBase 底層的實體儲存中，RowKey 和列簇名稱是會重複出現的。

我們回想第 1 章中的介紹可以知道，在 OpenTSDB 中可以透過 metric+tag 組合的方式確定唯一一筆時序資料，例如 {metric=JVM_Heap_Memory_Usage_MB，dc=beijing，host=web01，instanceId=jvm01}，透過 tag 組合可以確定各個維度資訊，進一步明確知道實際的 JVM 實例是哪一個，再由 metric 確定 JVM 實例的實際指標，進一步獲得實際的時序。正如讀者想到的那樣，OpenTSDB 在設計 HBase RowKey 的時候就包含了 metric 和 tag 的資訊，另外，還攜帶了一個 base_time 的資訊，它是格式化成以小時為單位的時間戳記，表示該行中儲存的是該時序在這一小時內的資料。由此，可以獲得下面這一 HBase RowKey 的設計：

```
<metric><base_time><tagk1><tagv1><tagk2>tagv2>...<tagkN><tagvN>
```

了解了在 RowKey 中為什麼需要這些資訊之後，我們來看 OpenTSDB 在這一基礎設計上進行的幾點最佳化。

- **縮短 RowKey 長度**：在 OpenTSDB 最後的 RowKey 設計中，其包含的 metric、tagk、tagv 三部分字串都被轉換成 UID（UniqueId，全域唯一的 id 值），並且在每種類型中，字串與 UID（UniqueId）是一一對應的關係。這樣，既可以透過 UID 唯一確定其表示的字串，也可以透過字串確定其對應的 UID。即使是幾十個字元的字串，在 OpenTSDB 的 RowKey 中也會由一個 UID 代替，這樣 RowKey 的長度就大幅縮短了。前面提到 HBase 底層實體儲存中 RowKey 作為 Key 的組成部分之一會重複出現，在巨量資料的前提下，使用 UID 最佳化的方式設計 RowKey，會節省更多的空間。此時獲得的 OpenTSDB RowKey 設計如下。

```
<metric_uid><base_time><tagk1_uid><tagv1_uid>...<tagkN_uid><tagvN_uid>
```

- **減少列簇**：HBase 底層會按照列簇建立對應的 MemStore 和 StoreFile（HFile），列簇的增加也會增加 RowKey 重複出現的次數，所以 OpenTSDB 儲存時序資料的核心表中只有一個列簇。
- **縮短列名稱**：HBase 底層的 KV 儲存中，列名稱作為 Key 的組成部分之一，也不能設計得過長。OpenTSDB 中的列名稱設計為相對於 base_time 的時間偏移量，其對應的 value 為該時間戳記的點的值。

經過上述最佳化，大致可以獲得 OpenTSDB 中儲存時序資料的 HBase 表的設計，如圖 3-1 所示。

RowKey	Column Family : t				
	+1	+2	+3	...	+3600
[0,4,5][73,-107,-5,112][0,0,1][0,3,5][0,0,2][0,2,7][0,0,3][0,1,1]	100	234	344	...	233

JVM_Heap_Memory_Usage_MB　1537232400　dc　beijing　host　web01　instanceId　jvm01

圖 3-1

圖 3-1 中 RowKey 的各個部分的字串與 UID（以位元組陣列的形式表示）的對映關係如圖 3-2 所示。

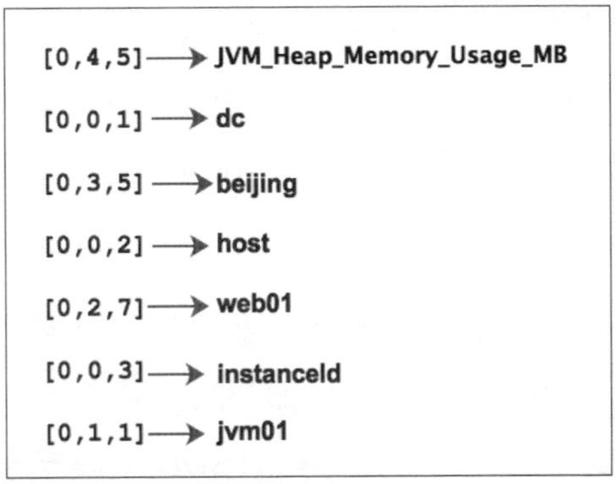

[0,4,5] ⟶ JVM_Heap_Memory_Usage_MB

[0,0,1] ⟶ dc

[0,3,5] ⟶ beijing

[0,0,2] ⟶ host

[0,2,7] ⟶ web01

[0,0,3] ⟶ instanceId

[0,1,1] ⟶ jvm01

圖 3-2

其中 UID 與字串的對映是可以重複使用的，下面是 {metric=JVM_Heap_Memory_Usage_MB，dc=beijing，host=web02，instanceId=jvm02} 這條時序資料對應的 RowKey，其中只有 web02、jvm02 兩個字串對應的 UID 發生了變化，如圖 3-3 所示。

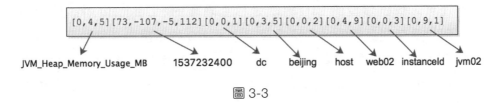

[0,4,5][73,-107,-5,112][0,0,1][0,3,5][0,0,2][0,4,9][0,0,3][0,9,1]

JVM_Heap_Memory_Usage_MB   1537232400   dc   beijing   host   web02   instanceId   jvm02

圖 3-3

經過上述 UID 的最佳化，RowKey 的長度大幅縮短了。再來看該表的列名稱設計，當我們要查詢 {metric=JVM_Heap_Memory_Usage_MB，dc=beijing，host=web02，instanceId=jvm02} 這條時序在 2018-09-1809:00:00（1537232400）這一小時內的資料時，可以先透過 RowKey 定位到 2018-09-1809:00:00（1537232400）這一行，即上圖展示的 RowKey，該行中儲存了該時序這一小時內的點，共有 3600 列，每列都表示對應偏移量對應的點的值。例如 +1 這一列中儲存的就是 2018-09-1809:00:01（1537232401）對應的點的值。

當該小時內的時序資料已經全部寫入完成後，OpenTSDB 還會進行一次最佳化，即下一章會提到的「壓縮」，將該行中的 3600 個列壓縮為一列。讀者先對這一最佳化做簡單了解，其實作方式在下一章進行詳細分析。

透過對 OpenTSDB 表設計的分析，讀者可能意識到一個問題，OpenTSDB 中不能使用大量的 tag。如果 tag 過多，即使使用了 UID 對映，RowKey 也會變得很長，所以 OpenTSDB 預設支援的最大 tag 數為 8 對，其官方推薦的 tag 數是 4~5 對。另外，如果時序中 tagv 數量過多，經過笛卡爾乘積之後產生的行數可能也會較多，對 HBase 不是很人性化，會給 HBase 的儲存和查詢造成一定壓力。

至此，OpenTSDB 的核心設計就介紹完了。本章要介紹的是 OpenTSDB 中的 UniqueId 元件，是負責為 metric、tagk 和 tagv 分配 UID 的核心元件，注意，每種類型的 UID 對映是相互隔離的。UniqueId 所能分配的 UID 個數是存在上限的，在預設設定中，UID 的長度為 3 個位元組（即 2^{24} 個 UID）。如果讀者分配更多 UID，則需要在啟動 OpenTSDB 之前，修改相關設定，加強 UID 的上限值。當然，加強 UID 的上限會導致 UID 所佔的位元組數變大，增加全部 RowKey 的長度。另一點需要讀者注意的是，OpenTSDB 中使用不同的 UniqueId 實例為 metric、tagk、tagv 分配 UID，使得這三種類型的 UID 是不通用的，例如某個 metric 和 tagk 的字面常數相同，但是透過對映會獲得不同的 UID，這就是前面提到的每種類型的 UID 對映是相互隔離的原因。

3.1 tsdb-uid 表設計

透過前面對 OpenTSDB RowKey 設計的簡介可以得知，為了減少 RowKey 的長度，OpenTSDB 會將 metric、tagk、tagv 都對映成 UID，並將它們與 base_time 連接成 RowKey。OpenTSDB 將 metric、tagk 和 tagv 與連結 UID 的對映關係記錄在了 tsdb-uid 表中（該表名是預設值，讀者可以透過 tsd.storage.hbase.uid_table 設定進行修改）。這裡先來了解一下 tsdb-uid 表的基本結構，如表 3-1 所示。

表 3-1

RowKey	id			name			
	metric	tagk	tagv	metric	tagk	tagv	*_meta
JVM.Heap.Size	1						
host		1					
JVM.Direct.Heap.Size	2						
server01			1				
server02			2				
server03			3				
1				JVM.Heap.Size	host	server01	
2				JVM.Direct.Heap.Size		server02	
3						server03	

tsdb-uid 表的設計比較簡單，在 tsdb-uid 表中有兩個 Column Family，分別是 name 和 id。在這兩個 Column Family 下分別都有三個相同的列，分別是 metric、tagk 和 tagv。其中，id family 中的 RowKey 是字串（即 metric、tagk、tagv 原始的字串），列名稱表示該字串的類型，每個 value 則是 RowKey 字串對應的 UID，例如表 3-1 中的第一行，"JVM.Heap.Size" 這個 metric 對應產生的 UID 為 1，透過 RowKey 和 id family 中的資料，可以完成字串到 UID 的對映。name family 中的 RowKey 則是產生的 UID，列名稱表示的是 UID 的類型，value 則是 UID 對應的字串，例如表 3-1 中的倒數第二行，值為 "2" 這個 UID 對應的 metric 為 "JVM.Direct.Heap.Size"。

另外，name Family 中可以包含以 "_meta" 結尾的列，其中儲存了一些 UID 相關的中繼資料，這些中繼資料都是 JSON 格式的，相關實現後面會進行詳細分析。

了解了 tsdb-uid 表的設計之後，相信讀者就可以了解前面提到的，OpenTSDB 中不同類型字串的 UID 對映是相互隔離的，而同種類型字串與 UID 是一一對映的，不會出現重複對映的情況，這正是因為 tsdb-uid 表使用不同的列記錄 metric、tagk、tagv 三種字串的 UID 對映造成的。

OpenTSDB 中有兩種產生 UID 的方式：一種方式是在 HBase 表中專門維護一個 KeyValue，用於實現自動增加以產生不重複的 UID；另一種方式是使用 java.security.SecureRandom 隨機產生 UID，讀者可能會說，隨機產生 UID 能夠保障其唯一性嗎？將會在本章進行詳細分析。

3.2 UniqueId

介紹完 tsdb-uid 表的設計之後，再來簡單介紹 UniqueIdInterface 介面（該介面目前處於廢棄狀態，簡單了解即可）。在 UniqueIdInterface 介面中定義了查詢和產生 UID 的基本方法，本章將要詳細分析的核心類別 UniqueId 實現了該介面，如圖 3-4 所示。

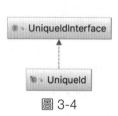

圖 3-4

UniqueIdInterface 介面的實作方式程式如下：

```
public interface UniqueIdInterface {
  String kind(); // 該 UniqueIdInterface 物件所管理的 UID 的類型

  short width(); // 該 UniqueIdInterface 物件產生的 UID 的長度，單位是 byte

  // 根據指定 UID ( 轉換成了 byte[] 陣列 ) 查詢對應的字串
  String getName(byte[] id) throws NoSuchUniqueId, HBaseException;

  // 根據指定字串查詢對應的 UID ( 轉換成了 byte[] 陣列 )
```

```
byte[] getId(String name) throws NoSuchUniqueName, HBaseException;

// 根據指定的字串查詢對應的 UID，如果查詢不到，則為該字串產生 UID（轉換成了 byte[]）
byte[] getOrCreateId(String name) throws HBaseException,
IllegalStateException;
}
```

UniqueId 是 OpenTSDB 提供的 UniqueIdInterface 介面的唯一實現類別，
其核心欄位如下所示。

- client（HBaseClient 類型）：HBase 用戶端，主要負責與 HBase 進行
  互動。OpenTSDB 使用的 HBase 用戶端是 Asynchronous HBase，它是
  一個非阻塞的、執行緒安全的、完全非同步的 HBase 用戶端，其效能
  也要比原生的 HBase 用戶端（HTable）好很多（其官方的資料顯示，
  Asynchronous HBase 用戶端的效能是 HTable 的兩倍以上），但是其提
  供的介面與 HTable 並不相容，所以兩者無法無縫切換。在 OpenTSDB
  2.3.1 中使用的是 Asynchronous HBase 1.8.2，是筆者寫作時的最新版
  本，若讀者對 Asynchronous HBase 用戶端有興趣，可以了解一下其實
  作方式。

- table（byte[] 類型）：用於維護 UID 與字串對應關係的 HBase 表名，
  透過前面的介紹我們知道，該表名預設值為 "tsdb-uid"。

- kind（byte[] 類型）：在後面的介紹中會看到，TSDB 中會維護三個
  UniqueId 物件，每個物件分別管理不同類型的字串（metric、tagk、
  tagv）與其 UID 的對映關係，這裡的 kind 欄位可選的設定值有：
  metric、tagk、tagv。

- type（UniqueIdType 類型）：該欄位與上面介紹的 kind 欄位的設定值
  一致，其可選項有：metric、tagk、tagv。

- id_width（short 類型）：用於記錄目前 UniqueId 物件產生的 UID 的

位元組長度。在 TSDB 中使用的三個 UniqueId 物件中,該欄位的預設值都是 3,可以透過 "tsd.storage.uid.width.metric"、"tsd.storage.uid.width.tagk" 和 "tsd.storage.uid.width.tagv" 三個設定項目進行修改。

■ randomize_id(boolean 類型):為了避免 HBase 的熱點問題,UniqueId 支援隨機產生 metric 對應的 UID,該欄位就表示目前 UniqueId 物件是否使用隨機方式產生 UID,我們可以透過 "tsd.core.uid.random_metrics" 設定項目來修改其值。後面還會介紹 OpenTSDB 中其他避免熱點問題的最佳化方式。

■ random_id_collisions(int 類型):前面提到,UID 在每種類型中要保障唯一性,在使用隨機方式產生 metric UID 時就可能出現衝突,如果出現衝突,則需要重新隨機產生。該欄位主要負責記錄出現衝突的次數。

■ name_cache(ConcurrentHashMap<String, byte[]> 類型):UniqueId 為了加速查詢,會將字串到 UID 之間的對應關係快取在該 Map 中,其中的 key 是字串,value 則是對應的 UID。

■ id_cache(ConcurrentHashMap<String, String> 類型):與 name_cache 類似,該欄位中快取的是 UID 到字串之間的對應關係,其中的 key 是 UID,value 則是對應字串。

■ cache_hite(long 類型)、cache_misses(long 類型):用於記錄快取命中的次數及快取未命中的次數。

■ pending_assignments(HashMap<String, Deferred<byte[]>> 類型):當多個執行緒平行處理呼叫該 UniqueId 物件為同一個字串分配 UID 時,如果不做任何限制處理,就會出現同一字串分配多個 UID 的情況,這不僅會造成 UID 的浪費,還會造成不必要的邏輯錯誤。這裡的 pending_assignments 欄位記錄了正在分配 UID 的字串,目前執行緒如果檢測到已有其他執行緒正在為該字串分配,則不再進行分配,而是等待其他執行緒分配結束即可,這樣就避免了上述平行處理分配 UID

導致的問題，後面介紹 UniqueId 的實作方式時，還會看到該欄位的使用方式。

- rejected_assignments（int 類型）： 在 OpenTSDB 中， 可 以 自 訂 UniqueIdFilterPlugin 外掛程式，UniqueIdFilterPlugin 外掛程式攔截不能分配 UID 的字串，這樣就可以輕鬆實現類似黑名單的功能。這裡的 rejected_assignments 欄位是用來記錄被 UniqueIdFilterPlugin 攔截的次數。

- renaming_id_names（Set<String> 類型 ）：UniqueId 除 了 實 現 UniqueIdInterface 介面、提供建立和查詢 UID 的功能，還提供重新分配 UID 與字串對應關係的功能。該 renaming_id_names 欄位用於記錄正在進行重新分配的 UID。

UniqueId 中除上述的核心欄位外，還定義了很多靜態常數（大都是一些預設值），下面分析 UniqueId 實作方式時會説明這些常數的功能和含義。

接下來看一下 UniqueId 的建置方法，該方法用於對參數進行驗證並初始化上述核心欄位，實作方式程式如下：

```java
public UniqueId(final TSDB tsdb, final byte[] table, final String kind,
                final int width, final boolean randomize_id) {
    this.client = tsdb.getClient();
    this.tsdb = tsdb;
    this.table = table;
    // 若 kind 為空，則拋例外（省略相關程式）
    this.kind = toBytes(kind);
    // 將 kind 字串轉換成 byte[] 陣列，預設使用 ISO-8859-1 編碼方式
    type = stringToUniqueIdType(kind);
    // 檢測 width 是否合法（其設定值範圍是 [1,8]）（省略相關程式）
    this.id_width = (short) width;
    this.randomize_id = randomize_id;
}
```

3.2.1 分配 UID

了解了 UniqueId 的核心欄位及建置方法之後，下面介紹 UniqueId 的核心方法。首先來看 getOrCreateId() 方法，該方法先查詢指定字串對應的 UID，若查詢成功則直接傳回 UID，若查詢失敗則為該字串分配 UID 並傳回。UniqueId.getOrCreateId() 方法的大致步驟如圖 3-5 所示。

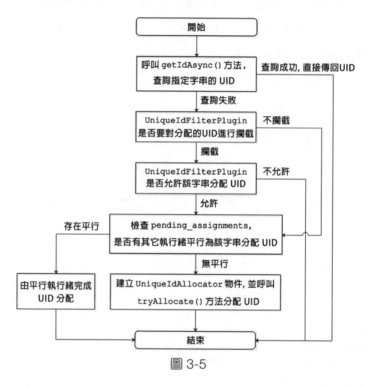

圖 3-5

下面再來分析 UniqueId.getOrCreateId() 方法的實作方式就比較簡單了，實作方式程式如下：

```
public byte[] getOrCreateId(final String name) throws HBaseException {
  try {
    return getIdAsync(name).joinUninterruptibly();
    // 呼叫 getIdAsync() 方法查詢 name 對應的 UID
```

```
    } catch (NoSuchUniqueName e) { // 查詢失敗時會拋出 NoSuchUniqueName 例外
      if (tsdb != null && tsdb.getUidFilter() != null &&
          tsdb.getUidFilter().fillterUIDAssignments()) {
          // 是否設定了 UniqueIdFilterPlugin
        try {
          // 檢測 name 是否允許分配 UID
          if (!tsdb.getUidFilter().allowUIDAssignment(type, name, null,
null).join()) {
              rejected_assignments++;
              // 若不允許，則遞增 rejected_assignments，並拋出例外
              throw new FailedToAssignUniqueIdException(new String(kind),
name, 0, "...");
            }
        } catch (Exception e1) { // 簡化例外處理程式
          throw new RuntimeException("...", e1);
        }
      }
    }

    Deferred<byte[]> assignment = null;
    boolean pending = false;
    synchronized (pending_assignments) { // 加鎖同步
      assignment = pending_assignments.get(name);
      // 檢測是否有其他執行緒平行處理，並為 name 分配 UID
      if (assignment == null) {
      // 無平行處理，則在 pending_assignments 增加對應鍵值對
        assignment = new Deferred<byte[]>();
        pending_assignments.put(name, assignment);
      } else {
        pending = true; // 存在平行處理
      }
    }

    if (pending) {
```

```
        // 等待平行處理執行緒完成 UID 的分配，並傳回其為 name 分配的 UID，這裡省略
        // try/catch 程式
        return assignment.joinUninterruptibly();
    }

    byte[] uid = null;
    try {
        // 由目前執行緒完成 UID 的分配，建立 UniqueIdAllocator 物件，並呼叫其
        // tryAllocate() 方法
        uid = new UniqueIdAllocator(name, assignment).tryAllocate().
joinUninterruptibly();
    } catch (Exception e1) { ... ... // 省略例外處理程式
    } finally {
        synchronized (pending_assignments) {
        // 目前執行緒完成 UID 分配後，清理 pending_assignments
          if (pending_assignments.remove(name) != null) {
            LOG.info("Completed pending assignment for: " + name);
          }
        }
    }
    return uid; // 傳回 name 對應的 UID
  } catch (Exception e) {
    throw new RuntimeException("Should never be here", e);
  }
}
```

在開始詳細分析 getOrCreateId() 方法中每個步驟的實作方式之前，需要讀者了解，在 OpenTSDB 中鼓勵使用非同步非阻塞的操作，像 getOrCreateId() 方法這種同步阻塞的操作比較少見，也不鼓勵使用。後面還會介紹 getOrCreateId() 方法的非同步版本—getOrCreateIdAsync() 方法。

3.2.2 查詢 UID

UniqueId.getId() 方法、getOrCreateIdAsync() 方法及上一小節介紹的
getOrCreateId() 方法在查詢指定字串對應的 UID 時，都是透過呼叫
UniqueId.getIdAsync() 方法完成的。舉例來說，getId() 方法的實現程式如
下：

```
public byte[] getId(final String name) throws NoSuchUniqueName,
HBaseException {
  try {
    return getIdAsync(name).joinUninterruptibly();
    // 阻塞等待 getIdAsync() 方法執行完成
  } catch (Exception e) { // 簡化例外處理程式
    throw new RuntimeException("Should never be here", e);
  }
}
```

UniqueId.getIdAsync() 方法首先會查詢 name_cache 快取，如果快取未命
中，才會繼續呼叫 getIdFromHBase() 方法查詢 HBase 表，其實作方式程
式如下：

```
public Deferred<byte[]> getIdAsync(final String name) {
  final byte[] id = getIdFromCache(name);
  // 從 name_cache 快取中查詢 name 對應的 UID
  if (id != null) { // 快取命中，則將 cache_hits 加 1，並傳回 UID
    incrementCacheHits();
    return Deferred.fromResult(id);
  }
  class GetIdCB implements Callback<byte[], byte[]> {
    // 為便於讀者了解，將 GetIdCB 這個 Callback 的實作方式放到後面分析
  }
  incrementCacheMiss(); // 快取未命中，則將 cache_misses 加 1
```

```
  Deferred<byte[]> d = getIdFromHBase(name).addCallback(new GetIdCB());
  return d;
}
```

下面來看 GetIdCB 這個內部類別如何實現 Callback 介面。前面提到
Asynchronous HBase 用戶端是非同步的，其操作傳回的 Deferred 可以增
加 Callback 物件執行回呼操作。這裡的 GetIdCB 實現主要做了一些驗證
操作，並將查詢結果增加到快取中，實作方式程式如下：

```
class GetIdCB implements Callback<byte[], byte[]> {
  public byte[] call(final byte[] id) {
    if (id == null) {   // HBase 查詢結果為空，則拋出 NoSuchUniqueName 例外
      throw new NoSuchUniqueName(kind(), name);
    }
    // 檢測 UID 長度是否合法，若非法則拋出例外（略）

    // addIdToCache() 方法會將 name 字串到 UID 的對映關係儲存到 name_cache 快取中
    // addNameToCache() 方法會將 UID 到 name 字串的對映關係儲存到 id_cache 快取中
    // 這兩個方法的實現比較簡單，這裡不再多作說明，有興趣的讀者可以參考其原始程式碼
    // 進行分析
    addIdToCache(name, id);
    addNameToCache(id, name);
    return id;
  }
}
```

這裡的 getIdFromHBase() 方法是透過呼叫 hbaseGet() 方法完成 HBase 查
詢的（後面介紹的 getNameFromHBase() 方法同理），hbaseGet() 方法的
實作方式程式如下：

```
private Deferred<byte[]> hbaseGet(final byte[] key, final byte[] family) {
  final GetRequest get = new GetRequest(table, key); // 建立 GetRequest
```

```
get.family(family).qualifier(kind); // 指定查詢的 Family 和 qualifier
class GetCB implements Callback<byte[], ArrayList<KeyValue>> {
// 定義 Callback 回呼
  public byte[] call(final ArrayList<KeyValue> row) {
    // 如果 HBase 表查詢結果為空，則傳回 null (略)
    return row.get(0).value(); // 取得查詢結果的第一個 KeyValue 的 value 值
  }
}
// 非同步執行 GetRequest 查詢 HBase 表，並將查詢結果傳遞到 GetCB 回呼中進行處理
return client.get(get).addCallback(new GetCB());
}
```

3.2.3 UniqueIdAllocator

在前面分析的 UniqueId.getOrCreateId() 方法中，最後是透過建立 UniqueIdAllocator 物件並呼叫其 tryAllocate() 方法完成 UID 分配的。本小節將分析 UniqueIdAllocator 的實作方式及其分配 UID 的實際步驟。

下面先來介紹 UniqueIdAllocator 中各個核心欄位的含義，如下。

- name（String 類型）：記錄了目前 UniqueIdAllocator 物件負責分配 UID 的字串。
- id（long 類型）：記錄了 name 分配獲得的 UID。
- row（byte[] 類型）：id 欄位的 byte[] 陣列版本。
- state（byte 類型）：目前 UniqueIdAllocator 物件的狀態。一個 UniqueIdAllocator 物件有四個狀態，分別是 ALLOCATE_UID（0，初值）、CREATE_REVERSE_MAPPING（1）、CREATE_FORWARD_ MAPPING（2）和 DONE（3），後面介紹分配 UID 的過程時，會詳細介紹每個狀態的含義。
- attempt（short 類型）：當分配 UID 出現例外時會進行重試，該欄位會

記錄此次分配剩餘的重試次數。如果是隨機產生方式，預設重試次數
為 10，否則其預設值為 3。

- assignment（Deferred<byte[]> 類型）：目前 UniqueIdAllocator 物件連
  結的 Deferred 物件。

在 UniqueIdAllocator 的建置方法中會初始化 name 欄位和 assignment 欄位。
在呼叫其 tryAllocate() 方法時，會初始化 state 欄位並呼叫其 call() 方法開始
UID 分配。UniqueIdAllocator.tryAllocate() 方法的實作方式程式如下：

```
Deferred<byte[]> tryAllocate() {
    attempt--;                  // 遞減 attempt
    state = ALLOCATE_UID;  // 初始化 state 欄位
    call(null);
    return assignment;
}
```

UniqueIdAllocator 分配 UID 大致分為四個階段，即前面介紹的 state 欄位
的四個狀態，這四個階段內容如下。

（1）ALLOCATE_UID 階段：透過遞增或是隨機方式取得 UID。
（2）CREATE_REVERSE_MAPPING 階段：建立 UID 到 name 的對映，
　　　並儲存到 tsdb-uid 表中。
（3）CREATE_FORWARD_MAPPING 階段：建立 name 到 UID 的對映，
　　　並儲存到 tsdb-uid 表中。
（4）DONE 階段：傳回新分配的 UID。

在開始介紹 UniqueIdAllocator.call() 方法的實作方式之前，需要讀者注意
的是，UniqueIdAllocator 實現了 Callback 介面，其 call() 方法在這四個階
段是重複使用的，實作方式程式如下：

```
public Object call(final Object arg) {
  if (attempt == 0) {
    // 檢測 attempt 決定是否能繼續重試，若不能重試，則拋出例外（略）
    if (hbe == null && !randomize_id) {
      throw new IllegalStateException("Should never happen!");
    }
    if (hbe == null) {
      throw new FailedToAssignUniqueIdException(...);
    }
    throw hbe;
  }


  if (arg instanceof Exception) {
    if (arg instanceof HBaseException) { // 出現例外
      LOG.error(msg, (Exception) arg);
      hbe = (HBaseException) arg;
      attempt--;    // 遞減 attempt 並重試 state 欄位，開始新一輪重試操作
      state = ALLOCATE_UID;
    } else {
      return arg;  // 非 HBaseException 例外，則不僅重試，直接拋給上層
    }
  }


  class ErrBack implements Callback<Object, Exception> {
    // 定義 ErrBack 回呼，其實作方式最後再介紹
  }


  final Deferred d;
  switch (state) { // 根據 state 狀態決定執行的實際操作
    case ALLOCATE_UID:
      d = allocateUid(); // ALLOCATE_UID 階段，產生 UID
      break;
    case CREATE_REVERSE_MAPPING:
```

```
    d = createReverseMapping(arg);
     // CREATE_REVERSE_MAPPING 階段，儲存 UID 到 name 的對映關係
    break;
  case CREATE_FORWARD_MAPPING:
    d = createForwardMapping(arg);
     // CREATE_FORWARD_MAPPING 階段，儲存 name 到 UID 的對映關係
    break;
  case DONE:
    return done(arg); // DONE 階段，將分配完成的 UID 傳回
  default:
    throw new AssertionError("Should never be here!");
  }
  // 這裡的 addBoth() 方法增加的 Callback 是目前的 UniqueIdAllocator 物件
  return d.addBoth(this).addErrback(new ErrBack());
}
```

▨ ALLOCATE_UID 階段

在 UniqueIdAllocator.allocateUid() 方法中會根據使用方式產生 UID，實作方式程式如下：

```
private Deferred<Long> allocateUid() {
  state = CREATE_REVERSE_MAPPING; // 推進 state 狀態
  if (randomize_id) {   // 隨機產生 UID 的方式
    return Deferred.fromResult(RandomUniqueId.getRandomUID());
  } else {
    // 遞增方式產生 UID，在 tsdb-uid 表中維護了一個特殊行，該行中的 KV 是用來產生遞增
    // UID 的，這裡的 AtomicIncrementRequest 請求就是最小加一操作，傳回值即為新產
    // 生的 UID
    return client.atomicIncrement(new AtomicIncrementRequest(table,
        MAXID_ROW, ID_FAMILY, kind));
  }
}
```

這裡簡單介紹 RandomUniqueId 隨機產生 UID 的實現，在 RandomUniqueId 中維護了一個 java.security.SecureRandom 物件用於產生亂數，如下所示：

```
private static SecureRandom random_generator = new SecureRandom(
    Bytes.fromLong(System.currentTimeMillis()));
```

有的讀者可能了解到，java.util.Random 工具類別是一個虛擬亂數產生器，從輸出中可以很容易計算出種子值，進一步預測出下一個產生的亂數。java.security.SecureRandom 則透過作業系統收集了一些隨機事件，例如滑鼠、鍵盤點擊等，SecureRandom 使用這些隨機事件作為種子，進一步保障產生非確定的輸出。

RandomUniqueId.getRandomUID() 方法的實作方式程式如下：

```
public static long getRandomUID(final int width) {
  if (width > MAX_WIDTH) {   // 檢測需要產生的 UID 的位元組數
    throw new IllegalArgumentException("...");
  }
  final byte[] bytes = new byte[width];
  random_generator.nextBytes(bytes);  // 產生亂數
  long value = 0;
  for (int i = 0; i<bytes.length; i++){
    value <<= 8;
    value |= bytes[i] & 0xFF;
  }
  return value != 0 ? value : value + 1;   // 保障產生的 UID 不為 0
}
```

CREATE_REVERSE_MAPPING 階段

透過對 UniqueIdAllocator.call() 方法的分析我們知道，allocateUid() 方法傳回的 Deferred 上增加的 Callback 還是目前 UniqueIdAllocator 物件

本身，所以當 allocateUid() 方法執行完成之後，其產生的 UID 將作為參數傳入 UniqueIdAllocator.call() 方法，此時的 state 狀態為 CREATE_REVERSE_MAPPING，所以會執行 createReverseMapping() 方法將 UID 儲存到 name 的對映關係。

UniqueIdAllocator.createReverseMapping() 方法的實作方式程式如下：

```
// 如果 ALLOCATE_UID 階段正常，則該方法的參數 arg 應該是產生的 UID
private Deferred<Boolean> createReverseMapping(final Object arg) {
  // 這裡會檢測 UID 是否為 long 類型、UID 的值是否合法 ( 大於 0) 及 UID 所佔位元組數是否
  // 合法 ( 大於等於 id_width)，若檢測失敗則表示 ALLOCATE_UID 階段例外，這裡會拋出例
  // 外 ( 略 )
  id = (Long) arg; // 產生的 UID
  row = Bytes.fromLong(id); // 將 UID 轉換成對應的 byte[] 陣列
  // 在 ALLOCATE_UID 階段產生的 UID 為 8 位元組，這裡會檢查超過 id_width 位元組是否都
  // 為 0
  for (int i = 0; i < row.length - id_width; i++) {
    if (row[i] != 0) {
      throw new IllegalStateException(...);
    }
  }
  // 將 8 位元組的 row 整理為 id_width 個位元組
  row = Arrays.copyOfRange(row, row.length - id_width, row.length);
  state = CREATE_FORWARD_MAPPING;  // 推進 state 狀態
  // 透過 CAS 操作將 UID 到 name 字串的對映關係儲存到 tsdb-uid 表中。這裡的
  // compareAndSet() 操作也是個最小操作，tsdb-uid 表中對應 value 為空時，才能寫入
  // 成功。讀者可能會問，什麼場景下會寫入失敗呢？舉例來說，兩次為不同字串隨機產生 UID
  // 時產生了相同的 UID，則就會寫入失敗，觸發重試
  return client.compareAndSet(reverseMapping(), HBaseClient.EMPTY_ARRAY);
}

private PutRequest reverseMapping() {
```

```
    // 該 PutRequest 操作的 RowKey 是 UID，Family 是 name，qualifier 是 kind，
    // value 是 name 字串
    return new PutRequest(table, row, NAME_FAMILY, kind, toBytes(name));
}
```

☒ CREATE_FORWARD_MAPPING 階段

當 createReverseMapping() 方法執行完成之後，其執行結果將作為參數傳入 UniqueIdAllocator.call() 方法，此時的 state 狀態為 CREATE_FORWARD_MAPPING，所以會執行 createForwardMapping() 方法將 name 儲存到 UID 的對映關係。

UniqueIdAllocator.createForwardMapping() 方法的實作方式程式如下：

```
// 如果 CREATE_REVERSE_MAPPING 階段正常，則該方法的參數 arg 應該為 true
private Deferred<?> createForwardMapping(final Object arg) {
    // 檢測 arg 是否為 Boolean 類型，若不是 Boolean 類型，則表示 CREATE_REVERSE_
    // MAPPING 階段例外，這裡會繼續拋出例外（略）
    if (!((Boolean) arg)) {
    // 檢測 CREATE_REVERSE_MAPPING 階段的 CAS 操作是否執行成功
        if (randomize_id) {
            random_id_collisions++;
    // 隨機產生的 UID 發生衝突，遞增 random_id_collisions
        } else {
            // 記錄檔輸出（略）
        }
        attempt--; // 可重試次數減少
        state = ALLOCATE_UID; // 重置 state 欄位，開始下一次嘗試
        return Deferred.fromResult(false);
    }
    state = DONE; // 推進 state 狀態
    // 同樣是 CAS 操作，將 name 字串到 UID 的對映關係儲存到 tsdb-uid 表中
```

```
    return client.compareAndSet(forwardMapping(), HBaseClient.EMPTY_ARRAY);
}


private PutRequest forwardMapping() {
    // 該 PutRequest 操作的 RowKey 是 name 字串，Family 是 id，qualifier 是 kind，
    // value 是 UID
    return new PutRequest(table, toBytes(name), ID_FAMILY, kind, row);
}
```

分析到這裡，有的讀者會問，為什麼要先將 UID 儲存到 name 的對映關係，而非先將 name 儲存到 UID 的對映關係呢？

這裡我們假設目前執行緒先儲存 name 到 UID 的對映關係，然後出現例外且多次重試後最後儲存失敗的情況，此時 HBase 的 tsdb-uid 表中只儲存了 name 到 UID 的對映，沒有儲存 UID 到 name 的對映。後續查詢該 name 字串獲得的 UID 都是此次未完全分配的 UID，如果呼叫方使用了該 UID，則透過該 UID 查詢 name 字串時，就會查詢失敗，進一步導致例外。

如果按照 UniqueIdAllocator 的方式，先儲存 UID 到 name 的對映，即使出現例外，後續查詢該 name 字串時也會重新分配 UID，最後新分配 UID 與 name 字串的雙向對映都會被成功儲存，這樣就可以避免上述問題了。

✎ DONE 階段

與前面介紹的幾個階段類似，createForwardMapping() 方法執行完成之後，其執行結果將作為參數傳入 UniqueIdAllocator.done() 方法，此時的 state 狀態為 DONE，所以會執行 done() 方法，其中會儲存相關的 UIDMeta 資訊，將 name 和 UID 之間的對映關係增加到 name_cache 和 id_cache 中，並最後傳回剛剛為 name 字串分配的 UID。

UniqueIdAllocator.done() 方法的實作方式程式如下：

```
// 如果 CREATE_FORWARD_MAPPING 階段正常，則該方法的參數 arg 應該為 true
private Deferred<byte[]> done(final Object arg) {
  // 檢測 arg 是否為 Boolean 類型，若不是 Boolean 類型，則表示 CREATE_REVERSE_MAPPING
  // 階段例外，這裡會繼續拋出例外（略）
  if (!((Boolean) arg)) {
  // 檢測 CREATE_FORWARD_MAPPING 階段的 CAS 操作是否執行成功
    if (randomize_id) {
      random_id_collisions++;
      // 隨機產生的 UID 發生衝突，遞增 random_id_collisions
    }
    class GetIdCB implements Callback<Object, byte[]> {
      public Object call(final byte[] row) throws Exception {
        assignment.callback(row);
        return null;
      }
    }
    getIdAsync(name).addCallback(new GetIdCB());
    // 查詢 name 字串對應 UID，並傳回
    return assignment;
  }
  // cacheMapping() 方法呼叫了 addIdToCache() 方法和 addNameToCache() 方法將
  // UID 和 name 之間的
  // 對映關係儲存到 name_cache 和 id_cache 中，實現比較簡單，這裡不再多作說明
  cacheMapping(name, row);
  // 根據設定決定是否儲存 UIDMeta 資訊，後面會詳細介紹其實際含義和相關實現
  if (tsdb != null && tsdb.getConfig().enable_realtime_uid()) {
    final UIDMeta meta = new UIDMeta(type, row, name);
    meta.storeNew(tsdb);
    tsdb.indexUIDMeta(meta);
  }
  // 為 name 分配 UID 的過程結束，清理其在 pending_assignments 中的對應記錄
```

```
  synchronized (pending_assignments) {
    if (pending_assignments.remove(name) != null) {
      LOG.info("Completed pending assignment for: " + name);
    }
  }
  assignment.callback(row);  // 傳回產生的UID
  return assignment;
}
```

至此，UniqueIdAllocator 的實作方式及為 name 字串分配 UID 的整體實現就分析完了，後面的小節將對 UniqueId 繼續進行分析。

3.2.4 UniqueIdFilterPlugin

在 UniqueId.getOrCreateId() 方 法 中，我 們 看 到 在 為 name 字串分配 UID 之前，先要透過 UniqueIdFilterPlugin 的檢測。首先會檢測 TSDB 中是否設定了 uid_filter 欄位（UniqueIdFilterPlugin 類型），之後檢測該 UniqueIdFilterPlugin 物件是否會攔截 UID 的分配，最後呼叫 UniqueIdFilterPlugin.allowUIDAssignment() 方法檢測該 name 字串是否可以分配 UID。該部分相關的程式片段在前文中已經介紹過，這裡不再重複，本小節將詳細介紹 UniqueIdFilterPlugin 介面及其相關實現。

首先來看 UniqueIdFilterPlugin 介面的定義，如下所示：

```
public abstract class UniqueIdFilterPlugin {
  // 當 UniqueIdFilterPlugin 物件初始化時會首先呼叫該方法，如果不能正確初始化，
  // 則該方法會拋出例外
  public abstract void initialize(final TSDB tsdb);

  // 當系統關閉時，會呼叫 shutdown() 方法釋放該 UniqueIdFilterPlugin 物件的相關資源
  public abstract Deferred<Object> shutdown();
```

```
public abstract String version(); // 傳回版本資訊

public abstract void collectStats(final StatsCollector collector);
// 收集監控資訊

// 指定的字串 value 是否可以分配 UID，其中參數 metric 和 tags 用於輔助判斷，可以為 null
public abstract Deferred<Boolean> allowUIDAssignment(final UniqueIdType
    type, final String value, final String metric, final Map<String,
    String> tags);

// 判斷目前 UniqueIdFilterPlugin 物件是否攔截 UID 的分配
public abstract boolean fillterUIDAssignments();
}
```

UniqueIdWhitelistFilter 是 OpenTSDB 提 供 的 UniqueIdFilterPlugin 介面的唯一實現，如圖 3-6 所示，我們可以參考 UniqueIdWhitelistFilter 的實 現完成自訂的 UniqueIdFilterPlugin 介面實現。

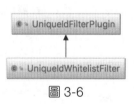

圖 3-6

UniqueIdWhitelistFilter 實現的是白名單的功能，其核心欄位的含義如下。

- metric_patterns（List<Pattern> 類型）：目前 UniqueIdWhitelistFilter 物件的 metric 白名單，只有 metric 符合該 List 中的所有正規表示法 之後，才能進行 UID 的分配。UniqueIdWhitelistFilter.tagk_patterns 和 tagv_patterns 欄位的功能與 metric_patterns 類似，不再贅述。
- metrics_rejected（AtomicLong 類型）：記錄了被過濾掉的 metric 的個 數，tagks_rejected 和 tagvs_rejected 欄位的含義類似，不再贅述。
- metrics_allowed（AtomicLong 類型）：記錄了透過過濾、能夠進行 UID 分配的 metric 的個數，tagks_allowed 和 tagvs_allowed 欄位的含 義類似，不再贅述。

在 UniqueIdWhitelistFilter.initialize() 方法中會載入 "tsd.uidfilter.whitelist. metric_patterns" 設定項目中的正規表示法到 metric_patterns 欄位中，tagk_patterns 欄位和 tagv_patterns 欄位類似。

UniqueIdWhitelistFilter.fillterUIDAssignments() 方法始終會傳回 true。在 allowUIDAssignment() 方法中會根據字串所屬的不同類型，應用不同的正規表示法進行檢查，實作方式程式如下：

```java
public Deferred<Boolean> allowUIDAssignment(final UniqueIdType type,
    final String value, final String metric, final Map<String, String>
tags) {
  switch (type) { // 根據 type 類型，使用不同的正規表示法進行過濾
    case METRIC:
      if (metric_patterns != null) {
        for (final Pattern pattern : metric_patterns) {
          if (!pattern.matcher(value).find()) {
          // value 必須比對全部的正規表示法
            metrics_rejected.incrementAndGet();
            return Deferred.fromResult(false);
          }
        }
      }
      metrics_allowed.incrementAndGet(); // value 透過檢查
      break;
    case TAGK:
      // 與處理 metric 類型字串的邏輯類似，不再重複展示程式
      break;
    case TAGV:
      // 與處理 metric 類型字串的邏輯類似，不再重複展示程式
      break;
  }
  return Deferred.fromResult(true);
}
```

3.2.5 非同步分配 UID

透過對 UniqueId.getOrCreateId() 方法的分析我們知道，它是同步阻塞的方法。getOrCreateIdAsync() 方法是 getOrCreateId() 方法的非同步版本，雖然兩者功能及處理邏輯都非常類似，但是由於 getOrCreateIdAsync() 方法是完全非同步的，兩者的實作方式還是有所差異的。下面來分析 UniqueId.getOrCreateIdAsync() 方法的實作方式：

```
public Deferred<byte[]> getOrCreateIdAsync(final String name,
    final String metric, final Map<String, String> tags) {
  final byte[] id = getIdFromCache(name); // 首先查詢 name_cache 快取
  if (id != null) {
    incrementCacheHits(); // 快取命中，遞增 cache_hits
    return Deferred.fromResult(id);
  }

  class AssignmentAllowedCB implements Callback<Deferred<byte[]>,
Boolean> {
    // AssignmentAllowedCB 這個 Callback 實現是建立 UniqueIdAllocator 物件並呼叫
    // 其 tryAllocate() 方法完成 UID 分配的地方，其實作方式後面會詳細分析
  }

  class HandleNoSuchUniqueNameCB implements Callback<Object, Exception> {
    // 下面 getIdAsync() 方法查詢 HBase 表的結果將在該 Callback 物件中處理，其實作
    // 方式會在後面詳細分析
  }

  // 呼叫 getIdAsync() 方法查詢 HBase 表，這裡增加 Callback 是上面定義的
  // HandleNoSuchUniqueNameCB 物件
  return getIdAsync(name).addErrback(new HandleNoSuchUniqueNameCB());
}
```

getIdAsync() 方法在前面已經詳細分析過了,這裡不再重複。下面繼續分析 HandleNoSuchUniqueNameCB 的實現,其中會處理 HBase 表的查詢結果,實作方式程式如下:

```
class HandleNoSuchUniqueNameCB implements Callback<Object, Exception> {
  public Object call(final Exception e) {
    // 在 HBase 的 tsdb-uid 表中查詢不到指定的字串時,會拋出 NoSuchUniqueName 例外
    if (e instanceof NoSuchUniqueName) {
      if (tsdb != null && tsdb.getUidFilter() != null &&tsdb.getUidFilter()
              .fillterUIDAssignments()) {
        // UniqueIdFilterPlugin 是否攔截 UID 的分配
        // 呼叫 UniqueIdFilterPlugin.allowUIDAssignment() 方法判斷是否為該字
        // 串分配 UID,這裡增加的回呼為 AssignmentAllowedCB 物件
        return tsdb.getUidFilter()
            .allowUIDAssignment(type, name, metric, tags)
            .addCallbackDeferring(new AssignmentAllowedCB());
      } else { // 直接回呼 AssignmentAllowedCB 分配 UID
        return Deferred.fromResult(true)
            .addCallbackDeferring(new AssignmentAllowedCB());
      }
    }
    return e;
    // 若沒有例外或不是 NoSuchUniqueName 類型的例外,則不會觸發 UID 分配的邏輯
  }
}
```

HandleNoSuchUniqueNameCB 執行完成後,會回呼前面定義的 AssignmentAllowedCB,其中會根據 UniqueIdFilterPlugin 的攔截結果決定是否為 name 字串分配 UID,實作方式程式如下:

```
class AssignmentAllowedCB implements Callback<Deferred<byte[]>, Boolean> {
  @Override
```

```
public Deferred<byte[]> call(final Boolean allowed) throws Exception {
  if (!allowed) { // name 字串被 UniqueIdFilterPlugin 攔截,無法分配 UID
    rejected_assignments++; // 遞增 rejected_assignments
    return Deferred.fromError(new FailedToAssignUniqueIdException(
        new String(kind), name, 0, "Blocked by UID filter."));
        // 傳回例外
  }
  Deferred<byte[]> assignment = null;
  synchronized (pending_assignments) {
  // 加鎖檢測是否存在其他執行緒平行處理為該 name 字串分配 UID
    assignment = pending_assignments.get(name);
    if (assignment == null)  {
    // 不存在其他執行緒平行處理為該 name 字串分配 UID
      assignment = new Deferred<byte[]>();
      pending_assignments.put(name, assignment);
    } else { // 存在其他執行緒平行處理為該 name 字串分配 UID
      LOG.info("Already waiting for UID assignment: " + name);
      return assignment;
    }
  }
  // 建立 UniqueIdAllocator 物件,並呼叫其 tryAllocate() 方法完成 UID 分配,
  // 前面已經詳細分析過
  return new UniqueIdAllocator(name, assignment).tryAllocate();
}
```

分析完 getOrCreateIdAsync() 方法之後,可以將前面的 getOrCreateId() 方法與它進行比較,後者有關的所有過程都是非同步非阻塞的,其中有關查詢 HBase 表、UniqueIdFilterPlugin 攔截、UniqueIdAllocator 分配 UID 等,而在前者的這些步驟中,都能看到 join() 或 joinUninterruptibly() 方法等阻塞呼叫。另外,OpenTSDB 官方也推薦使用後者非同步非阻塞的版本。

3.2.6 查詢字串

在本章前面介紹的 getIdAsync() 方法是透過指定字串查詢對應 UID，
在 OpenTSDB 中還有另一個需求，就是透過指定的 UID 查詢對應的字
串，該功能是在 UniqueId.getNameAsync() 方法中完成的，它可以視為是
getIdAsync() 方法的逆過程。UniqueId 實現的 getName() 方法（該方法定
義在 UniqueIdInterface 介面中）的底層也是透過呼叫 getNameAsync() 方
法實現的。

下面來看 UniqueId.getNameAsync() 方法的實作方式，程式如下：

```
public Deferred<String> getNameAsync(final byte[] id) {
    // 檢測參數 id 的長度是合法（略）
    // 首先查詢 id_cache 快取中是否存在指定 UID 到字串的對映關係
    final String name = getNameFromCache(id);
    if (name != null) {
        incrementCacheHits(); // 快取命中，遞增 cache_hits
        return Deferred.fromResult(name); // 傳回對應字串
    }
    incrementCacheMiss();  // 快取未命中，遞增 cache_misses
    class GetNameCB implements Callback<String, String> {
        // 處理 HBase 表的查詢結果，後面將進行詳細分析
    }
    // getNameFromHBase() 方法底層呼叫了前面介紹的 hbaseGet() 方法完成 HBase 表的查
    // 詢，這裡不再展開分析。這裡的回呼是上面定義的 GetNameCB
    return getNameFromHBase(id).addCallback(new GetNameCB());
}
```

GetNameCB 的這個 Callback 實現比較簡單，主要處理查詢 HBase 表的結
果，程式如下：

```
class GetNameCB implements Callback<String, String> {
    public String call(final String name) {
```

```
     if (name == null) {
     // 如果在 HBase 表中查詢不到對應的字串，則拋出 NoSuchUniqueId 例外
        throw new NoSuchUniqueId(kind(), id);
     }
     addNameToCache(id, name);
     // 將字串到 UID 的對映關係儲存到 name_cache 快取中
     addIdToCache(name, id); // 將 id 到字串的對映關係儲存到 id_cache 快取中
     return name;
   }
 }
```

到這裡，我們已經介紹了 UniqueId 提供的三個最基本功能：

- 為指定的字串分配 UID。
- 根據指定的 UID 查詢對應的字串。
- 根據指定的字串查詢對應的 UID。

3.2.7 suggest 方法

在 UniqueId 中為了大量的字串分配 UID，在 tsdb-uid 表中也就記錄了大量的字串，為了方便使用者查詢這些字串，UniqueId 提供了字首提示的功能，該功能是在 UniqueId.suggest() 方法中完成的。在預設情況下，suggest() 方法只傳回 25 個（由 UniqueId.MAX_SUGGESTIONS 欄位指定）比對指定字首的字串，還有一個多載的 suggest() 方法，我們可以指定傳回字串的個數，它們的底層都是透過呼叫 UniqueId.suggestAsync() 方法實現的。

在 UniqueId.suggestAsync() 方法中，會建立 SuggestCB 物件並呼叫其 search() 方法進行查詢，實作方式程式如下：

```
public Deferred<List<String>> suggestAsync(final String search,
final int max_results) {
```

```
   return new SuggestCB(search, max_results).search();
}
```

SuggestCB 中各個核心欄位的含義如下。

- scanner（Scanner 類型）：Asynchronous HBase 用戶端中使用 Scanner 來掃描 HBase 表中的連續資料，在後面介紹 SuggestCB 的實現時會看到其基本使用方式。
- max_results（int 類型）：此次查詢傳回的最大字串個數。
- suggestions（LinkedList<String> 類型）：此次查詢到的、符合指定字首的字串會暫存在該集合中。

在 SuggestCB 的建置方法中，會呼叫 UniqueId.getSuggestScanner() 方法初始化 scanner 欄位，在 getSuggestScanner() 方法中也展示了 org.hbase. async.Scanner 的基本使用方式，實作方式程式如下：

```
private static Scanner getSuggestScanner(final HBaseClient client,
    final byte[] tsd_uid_table, final String search, final byte[]
kind_or_null,
    final int max_results) {
  final byte[] start_row;
  final byte[] end_row;
  if (search.isEmpty()) { // 未指定查詢字首，則使用預設的掃描字首
    start_row = START_ROW;
    // 預設掃描的起始 RowKey 為 '!' (ASCII 表中的第一個字元)
    end_row = END_ROW; // 預設掃描的結束 RowKey 為 '~' (ASCII 表中的最後一個字元)
  } else { // 指定了查詢的字首 (即這裡的參數 search)
    start_row = toBytes(search); // 掃描的起始 RowKey
    // 掃描的結束 RowKey 是將起始 RowKey 的最後一個字元加 1
    end_row = Arrays.copyOf(start_row, start_row.length);
    end_row[start_row.length - 1]++;
```

```
    }
    // 建立 Scanner 物件，並指定掃描的表
    final Scanner scanner = client.newScanner(tsd_uid_table);
    scanner.setStartKey(start_row); // 指定掃描的起止 RowKey
    scanner.setStopKey(end_row);
    scanner.setFamily(ID_FAMILY);      // 指定了掃描的 Family
    if (kind_or_null != null) {        // 判斷是否指定了掃描的 qualifier
      scanner.setQualifier(kind_or_null);
    }
    // 指定用戶端與 HBase 表每次 RPC 最多傳回的行數，一次掃描可能有多次 RPC 請求
    scanner.setMaxNumRows(max_results <= 4096 ? max_results : 4096);
    return scanner;
}
```

了解了 Scanner 的基本使用方式之後，繼續分析 SuggestCB，SuggestCB.search() 方法的實作方式程式如下：

```
Deferred<List<String>> search() {
    // 從 HBase 表中掃描多行資料，然後呼叫 Callback 進行處理，
    // 這裡增加的 Callback 物件就是目前 SuggestCB 物件本身
    return (Deferred) scanner.nextRows().addCallback(this);
}
```

在 SuggestCB.call() 方法中實現了處理 HBase 資料表掃描結果的主要邏輯，實作方式程式如下：

```
// 正常情況下，call() 方法的參數是前面 Scanner 掃描到的多行資料
public Object call(final ArrayList<ArrayList<KeyValue>> rows) {
    if (rows == null) {
    // 已經處理完掃描範圍內的所有行，傳回 suggestions 欄位中快取的查詢結果
        return suggestions;
    }
    for (final ArrayList<KeyValue> row : rows) { // 檢查掃描到的行
```

```
    if (row.size() != 1) {
      if (row.isEmpty()) {   // 跳過空行
        continue;
      }
    }
    final byte[] key = row.get(0).key();      // RowKey
    final String name = fromBytes(key);        // 從 RowKey 中解析出 name 字串
    final byte[] id = row.get(0).value();    // 取得 UID
    final byte[] cached_id = name_cache.get(name); // 檢測 name_cache 快取
    if (cached_id == null) { // name_cache 中沒有快取 name 字串
      cacheMapping(name, id); // 將 name 字串與 UID 的對映增加到 name_cache 快取中
    } else if (!Arrays.equals(id, cached_id)) {
      // 從 HBase 中查詢獲得的 UID 與快取中的 UID 不一致，則需要拋出例外
      throw new IllegalStateException("...");
    }
    suggestions.add(name); // 將查詢獲得的 name 字串快取到 suggestions 中
    if ((short) suggestions.size() >= max_results) {
     // 查詢獲得的字串個數已經達到了 max_results 指定的個數
     // 關閉 Scanner 物件不再繼續掃描，增加 Callback，將傳回 suggestions 欄位快取
     // 的查詢結果
      return scanner.close().addCallback(new Callback<Object, Object>() {
        @Override
        public Object call(Object ignored) throws Exception {
          return suggestions;
        }
      });
    }
    row.clear();      // 釋放
  }
  return search();  // 查詢獲得的字串數量不足，繼續呼叫 search() 方法進行掃描
}
```

3.2.8 刪除 UID

在 UniqueId 中還提供了刪除 UID 的功能,在 UniqueId.deleteAsync() 方法中不僅會刪除 HBase 表中儲存的字串與 UID 的對映關係,還會刪除 id_cache 和 name_cache 快取中的對應內容,其大致流程如圖 3-7 所示。

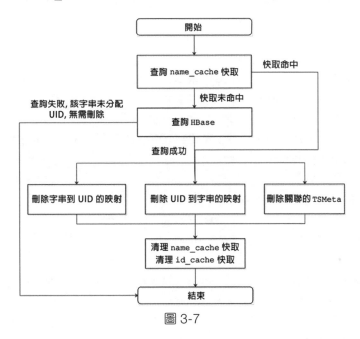

圖 3-7

這裡先來了解 UniqueId.deleteAsync() 方法的實作方式,程式如下:

```
public Deferred<Object> deleteAsync(final String name) {
    // 保障 TSDB 不能為空 ( 略 )
    final byte[] uid = new byte[id_width];
    final ArrayList<Deferred<Object>> deferreds = new
ArrayList<Deferred<Object>>(2);
    // 定義三個 Callback 實現,後面將詳細分析其實作方式
    class ErrCB implements Callback<Object, Exception> {
        ... ...
    }
```

```
class GroupCB implements Callback<Deferred<Object>, ArrayList<Object>> {
    ... ...
}


class LookupCB implements Callback<Deferred<Object>, byte[]> {
    ... ...
}


final byte[] cached_uid = name_cache.get(name); // 查詢 name_cache 快取
if (cached_uid == null) { // 快取未命中
    // 在 HBase 表中查詢 name 字串對應的 UID，然後回呼 LookupCB 物件
    return getIdFromHBase(name).addCallbackDeferring(new LookupCB())
        .addErrback(new ErrCB());
}
// 快取命中，確定在該 name 字串中存在對應的 UID
System.arraycopy(cached_uid, 0, uid, 0, id_width);
// 刪除 HBase 表中記錄的 name 字串到 UID 的對映
final DeleteRequest forward =
    new DeleteRequest(table, toBytes(name), ID_FAMILY, kind);
deferreds.add(tsdb.getClient().delete(forward));
// 刪除 HBase 表中記錄的 UID 到 name 字串的對映
final DeleteRequest reverse =
    new DeleteRequest(table, uid, NAME_FAMILY, kind);
deferreds.add(tsdb.getClient().delete(reverse));
// 刪除 HBase 表中 UID 連結的 TSMeta 資訊
final DeleteRequest meta = new DeleteRequest(table, uid, NAME_FAMILY,
    toBytes((type.toString().toLowerCase() + "_meta")));
deferreds.add(tsdb.getClient().delete(meta));
// 等待上述三個 DeleteRequest 請求全部執行完畢之後，回呼 GroupCB 物件
return Deferred.group(deferreds).addCallbackDeferring(new GroupCB())
    .addErrback(new ErrCB());
}
```

下面來分析上述幾個內部 Callback 實現。首先來看 LookupCB 實現,當
name_cache 快取未命中的時候,需要呼叫 getIdFromHBase() 方法查詢
HBase 表以確定是否為 name 字串分配過 UID,查詢結束之後會以查詢到
的 UID 作為參數回呼 LookupCB,LookupCB 主要負責刪除 HBase 表中
的相關對映和中繼資料。

```
class LookupCB implements Callback<Deferred<Object>, byte[]> {
    @Override
    public Deferred<Object> call(final byte[] stored_uid) throws
Exception {
        if (stored_uid == null) {
            // name 字串並沒有對應的 UID,後續的刪除操作也就沒有必要
            return Deferred.fromError(new NoSuchUniqueName(kind(), name));
        }
        // 下面的刪除操作與 deleteAsync() 方法中命中 name_cache 快取後的刪除操作類似
        System.arraycopy(stored_uid, 0, uid, 0, id_width);
        final DeleteRequest forward =
        // 刪除 HBase 表中記錄的 name 字串到 UID 的對映
            new DeleteRequest(table, toBytes(name), ID_FAMILY, kind);
        deferreds.add(tsdb.getClient().delete(forward));

        final DeleteRequest reverse =
        // 刪除 HBase 表中記錄的 UID 到 name 字串的對映
            new DeleteRequest(table, uid, NAME_FAMILY, kind);
        deferreds.add(tsdb.getClient().delete(reverse));
        // 刪除 HBase 表中 UID 連結的 TSMeta 資訊
        final DeleteRequest meta = new DeleteRequest(table, uid, NAME_FAMILY,
            toBytes((type.toString().toLowerCase() + "_meta")));
        deferreds.add(tsdb.getClient().delete(meta));
        // 等待上述三個 DeleteRequest 請求全部執行完畢之後,回呼 GroupCB 物件
        return Deferred.group(deferreds).addCallbackDeferring(new GroupCB());
    }
}
```

當 HBase 表中的對映關係和中繼資料被成功刪除之後會回呼 GroupCB，然
後清理 name_cache 和 id_cache 快取中對應的資料，實作方式程式如下：

```
class GroupCB implements Callback<Deferred<Object>, ArrayList<Object>> {
    @Override
    public Deferred<Object> call(final ArrayList<Object> response) throws
Exception {
        name_cache.remove(name);            // 清理 name_cache 快取
        id_cache.remove(fromBytes(uid));    // 清理 id_cache 快取
        return Deferred.fromResult(null);
    }
}
```

當上述任意一個緩解出現例外的時候會回呼 ErrCB，與 GroupCB 類似，
它也會清理 name_cache 和 id_cache 快取，實作方式程式如下：

```
class ErrCB implements Callback<Object, Exception> {
    @Override
    public Object call(final Exception ex) throws Exception {
        name_cache.remove(name);            // 清理 name_cache 快取
        id_cache.remove(fromBytes(uid));    // 清理 id_cache 快取
        return ex;
    }
}
```

3.2.9 重新分配 UID

在有些例外場景下，例如 OpenTSDB 的用戶端程式發生故障，導致
UniqueId 為大量非法字串分配了 UID，會浪費大量的 UID。在初始化整
個 OpenTSDB 系統時，可以將 UID 的位元組長度設定得很大，這樣雖然
可以緩解 UID 浪費的問題，但是 UID 的數量依舊是有限的，而且增加
UID 所佔位元組數的長度會浪費一定的儲存空間。

UniqueId 中提供了 rename() 方法用於回收並重新分配已使用的 UID，這就可以緩解前面提到的大量 UID 浪費的問題。在開始分析 UniqueId. rename() 方法的實作方式之前，需要讀者注意，rename() 方法並不是執行緒安全，如果有多個執行緒平行處理呼叫該方法重用同一個 UID，可能會導致資料發生混亂。UniqueId.rename() 方法的大致步驟如圖 3-8 所示。

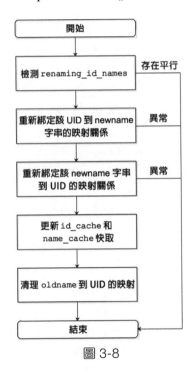

圖 3-8

UniqueId.rename() 方法的實作方式程式如下：

```java
public void rename(final String oldname, final String newname) {
    final byte[] row = getId(oldname);  // 查詢 oldname 字串對應的 UID
    final String row_string = fromBytes(row);
    {
        byte[] id = null;
        try {
```

```
      id = getId(newname);           // 查詢 newname 字串對應 UID
   } catch (NoSuchUniqueName e) {    // 正常，newname 並沒有連結的 UID
   }
   if (id != null) {                 // newname 字串已分配 UID，拋出例外
      throw new IllegalArgumentException("...");
   }
}


   // 已經有其他執行緒在重用該 UID 或是在為該 newname 字串重新分配 UID，則拋出例外
   if (renaming_id_names.contains(row_string) || renaming_id_names.
contains(newname)) {
      throw new IllegalArgumentException("...");
   }
   renaming_id_names.add(row_string);
   // 在 renaming_id_names 中增加對應記錄，防止平行處理操作
   renaming_id_names.add(newname);
   final byte[] newnameb = toBytes(newname);
   try {
      // 與前面介紹的 UniqueIdAllocator 的邏輯類似，第一步是重新綁定該 UID 到 newname
      // 字串的對映關係
      final PutRequest reverse_mapping = new PutRequest(
         table, row, NAME_FAMILY, kind, newnameb);
      // 完成 reverse_mapping 這個 PutRequest 指定的寫入操作
      hbasePutWithRetry(reverse_mapping, MAX_ATTEMPTS_PUT,
INITIAL_EXP_BACKOFF_DELAY);
   } catch (HBaseException e) {
      // 如果發生例外，則需要清理 renaming_id_names 集合中的對應內容，方便後續重新分
      // 配 UID
      renaming_id_names.remove(row_string);
      renaming_id_names.remove(newname);
      throw e; // 向上拋出例外
   }
```

```
try {
    // 與前面介紹的 UniqueIdAllocator 的邏輯類似，第二步是重新綁定該 newname 字串到
    // UID 的對映關係
    final PutRequest forward_mapping = new PutRequest(
        table, newnameb, ID_FAMILY, kind, row);
    // 完成 forward_mapping 這個 PutRequest 指定的寫入操作
    hbasePutWithRetry(forward_mapping, MAX_ATTEMPTS_PUT,
        INITIAL_EXP_BACKOFF_DELAY);
} catch (HBaseException e) {
    // 如果發生例外，則需要清理 renaming_id_names 集合中的對應內容，方便後續重新分
    // 配 UID
    renaming_id_names.remove(row_string);
    renaming_id_names.remove(newname);
    throw e;
}

// 完成 HBase 表的更新之後，更新 id_cache 和 name_cache 快取，將它們與 HBase 表保
// 持一致
addIdToCache(newname, row);
id_cache.put(fromBytes(row), newname);
name_cache.remove(oldname);

try {
    // 最後一步是清理 oldname 字串到 UID 的對映，而 UID 到 oldname 字串的對映已經被
    // 前面的 reverse_mapping 操作覆蓋，無須刪除
    final DeleteRequest old_forward_mapping = new DeleteRequest(
        table, toBytes(oldname), ID_FAMILY, kind);
    // 執行 old_forward_mapping 對應的刪除操作並阻塞等待期執行完畢
    client.delete(old_forward_mapping).joinUninterruptibly();
} catch (Exception e) {
    throw new RuntimeException(msg, e);
} finally {
    // 成功執行完上述全部操作之後，清理 renaming_id_names 中的對應內容
```

```
    renaming_id_names.remove(row_string);
    renaming_id_names.remove(newname);
  }
  // Success!
}
```

在 UniqueId.rename() 方法中是透過呼叫 hbasePutWithRetry() 方法完成 HBase 表的更新操作的，其中實現了類似 UniqueIdAllocator 分配 UID 的重試功能，hbasePutWithRetry() 方法的實作方式程式如下：

```
// 預設重試次數為 6（由 MAX_ATTEMPTS_PUT 欄位指定），兩次重試之間初始的時間間隔是 800
// 毫秒，之後每次遞增一倍
private void hbasePutWithRetry(final PutRequest put, short attempts,
short wait)
    throws HBaseException {
  put.setBufferable(false);
  while (attempts-- > 0) { // 檢測是否能夠繼續重試
    try {
      // 注意與前面 UniqueIdAllocator 之間的區別，這裡不再執行 CAS 操作，而是直接執
      // 行 put 操作
      client.put(put).joinUninterruptibly();
      return;
    } catch (HBaseException e) {
      if (attempts > 0) {          // 檢測剩餘的重試次數
        try {
          Thread.sleep(wait);    // 兩次重試之間需要等待一段時間
        } catch (InterruptedException ie) {
          throw new RuntimeException("interrupted", ie);
        }
        wait *= 2;      // 重試間隔變長
      } else {
        throw e;
      }
```

```
    } catch (Exception e) { // 記錄檔輸出（略）
    }
  }
  // 始終重試失敗，則拋出例外
  throw new IllegalStateException("This code should never be reached!");
}
```

3.2.10 其他方法

前面已經詳細分析了 UniqueId 的核心功能，本節將簡單介紹 UniqueId 提供的一些輔助方法，這些方法大多是靜態方法。

首先要介紹的是 UniqueId.getTagPairsFromTSUID() 方法。在前面介紹 OpenTSDB 的基本概念時提到，TSUID 是由 metric UID、tagk UID 及 tagv UID 三部分組成的，getTagPairsFromTSUID() 方法的主要功能是從 TSUID 中將 tagk 和 tagv 部分的 UID 解析出來並傳回，實作方式程式如下：

```java
public static List<byte[]> getTagPairsFromTSUID(final byte[] tsuid) {
  // 檢測 tsuid 的長度是否合法（略）
  final List<byte[]> tags = new ArrayList<byte[]>();
  final int pair_width = TSDB.tagk_width() + TSDB.tagv_width();
  // 計算每對 tag 的長度
  // 檢查 tsuid，截取每對 tag 的 UID，並增加到 tags 集合中
  for (int i = TSDB.metrics_width(); i < tsuid.length; i += pair_width) {
    if (i + pair_width > tsuid.length) {
      throw new IllegalArgumentException("...");
    }
    tags.add(Arrays.copyOfRange(tsuid, i, i + pair_width));
  }
  return tags;
}
```

getTagPairsFromTSUID() 方法傳回的集合中的每一個 byte[] 陣列是 tagk UID 和 tagv UID 組合起來的，如果需要取得單獨的 tagk UID 和 tagv UID，可以使用 getTagsFromTSUID() 方法，其實現與 getTagPairsFromTSUID() 方法非常類似，這裡不再多作說明，有興趣的讀者可以參考原始程式進行學習。

透過前面章節的介紹我們知道，將 OpenTSDB 的 RowKey 中的 Salt 和時間戳記兩部分去掉獲得的就是 tsuid，UniqueId.getTSUIDFromKey() 方法就提供了從 RowKey 中分析 tsuid 的功能，實作方式程式如下：

```java
public static byte[] getTSUIDFromKey(final byte[] row_key,
    final short metric_width, final short timestamp_width) {
  int idx = 0;
  // 計算一對 tagk UID 和 tagv UID 的長度
  final int tag_pair_width = TSDB.tagk_width() + TSDB.tagv_width();
  // 計算所有 tagk UID 和 tagv UID 的長度
  final int tags_length = row_key.length -
      (Const.SALT_WIDTH() + metric_width + timestamp_width);
  // 檢測 tags_length 是否為 tag_pair_width 的整數倍
  if (tags_length < tag_pair_width || (tags_length % tag_pair_width) != 0) {
    throw new IllegalArgumentException("...");
  }
  final byte[] tsuid = new byte[row_key.length - timestamp_width - Const.
SALT_WIDTH()];
  // 過濾掉 salt 部分和時間戳記部分
  for (int i = Const.SALT_WIDTH(); i < row_key.length; i++) {
    if (i < Const.SALT_WIDTH() + metric_width ||
        i >= (Const.SALT_WIDTH() + metric_width + timestamp_width)) {
      tsuid[idx] = row_key[i];
      idx++;
    }
  }
}
```

```
    return tsuid;
}
```

最後，簡單介紹一下 preloadUidCache() 方法。從該方法的名稱也能猜出其功能是在 OpenTSDB 啟動的時候，預先載入一部分 UID 對映關係到快取中，可以透過 "tsd.core.preload_ uid_cache" 設定項目開啟預先載入快取的功能，還可以透過 "tsd.core.preload_uid_cache.max_entries" 設定項目決定快取預先載入的資料量。preloadUidCache() 方法的實作方式程式如下：

```java
public static void preloadUidCache(final TSDB tsdb,
    final ByteMap<UniqueId> uid_cache_map) throws HBaseException {
  int max_results = tsdb.getConfig().getInt(
      "tsd.core.preload_uid_cache.max_entries");
  // 取得配合的快取預先載入的資料量
  // 檢測設定的 max_results 值是否合法（略）
  Scanner scanner = null;
  try {
    int num_rows = 0;
    // 建立 Scanner 物件
    scanner = getSuggestScanner(tsdb.getClient(), tsdb.uidTable(), "",
null, max_results);
    for (ArrayList<ArrayList<KeyValue>> rows = scanner.nextRows().join();
        rows != null; rows = scanner.nextRows().join()) {
      for (final ArrayList<KeyValue> row : rows) {
        for (KeyValue kv : row) {
          final String name = fromBytes(kv.key());   // 取得 name 字串
          final byte[] kind = kv.qualifier(); // qualifier 對應的是 kind
          final byte[] id = kv.value(); // 取得 UID
          UniqueId uid_cache = uid_cache_map.get(kind);
          if (uid_cache != null) {
          // 將掃描的對映關係載入到對應類型的 UniqueId 的快取中
            uid_cache.cacheMapping(name, id);
```

```
        }
      }
      num_rows += row.size();
      row.clear();   // 釋放該行資料
      if (num_rows >= max_results) { // 預先載入的資料達到指定的數量
        break;
      }
    }
  }
} catch (Exception e) { // 省略例外處理的相關程式
} finally {
  if (scanner != null) {
    scanner.close();   // 關閉 Scanner 物件，釋放資源
  }
}
}
```

在 UniqueId 中還提供了很多其他比較簡單的輔助方法，舉例來說，longToUID() 方法會將 byte[] 陣列類型的 UID 轉換成 long 值，uidToLong() 方法會將 long 類型的 UID 轉換成 byte[] 陣列等，這些方法都比較簡單，這裡不再多作說明，有興趣的讀者可以參考原始程式進行學習。

3.3 UIDMeta

如果 OpenTSDB 開啟了 "tsd.core.meta.enable_realtime_uid" 設定項目，則在 UniqueIdAllocator 分配 UID 的過程中（DONE 階段），除了會將 UID 與字串之間的對映關係儲存到 tsdb-uid 表中，還會將該 UID 連結的中繼資料也記錄到其中。UniqueIdAllocator 中相關的程式片段如下：

```
if (tsdb != null && tsdb.getConfig().enable_realtime_uid()) {
  final UIDMeta meta = new UIDMeta(type, row, name); // 建立 UIDMeta 物件
  meta.storeNew(tsdb);        // 將 UIDMeta 中儲存的中繼資料也儲存到 tsdb-uid 中
  tsdb.indexUIDMeta(meta);    // 如果開啟了對應設定，可以為中繼資料建立索引
}
```

下面介紹一下 UIDMeta 中核心欄位的含義，其中部分欄位就是後面將要寫入 HBase 表中的中繼資料資訊，如下所示。

- uid（String 類型）：目前 UIDMeta 物件連結的 UID。
- type（UniqueIdType 類型）：目前 UIDMeta 所屬的類型。
- name（String 類型）：UID 對應的字串。
- display_name（String 類型）：可選項，用於展示的名稱，預設與 name 相同。
- description（String 類型）：可選項，自訂描述資訊。
- notes（String 類型）：可選項，詳細的描述資訊。
- created（long 類型）：UID 的建立時間。
- custom（HashMap<String, String> 類型）：使用者自訂的附加資訊。
- changed（HashMap<String, Boolean> 類型）：用於標識某個欄位是否被修改過，下面介紹 UIDMeta 的實作方式時會提到其作用。

在 UIDMeta 的建置方法中，除了會初始化 UID、name、type 等欄位，還會重置 changed 欄位，程式如下：

```
public UIDMeta(final UniqueIdType type, final byte[] uid, final String
name) {
  this.type = type;      // 初始化 type、UID、name
  this.uid = UniqueId.uidToString(uid);
  this.name = name;
  created = System.currentTimeMillis() / 1000;    // 初始化 created 欄位
  initializeChangedMap();                          // 重置 changed 欄位
```

```
    changed.put("created", true);              // 標識 created 欄位被修改過
}

private void initializeChangedMap() {        // 標識所有欄位都沒有被修改過
    changed.put("display_name", false);
    changed.put("description", false);
    changed.put("notes", false);
    changed.put("custom", false);
    changed.put("created", false);
}
```

接下來看一下 UIDMeta.storeNew() 方法如何將新增的 UIDMeta 中繼資料儲存到 HBase 表中，程式如下：

```
public Deferred<Object> storeNew(final TSDB tsdb) {
    // 檢測 UID、name、type 是否合法 ( 略 )
    // 寫入的 Family 始終是 name，根據 type 類型決定寫入的 qualifier，寫入的實際內容
    // 由 getStorageJSON() 方法傳回
    final PutRequest put = new PutRequest(tsdb.uidTable(),
        UniqueId.stringToUid(uid), FAMILY, (type.toString().toLowerCase()
+ "_meta")
            .getBytes(CHARSET), UIDMeta.this.getStorageJSON());
    return tsdb.getClient().put(put);
}
```

getStorageJSON() 方法傳回的是一段 JSON 資料，其中包含了 type、display_name、description、notes、created 及 custom 欄位所包含的資訊，建立這段 JSON 的方式比較簡單，不再多作說明，有興趣的讀者可以參考相關原始程式進行學習。

UIDMeta.syncToStorage() 方法完成了修改中繼資料的功能，該方法會先載入 UID 對應的中繼資料，然後比較目前 UIDMeta 物件與載入獲得的中

繼資料，最後執行 CAS 操作完成更新。syncToStorage() 方法的大致實現
程式如下：

```
public Deferred<Boolean> syncToStorage(final TSDB tsdb, final boolean
overwrite) {
  // 檢測 UID 和 type 欄位是否合法（略）
  boolean has_changes = false;
  for (Map.Entry<String, Boolean> entry : changed.entrySet()) {
    if (entry.getValue()) { // 檢測 UIDMeta 是否有欄位被修改
      has_changes = true;
      break;
    }
  }
  if (!has_changes) {
    throw new IllegalStateException("No changes detected in UID meta data");
  }
  final class NameCB implements Callback<Deferred<Boolean>, String> {
      // 後面詳細介紹 NameCB 的實作方式
  }
  // 根據 type 類型，載入 UID 對應的字串
  return tsdb.getUidName(type, UniqueId.stringToUid(uid))
    .addCallbackDeferring(new NameCB(this));
}
```

在 NameCB 中會根據 UID 和 name 字串查詢對應的中繼資料，實作方式
程式如下：

```
final class NameCB implements Callback<Deferred<Boolean>, String> {
  private final UIDMeta local_meta;  // 目前 UIDMeta 物件

  public NameCB(final UIDMeta meta) { local_meta = meta; }

  @Override
```

```
    public Deferred<Boolean> call(final String name) throws Exception {
        final GetRequest get = new GetRequest(tsdb.uidTable(), UniqueId.
stringToUid(uid));
        get.family(FAMILY); // 查詢的 Family 為 name
        // 根據 type 類型指定 qualifier
        get.qualifier((type.toString().toLowerCase() + "_meta").
getBytes(CHARSET));
        // 查詢對應中繼資料，這裡的回呼為 StoreUIDMeta
        return tsdb.getClient().get(get).addCallbackDeferring(new StoreUIDMeta());
    }
}
```

在 StoreUIDMeta 中將查詢獲得的 JSON 中繼資料反序列化成 UIDMeta 物件並與目前的 UIDMeta 物件進行比較，最後執行 CAS 操作完成更新，實作方式程式如下：

```
final class StoreUIDMeta implements Callback<Deferred<Boolean>,
ArrayList<KeyValue>> {

    @Override
    public Deferred<Boolean> call(final ArrayList<KeyValue> row)  throws
Exception {
        final UIDMeta stored_meta;
        if (row == null || row.isEmpty()) {
            stored_meta = null;
        } else {      // 反序列化 JSON，獲得 UIDMeta 物件
            stored_meta = JSON.parseToObject(row.get(0).value(),
UIDMeta.class);
            stored_meta.initializeChangedMap();
        }

        final byte[] original_meta = row == null || row.isEmpty() ?
            new byte[0] : row.get(0).value();
```

```
    // 儲存目前 HBase 表中儲存的 JSON 資料
    if (stored_meta != null) {
    // 將目前的 UIDMeta 物件與 stored_meta 物件進行比較
    // syncMeta() 方法會根據 overwrite 參數及各個欄位的修改情況，決定是否複製
    // stored_meta 中的欄位
      local_meta.syncMeta(stored_meta, overwrite);
    }

    final PutRequest put = new PutRequest(tsdb.uidTable(),
        UniqueId.stringToUid(uid), FAMILY, (type.toString().toLowerCase() +
          "_meta").getBytes(CHARSET), local_meta.getStorageJSON());
    // 執行 CAS 操作完成中繼資料的更新
    return tsdb.getClient().compareAndSet(put, original_meta);
  }
}
```

UIDMeta.getUIDMeta() 方法根據指定的 type 和 UID 查詢指定的中繼資料並傳回 UIDMeta，其與 syncToStorage() 方法中的查詢過程類似，不再重複介紹。UIDMeta.delete() 方法根據目前 UIDMeta 物件的 type 欄位和 UID 欄位刪除對應的中繼資料，實現比較簡單，不再贅述，有興趣的讀者可以參考其程式進行學習。

3.4 本章小結

本章首先簡略說明了 OpenTSDB 使用 HBase 儲存時序資料的大致設計，重點介紹了 RowKey 的設計中 UID 的原理和作用。接下來是本章的主要內容，即 OpenTSDB 中 UID 相關的內容，首先與讀者一起分析了 HBase 中 tsdb-uid 表的設計，在該表中儲存了 UID 與字串的對映關係及相關的中繼資料。然後，詳細剖析了 UID 相關的核心類別—UniqueId，它實現

了（同步 / 非同步）分配 UID（又分為隨機和遞增兩種產生方式）、根據字串查詢 UID、根據 UID 查詢字串、suggest 方法、刪除 UID 和重新分配 UID 等核心功能。另外，UniqueId 還以靜態方法的形式提供一些輔助方法，對此也進行了簡單分析。最後，介紹了 UIDMeta 是如何寫入、更新、刪除和查詢 UID 相關中繼資料資訊的，在後面分析 OpenTSDB Tree 的時候，還會看到 UIDMeta 的身影。

希望讀者透過閱讀本章的內容，可以了解 OpenTSDB 中 HBase 表和 RowKey 的大致設計及其中有關的 UID 的概念，了解 UniqueId 的工作原理和 UIDMeta 中繼資料所儲存的相關資訊，為後面分析 OpenTSDB 讀寫時序資料的功能打下基礎，也希望能夠為讀者在實作中擴充 OpenTSDB 的功能提供幫助。

04
CHAPTER

資料儲存

第 3 章已經分析了 OpenTSDB 中核心表的設計，並對 OpenTSDB 中的 UniqueId 元件的實現進行了分析。本章將詳細介紹 OpenTSDB 中 TSDB 表的設計，以及 OpenTSDB 是如何將時序資料寫入該表中的。另外，還將分析前面提到的 OpenTSDB 中壓縮最佳化的實現。

4.1 TSDB 表設計

在本節中，我們先來詳細分析 OpenTSDB 用來儲存時序資料的 TSDB 表的基本結構。OpenTSDB 中全部的時序資料都儲存在一個 HBase 表中，預設的表名叫作 "TSDB"。TSDB 表中只有一個名為 "t" 的 Column Family（列簇）。其中的 RowKey 就如前面介紹的那樣，包含 metric_uid、base_time、tagk_uid、tagv_uid 等部分，另外還包含一個可選的 salt 部分，如圖 4-1 所示。

salt	metric_uid	base_time	tagk1_uid	tagv1_uid	...	tagkN_uid	tagvN_uid

圖 4-1

這裡增加 salt 部分主要是為了防止發生寫入或查詢的熱點情況。HBase 底層使用了 LSM-Tree，表中的資料會按照列進行儲存，每行中的每一列資料在儲存檔案時，都會以 Key-Value 的形式存在於檔案中，其中的 Key 是透過 RowKey、列簇名稱（Column Family）、列名稱（qualifier）組成的，value 則是這裡的列值。HFile 檔案中的資料是按照 RowKey 的排序進行儲存的。也就是說，HBase 表中的 RowKey 是有序的，這些基礎知識在第 1 章中都簡略介紹過了，不再展開回顧。如果 metric_uid 是從 0 開始遞增的，則大量 RowKey 的字首會相同，這些行極有可能被分佈到一個 HRegion Server 上，甚至同一個 HRegion 中，如果這樣，對這部分資料的讀寫都會落到 HBase 叢集中的一台機器上，無法充分發揮 HBase 叢集的處理能力，甚至可能將這台機器直接壓垮。當透過 HMaster 的協調由其他機器接管這些 HRegion 時，同樣也有可能被壓垮，最後叢集中的機器被一個一個壓垮，整個 HBase 叢集變得不可用。

RowKey 中的 salt 部分將 RowKey 中除了 base_time 的部分進行了 Hash，然後按照指定的 Bucket 個數進行取模，最後轉換成位元組（根據 Bucket 個數決定是一個位元組還是兩個位元組）並寫入 RowKey 的起始位置，這樣使得 metric_uid 從 0 開始遞增，RowKey 也會因為 salt 值的變化，而分配到不同的 HRegion 中，進一步充分發揮 HBase 叢集的能力。後面會提到，將 RowKey 中的 salt 部分和 base_time 部分去除之後，剩餘的部分被稱為 "tsuid"，可以唯一表示一筆時序資料。

了解完 TSDB 表的 RowKey 結構之後，我們來看 TSDB 表中的列名稱（qualifier）設計，其實際結構並沒有第 2 章介紹的內容那麼簡單，其中包含很多資訊。列名稱的長度是根據時序資料的時間精度而變化的。

- 如果儲存的時序資料的精度是秒級的，則 qualifier 長度為 2 位元組。從高位到低位元來看，其中高 12 位儲存了從 base_tim 開始的秒級偏移量（offset），base_time+offset 即為該列對應的秒級時間戳記。接下來的 4 位元是 flag 標示，主要用於標識該點的資料類型及所佔位元組的長度,如圖 4-2 所示。

圖 4-2

■ 如果時序資料的精度是毫秒級的,則 qualifier 長度為 4 位元組。從高位到低位元來看,其中高 4 位始終為 1,用於標識其精度為毫秒級。接下來 22 位元儲存了 base_time 的毫秒級偏移量(offset),base_time+offset 即為該列對應的毫秒級時間戳記。隨後的 2 位暫時保留,沒有使用。最後 4 位元 \ 是 flag 標示,主要用於標識該點的資料類型及所佔位元組的長度,如圖 4-3 所示。

圖 4-3

無論時序資料的精度是秒級還是毫秒級,其 qualifier 的最後 4 位元都是 flag。從高位到低位元來看,最高位表示該點的值的類型(1 表示整數,0 表示浮點數)。接下來的三位表示該值的長度(偏移量為 1),例如 000 表示 1 個位元組,011 表示 4 個位元組,這三位的合法設定值只有 000、001、011 和 111,其他設定值都是非法的。

4.1.1 壓縮最佳化

OpenTSDB 在寫入時序資料時,首先會基於每個數據點相對於 RowKey 中 base_time 的偏移量(offset),將其 value 值存入不同的列(qualifier)

中，這樣做可以加強 HBase 表的寫入效率。正如前面提到的，HBase 底層的檔案儲存中會重複儲存 RowKey、Column Family、Column 等資訊。為了節省儲存空間，OpenTSDB 在寫入時會將 RowKey 記錄到 CompactionQueue（也就是後面介紹 TSDB 核心欄位時的 compactionq 欄位）中，並啟動一個後台執行緒，定期根據 CompactionQueue 中記錄的 RowKey 將對應的時序資料進行壓縮。

壓縮的主要操作就是將 CompactionQueue 中記錄的資料行中分散在不同列中的點的值整理起來，寫入一個列中。在 HBase 底層儲存中，壓縮後的一行資料就會只儲存一個 RowKey、列簇名稱和列名稱。

另外一點需要讀者了解的是壓縮後的 qualifier 格式和 value 格式。前面提到，在未壓縮之前，每個 qualifier 的長度是 2 個位元組或是 4 個位元組，壓縮之後的 qualifier 則是將被壓縮的 qualifier 進行合併。舉例來說，某一行中只有兩列，它們在壓縮之前的 qualifier 分別是 07B3 和 07D3，則該行被壓縮後的 qualifier 為 07B307D3。壓縮之後的 value 也是將原有的 value 進行合併。有的讀者會問，這樣合併之後怎麼進行讀取呢？ OpenTSDB 在讀取時會先切分壓縮之後的 qualifier，然後根據每個 qualifier 的低 4 位元決定對應 value 的長度，最後切分壓縮後的 value 完成讀取。在後面的章節中，會詳細分析壓縮時序資料和讀取壓縮資料的相關邏輯。

4.1.2　追加模式

除了上一小節介紹的壓縮最佳化方式，在 OpenTSDB 中還直接提供了追加寫入點的方式，用於最佳化 HBase 的儲存空間。在追加模式下，OpenTSDB 在寫入的時候，會將 RowKey 中所有點的 value 值寫到一個單獨的 qualifier 中，這樣就和壓縮之後的效果一樣了，同時還可以減小定期壓縮時，讀取資料到 OpenTSDB 記憶體及重新寫入 HBase 所帶來的負擔。但是，世界上沒有免費的午餐，追加模式會消耗更多 HBase 叢集的資源，所以讀者在選擇寫入模式時需要進行一定的權衡。

在追加模式下，使用的唯一的 qualifier 是 0x050000。有的讀者可能要問，追加模式下怎麼區分每個點對應的時間戳記呢？ OpenTSDB 在追加寫入每個點的 value 值時，會先寫入該點相對於 base_time 的 offset 值，然後再追加該點的 value 值，該 Cell 中的值就是時間戳記 offset 和 DataPoint value 相互間隔連接起來的，其大致結構如下：

```
<offset1><value1><offset2><value2>...<offsetN><valueN>.
```

從這種儲存方式中可以看出，先寫入的點的 offset 值及 value 值就會被儲存到前面，所以追加模式並不能保障底層儲存的點按照其 offset 值排序，實際的排序操作是在查詢時完成的。另外，可以透過設定在追加模式的基礎上開啟一個重新定義執行緒，它與壓縮執行緒類似，會定期將 HBase 表的資料讀出、排序並重新寫入 HBase 表中。

4.1.3 Annotation

在 TSDB 表中，除了按照上述形式儲存時序資料，還可以儲存 Annotation 資訊，Annotation 表示的是一些提示性資訊。OpenTSDB 透過 qualifier 的位元組長度和其中第一個位元組區分一個 qualifier 中儲存的是 Annotation 還是點的 value 值，前面提到儲存時序數據點的 qualifier 是 2 個位元組或 4 個位元組，而儲存非時序的其他類類型資料對應的 qualifier 則是 3 個位元組或 5 個位元組，其中使用第一個字元區分目前 qualifier 中儲存的資料類型，例如這裡的 Annotation，其對應的 qualifier 的第一個位元組就始終為 "0x01"。在 OpenTSDB 後續版本中，還引用了其他類型的資料，例如 HistogramDataPoint，其 qualifier 的第一個位元組則為 "0x6"。

儲存 Annotation 的 qualifier 的剩餘位元組與儲存時序資料的 qualifier 含義相同，都是表示相對於 RowKey 中 base_time 的 offset（偏移量）。同樣，3 個位元組表示該 offset 的精度為秒級，5 個位元組表示該 offset 的精度為毫秒級。

在 TSDB 表中儲存的 Annotation 資料實際上是 UTF-8 編碼的 JSON 資料。OpenTSDB 的官方文件強烈建議讀者不要手動修改其中的資料，後面介紹 Annotation 的相關實現時會看到。其中 JSON 資料（包含其中各欄位的順序）會因此影響其 CAS 等相關操作。

4.2 TSDB

TSDB 是 OpenTSDB 中最核心的類別，它的底層依賴於前面介紹的 UniqueId、Asynchronous HBase 用戶端等多個元件，實現了寫入點、查詢點等基本功能（後續補充基本功能）。TSDB 的相依關係如圖 4-4 所示。

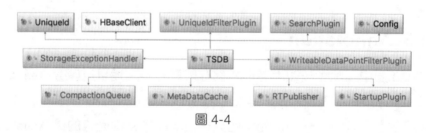

圖 4-4

TSDB 中核心欄位的含義如下。

- client（HBaseClient 類型）：Asynchronous HBase 用戶端，負責與底層 HBase 儲存進行互動。
- table（byte[] 類型）：HBase 表名，OpenTSDB 用該表儲存時序資料，預設值為 "TSDB"。

- uidtable（byte[] 類型）：HBase 表名，該表用於儲存 UID，預設值為 "tsdb-uid"，也就是前面介紹的 UniqueId 使用的 HBase 表。

- metrics、tag_names、tag_values（UniqueId 類型）：TSDB 中維護的三個 UniqueId 物件，它們分別為 metric、tagk、tagv 字串分配 UID，這三個 UniqueId 物件共用了 tsdb-uid 表儲存字串與 UID 之間的對映關係，並且會保障同一類型中 UID 不會重複。UniqueId 的實作方式在前面介紹過了，這裡不再重複。

- config（Config 類型）：在 Config 物件中記錄了目前 OpenTSDB 實例的全部設定資訊，其中包含了使用者設定的值，以及 OpenTSDB 提供的預設值。

- timer（HashedWheelTimer 類型）：時間輪，主要造成計時器的功能，例如負責控制查詢逾時、空閒銷毀時間等，後面會詳細分析 HashedWheelTimer 的實際原理。

- compactionq（CompactionQueue 類型）：在 OpenTSDB 中會啟動一個後台執行緒（Compaction Thread）定期壓縮 TSDB 表中的時序資料，該 compactionq 佇列用來記錄待壓縮的 RowKey，在後面的分析過程中會詳細分析壓縮的實際功能和實現。

- rejected_dps、rejected_aggregate_dps（AtomicLong 類型）：當寫入的點被攔截或因例外寫入失敗，則會在 rejected_dps 或 rejected_aggregate_dps 中進行記錄。

- datapoints_added（AtomicLong 類型）：當成功寫入點之後，會將遞增的欄位進行記錄。

- uid_filter（UniqueIdFilterPlugin 類型）：UID 分配的攔截器，在前面介紹 UniqueId 時已經詳細介紹過 UniqueIdFilterPlugin 的原理和實作方式了，這裡不再多作說明。

- treetable（byte[] 類型）：HBase 表名，OpenTSDB 中的 tree 資訊會儲存到該表中，後續會介紹其實際結構和使用方式。

- meta_table（byte[] 類型）：HBase 表名，OpenTSDB 中的相關中繼資料會儲存到該表中，後續會介紹其實際結構和使用方式。
- startup（StartupPlugin 類型）：初始化外掛程式，可以將自訂的 StartupPlugin 抽象類別實現增加到設定中，這樣在 OpenTSDB 啟動時即可被呼叫，進一步完成一些自訂的初始化操作。
- meta_cache（MetaDataCache 類型）：TSMeta 中繼資料快取外掛程式，後面有專門章節介紹 OpenTSDB 中的外掛程式機制，本章不對外掛程式進行詳細分析。
- search（SearchPlugin 類型）：搜索外掛程式。
- rt_publisher（RTPublisher 類型）：即時發送外掛程式。
- ts_filter（WriteableDataPointFilterPlugin 類型）：時序資料的攔截器外掛程式。
- storage_exception_handler（StorageExceptionHandler 類型）：例外處理器。

這裡最後提到的幾個外掛程式並沒有詳細介紹其含義，在後面分析程式時，我們會詳細分析其原理和使用方式。

在 TSDB 的建置函數中會根據 Config 設定初始化上面介紹的欄位，實作方式程式如下：

```
public TSDB(final HBaseClient client, final Config config) {
  this.config = config; // 初始化 Config 欄位
  if (client == null) { // 初始化 HBaseClient(Asynchronous HBase 用戶端)
    // org.hbase.async.Config 是初始化 HBaseClient 物件的設定物件, 注意與
    // OpenTSDB 中的 Config 進行區分
    final org.hbase.async.Config async_config;
    if (config.configLocation() != null && !config.configLocation().
isEmpty()) {
      async_config = new org.hbase.async.Config(config.configLocation());
```

```
    } else {
      async_config = new org.hbase.async.Config();
    }
    // org.hbase.async.Config 物件中兩個最基本的設定項目是：記錄 HBase -ROOT-
    // region 位址的 ZooKeeper
    // 目錄、HBase 使用的 ZooKeeper 位址
    async_config.overrideConfig("hbase.zookeeper.znode.parent",
        config.getString("tsd.storage.hbase.zk_basedir"));
    async_config.overrideConfig("hbase.zookeeper.quorum",
        config.getString("tsd.storage.hbase.zk_quorum"));
    this.client = new HBaseClient(async_config);   // 建立 HBaseClient 物件
  } else {
    this.client = client;
  }
  // 指定 metric UID、tagk UID、tagv UID 所佔的位元組數
  if (config.hasProperty("tsd.storage.uid.width.metric")) {
    METRICS_WIDTH = config.getShort("tsd.storage.uid.width.metric");
  }
  // 透過 Config 設定初始化 TAG_NAME_WIDTH、TAG_VALUE_WIDTH 欄位，與
  // METRICS_WIDTH 類似 ( 略 )

  if (config.hasProperty("tsd.storage.max_tags")) {
  // 每個 metric 的 tag 個數的上限
    Const.setMaxNumTags(config.getShort("tsd.storage.max_tags"));
  }
  if (config.hasProperty("tsd.storage.salt.buckets")) {
  // salt bucket 的個數
    Const.setSaltBuckets(config.getInt("tsd.storage.salt.buckets"));
  }
  if (config.hasProperty("tsd.storage.salt.width")) {
  // salt 在 RowKey 中所佔的位元組數
    Const.setSaltWidth(config.getInt("tsd.storage.salt.width"));
  }
```

```
// 根據 Config 設定初始化 TSDB 使用的 HBase 表名
table = config.getString("tsd.storage.hbase.data_table").
getBytes(CHARSET);
uidtable = config.getString("tsd.storage.hbase.uid_table").
getBytes(CHARSET);
treetable = config.getString("tsd.storage.hbase.tree_table").
getBytes(CHARSET);
meta_table = config.getString("tsd.storage.hbase.meta_table").
getBytes(CHARSET);
// 初始化 metrics、tag_names、tag_values 三個 UniqueId 物件
if (config.getBoolean("tsd.core.uid.random_metrics")) {
// 是否使用隨機方式產生 metric UID
  metrics = new UniqueId(this, uidtable, METRICS_QUAL, METRICS_WIDTH,
true);
} else {
  metrics = new UniqueId(this, uidtable, METRICS_QUAL, METRICS_WIDTH,
false);
}
tag_names = new UniqueId(this, uidtable, TAG_NAME_QUAL, TAG_NAME_WIDTH,
false);
tag_values = new UniqueId(this, uidtable, TAG_VALUE_QUAL, TAG_VALUE_
WIDTH, false);
compactionq = new CompactionQueue(this); // 初始化 compactionq

// 根據 Config 中的設定設定時區（略）
timer = Threads.newTimer("TSDB Timer");  // 初始化 timer 欄位
// 根據 Config 設定決定是否預先載入 UID 快取
if (config.getBoolean("tsd.core.preload_uid_cache")) {
  final ByteMap<UniqueId> uid_cache_map = new ByteMap<UniqueId>();
  uid_cache_map.put(METRICS_QUAL.getBytes(CHARSET), metrics);
  uid_cache_map.put(TAG_NAME_QUAL.getBytes(CHARSET), tag_names);
  uid_cache_map.put(TAG_VALUE_QUAL.getBytes(CHARSET), tag_values);
  UniqueId.preloadUidCache(this, uid_cache_map);
```

```
    }
    // 設定可以出現在 metric、tagk、tagv 中的特殊字元 ( 略 )
    // 初始化 Expression 相關內容，後面會詳細介紹 Expression 相關的內容
    ExpressionFactory.addTSDBFunctions(this);
}
```

4.3 寫入資料

介紹完 TSDB 表結構及 TSDB 的核心欄位之後，本節將詳細介紹 TSDB
寫入時序的實作方式。寫入時序資料的功能是在 TSDB.addPoint() 方法中
完成的，addPoint() 方法有三個多載方法，分別用於增加 value 為 long 類
型、float 類型和 double 類型的 Data Point。下面是增加 value 為 long 類
型的點的 addPoint() 方法多載：

```
public Deferred<Object> addPoint(final String metric, final long
timestamp,
    final long value, final Map<String, String> tags) {
  final byte[] v;
  // 將 value 轉成對應的 byte[] 陣列，這裡會根據 value 值的範圍決定轉換後的 byte[]
  // 陣列長度
  if (Byte.MIN_VALUE <= value && value <= Byte.MAX_VALUE) {
    v = new byte[]{(byte) value};
  } else if (Short.MIN_VALUE <= value && value <= Short.MAX_VALUE) {
    v = Bytes.fromShort((short) value);
  } else if (Integer.MIN_VALUE <= value && value <= Integer.MAX_VALUE) {
    v = Bytes.fromInt((int) value);
  } else {
    v = Bytes.fromLong(value);
  }
  // 根據 value 的長度計算對應的 flag，即 qualifier 的低 4 位元
  final short flags = (short) (v.length - 1);
```

```
    return addPointInternal(metric, timestamp, v, tags, flags);
}
```

寫入 value 為 double 類型的點的 addPoint() 方法多載如下所示：

```
public Deferred<Object> addPoint(final String metric,
    final long timestamp, final double value, final Map<String, String>
tags) {
  // 檢測 value 是否為合法的 double 值（略）
  // FLAG_FLOAT 為 0x8，標識此次寫入的是一個浮點數，浮點數類型對應的 flags 高位始終
  // 為 1
  // double 類型值實際是 8 個位元組，所以低 3 位元為 0x7，double 類型值對應的 flags 則
  // 為 0xF
  final short flags = Const.FLAG_FLOAT | 0x7;
  return addPointInternal(metric, timestamp,
      Bytes.fromLong(Double.doubleToRawLongBits(value)), tags, flags);
}
```

寫入 value 為 float 類型的點的 addPoint() 方法多載如下所示：

```
public Deferred<Object> addPoint(final String metric,
    final long timestamp, final float value, final Map<String, String>
tags) {
  // 檢測 value 是否為合法的 float 值（略）
  final short flags = Const.FLAG_FLOAT | 0x3;
  // float 類型值對應的 flags 為 0xB
  return addPointInternal(metric, timestamp,
      Bytes.fromInt(Float.floatToRawIntBits(value)), tags, flags);
}
```

整個 addPoint() 方法的執行流程大致如圖 4-5 所示，首先檢測 timestamp 及該點的其他各項資訊是否合法，然後產生該點對應的 RowKey 及 qualifier，最後將點寫入 HBase 中的 TSDB 表中。

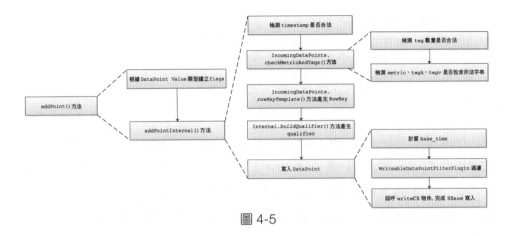

圖 4-5

上面介紹的多個 TSDB.addPoint() 方法多載的底層都是透過呼叫 TSDB.
addPointInternal() 方法實現的。TSDB.addPointInternal() 方法首先會檢測
待寫入點的 timestamp 是否合法（OpenTSDB 只接受秒級或是毫秒級的時
間戳記），然後呼叫 IncomingDataPoints.checkMetricAndTags() 方法檢測
該點攜帶的 tag 個數是否合法（至少 1 組，預設情況下最多 8 組），最後
會檢測 metric、tagk 和 tagv 是否包含非法字元。checkMetricAndTags() 方
法的實作方式程式如下：

```java
static void checkMetricAndTags(final String metric,
    final Map<String, String> tags) {
  if (tags.size() <= 0) { // 至少包含一組 tag
    throw new IllegalArgumentException("Need at least one tag...");
  } else if (tags.size() > Const.MAX_NUM_TAGS()) { // 預設至多包含 8 組 tag
    throw new IllegalArgumentException("Too many tags... ");
  }

  Tags.validateString("metric name", metric);
  // 檢測 metric 中是否包含非法字元
  for (final Map.Entry<String, String> tag : tags.entrySet()) {
    Tags.validateString("tag name", tag.getKey());
```

```
    // 檢測 tagk 中是否包含非法字元
    Tags.validateString("tag value", tag.getValue());
    // 檢測 tagv 中是否包含非法字元
  }
}
```

接下來看一下 IncomingDataPoints.rowKeyTemplate() 方法，在該方法中建立 RowKey 並填充 metric UID、tagk UID 及 tagv UID 三部分內容，剩餘的 salt 和 timestamp 兩部分會在後續操作中進行填充。IncomingDataPoints.rowKeyTemplate() 方法的實作方式程式如下：

```
static byte[] rowKeyTemplate(final TSDB tsdb, final String metric,
    final Map<String, String> tags) {
  // 取得設定中指定的 metric UID、tagk UID、tagv UID 的長度
  final short metric_width = tsdb.metrics.width();
  final short tag_name_width = tsdb.tag_names.width();
  final short tag_value_width = tsdb.tag_values.width();
  final short num_tags = (short) tags.size(); // 該點中 tag 個數

  // 計算 RowKey 的長度，透過前面的介紹我們知道，TSDB 表中 RowKey 的格式如下：
  // salt+metric uid+timestamp+tagk1 uid+tagv1 uid+tagk2 uid+tagv2 uid+...
  int row_size = (Const.SALT_WIDTH() + metric_width + Const.TIMESTAMP_BYTES
    + tag_name_width * num_tags + tag_value_width * num_tags);
  final byte[] row = new byte[row_size];
  short pos = (short) Const.SALT_WIDTH();
  // 這裡跳過了 salt 部分，開始後續部分的填充

  // 取得 metric 對應的 UID，並填充到 RowKey 中的對應部分
  copyInRowKey(row, pos, (tsdb.config.auto_metric() ? tsdb.metrics.
getOrCreateId(metric)
    : tsdb.metrics.getId(metric)));
  pos += metric_width;
  // metric_UID 部分填充完畢，移動 pos 的位置，繼續填充後面的部分
```

```
pos += Const.TIMESTAMP_BYTES; // 跳過時間戳記部分，準備填充 tag 部分的內容

// 取得所有 tagk 和 tagv 對應的 UID，並填充到 RowKey 中對應的位置
for (final byte[] tag : Tags.resolveOrCreateAll(tsdb, tags)) {
  copyInRowKey(row, pos, tag);
  pos += tag.length;
}
return row;
}
```

TSDB.metrics、tag_names 和 tag_values 三個欄位都是 UniqueId 類型，在 TSDB.rowKey- Template() 方法中呼叫 UniqueId 的對應方法查詢（或建立）對應的 UID，UniqueId 的實作方式前面已經介紹過了，這裡不再贅述。

Tags 類別提供了處理 tagk 和 tagv 的多個靜態方法，這裡使用到的 resolveOrCreateAll() 方法是透過 TSDB.tag_names 和 TSDB.tag_values 取得 tagk 和 tagv 對應的 UID 並排序後傳回，其實作方式程式如下：

```
private static ArrayList<byte[]> resolveAllInternal(final TSDB tsdb,
     final Map<String, String> tags, final boolean create)  throws
NoSuchUniqueName {
  final ArrayList<byte[]> tag_ids = new ArrayList<byte[]>(tags.size());
  for (final Map.Entry<String, String> entry : tags.entrySet()) {
    // 取得 tagk 的 UID
    final byte[] tag_id = (create && tsdb.getConfig().auto_tagk()?
         tsdb.tag_names.getOrCreateId(entry.getKey()) :
         tsdb.tag_names.getId(entry.getKey()));
    // 取得 tagv 的 UID
    final byte[] value_id = (create && tsdb.getConfig().auto_tagv()?
         tsdb.tag_values.getOrCreateId(entry.getValue()) :
         tsdb.tag_values.getId(entry.getValue()));
    final byte[] thistag = new byte[tag_id.length + value_id.length];
    System.arraycopy(tag_id, 0, thistag, 0, tag_id.length);
```

```
    System.arraycopy(value_id, 0, thistag, tag_id.length, value_id.length);
    tag_ids.add(thistag); // 將 tagk 和 tagv 對應的 UID 記錄到 tag_ids 中
  }
  Collections.sort(tag_ids, Bytes.MEMCMP); // 對 tag_ids 進行排序
  return tag_ids;
}
```

我們回到 TSDB.addPointInternal() 方法繼續分析,接下來是 Internal.
buildQualifier() 方法,與前面介紹 TSDB 表結構時提到的一致,該方法
傳回的 qualifier 是 2 個位元組還是 4 個位元組是由 timestamp 的精度決定
的,如果 timestamp 的精度是秒級則傳回 2 個位元組,如果是毫秒級就傳
回 4 個位元組。Internal.buildQualifier() 方法的實作方式程式如下:

```
public static byte[] buildQualifier(final long timestamp, final short
flags) {
  final long base_time;
  if ((timestamp & Const.SECOND_MASK) != 0) { // 對毫秒級的處理
    // 計算 base_time,base_time 實際上是 timestamp 轉換成整小時的結果
    base_time = ((timestamp / 1000) - ((timestamp / 1000)
      % Const.MAX_TIMESPAN));
    // 如果 timestamp 的單位是毫秒,則 (timestamp - base_time) 獲得的值是
    // 0~3600000 之間 ( 最多
    // 佔 21 位 ),向左移位 6 位元 ( 佔 28 位 ),然後將 flags 填充到低 4 位元中,之後將高
    // 4 位元全部設定成 1,
    // 作為毫秒級的標示。這樣就正好傳回 4 個位元組
    final int qual = (int) (((timestamp - (base_time * 1000)
      << (Const.MS_FLAG_BITS)) | flags) | Const.MS_FLAG);
    return Bytes.fromInt(qual);
  } else { // 對秒級的處理
    // base_time 依然是 timestamp 處理成小時之後的結果
    base_time = (timestamp - (timestamp % Const.MAX_TIMESPAN));
    // 如果 timestamp 的單位是秒,則 (timestamp - base_time) 獲得的值是 0~3600
    // 之間 ( 最多佔 12 位 ),向左移位 4 位元,然後將 flags 填充到低 4 位元中,這樣就正
```

```
    // 好傳回 2 個位元組。
    // 在前面的介紹中我們知道，flags 中只是用了低 4 位元作為該點的 value 類型的標示
    final short qual = (short) ((timestamp - base_time) << Const.FLAG_BITS
        | flags);
    return Bytes.fromShort(qual);
  }
}
```

最後來分析 addPointInternal() 方法的程式結構：

```
private Deferred<Object> addPointInternal(final String metric, final long
timestamp,
    final byte[] value, final Map<String, String> tags, final short
flags) {
  // 檢測 timestamp 是否合法 ( 略 )
  IncomingDataPoints.checkMetricAndTags(metric, tags);
  // 檢測 metric、tag 等內容的合法性
  // 建立 RowKey 並填充 metric UID、tagk UID 及 tagv UID 三部分內容
  final byte[] row = IncomingDataPoints.rowKeyTemplate(this, metric, tags);
  final long base_time;
  // 根據 timestamp 和 flags 建立 qualifier
  final byte[] qualifier = Internal.buildQualifier(timestamp, flags);

  // 計算 base_time，其計算方式與 Internal.buildQualifier() 方法中的計算方式類似
  if ((timestamp & Const.SECOND_MASK) != 0) {
    base_time = ((timestamp / 1000) - ((timestamp / 1000) % Const.MAX_
TIMESPAN));
  } else {
    base_time = (timestamp - (timestamp % Const.MAX_TIMESPAN));
  }
  // 在 WriteCB 這個 Callback 實現中完成了點的 value 值的真正寫入操作，後面將詳細介紹
  final class WriteCB implements Callback<Deferred<Object>, Boolean> {
    ... ...
  }
```

```
if (ts_filter != null && ts_filter.filterDataPoints()) {
    // 如果設定了 WriteableDataPointFilterPlugin 物件，則透過過濾之後才能真正寫入
    return ts_filter.allowDataPoint(metric, timestamp, value, tags, flags)
        .addCallbackDeferring(new WriteCB());
}
return Deferred.fromResult(true).addCallbackDeferring(new WriteCB());
}
```

TSDB.addPointInternal() 中定義的內部類別 WriteCB 實現了 Callback 介面，在 Callback 物件中完成了該點的 value 值的真正寫入操作，其首先會檢測該點是否通過了前面的 WriteableData- PointFilterPlugin 過濾，然後將前面計算獲得的 base_time 及 salt 填充到 RowKey 中，此時 RowKey 中的所有部分都已經填充完畢。之後，該方法會根據相關設定決定如何寫入該點的 value 值。在完成該點的寫入之後，該方法會根據設定決定是否記錄相關中繼資料。WriteCB 的實作方式程式如下：

```
final class WriteCB implements Callback<Deferred<Object>, Boolean> {

    @Override
    public Deferred<Object> call(final Boolean allowed) throws Exception {
        if (!allowed) { // 未透過前面的 WriteableDataPointFilterPlugin 過濾
            rejected_dps.incrementAndGet(); // 遞增 rejected_dps 欄位並傳回 null
            return Deferred.fromResult(null);
        }
        // 將 base_time 填充到 RowKey 中
        Bytes.setInt(row, (int) base_time, metrics.width() + Const.SALT_WIDTH());
        RowKey.prefixKeyWithSalt(row); // 將 salt 填充到 RowKey 中
        Deferred<Object> result = null;
        if (config.enable_appends()) { // 使用追加模式寫入
            final AppendDataPoints kv = new AppendDataPoints(qualifier, value);
            // 注意，AppendRequest 請求中指定的 qualifier 始終是 0x050000
            final AppendRequest point = new AppendRequest(table, row, FAMILY,
```

```
            AppendDataPoints.APPEND_COLUMN_QUALIFIER, kv.getBytes());
        result = client.append(point); // 向 HBase 發起 AppendRequest 請求
    } else {
        // 如果開啟了定期壓縮的功能 (tsd.storage.enable_compaction 設定)，則將該
        // RowKey 記錄
        // 到 CompactionQueue 中等待後台壓縮執行緒的後續壓縮操作
        scheduleForCompaction(row, (int) base_time);
        // 將待寫入點的 value 值寫入指定行的指定 qualifier 中，注意，在 PutRequest 建
        // 置方法中 ( 最後一個參數 ) 指定了寫入該點的時間戳記
        final PutRequest point = new PutRequest(table, row, FAMILY,
qualifier, value);
        result = client.put(point);
    }
    datapoints_added.incrementAndGet(); // 記錄 TSDB 物件成功寫入的點的個數
    if (!config.enable_realtime_ts() && !config.enable_tsuid_
incrementing() &&
        !config.enable_tsuid_tracking() && rt_publisher == null) {
        return result;
    }
    // 建立 tsuid，其中會將 RowKey 中的 salt 部分及 timestamp 部分刪除掉
    final byte[] tsuid = UniqueId.getTSUIDFromKey(row, METRICS_WIDTH,
        Const.TIMESTAMP_BYTES);
    // 下面會根據設定更新中繼資料資訊，後面實際介紹其相關實現，這裡不展開分析 ( 略 )
    // 如果設定了連結的 RTPublisher 外掛程式，則在這裡進行處理，
    // 後面會詳細介紹 RTPublisher 外掛程式的相關內容 ( 略 )

    return result;
    }
}
```

注意，追加模式下並不是直接寫入點的 value 值，而是將待寫入點對應的 qualifier 和 value 值封裝成 AppendDataPoints 物件，再進行寫入。AppendDataPoints 中有三個核心欄位，如下。

- qualifier（byte[] 類型）：記錄 DataPoint 對應的 qualifier。
- value（byte[] 類型）：記錄 DataPoint value 值。
- repaired_deferred（Deferred<Object> 類型）：因 offset 重複或亂數而導致的修復操作，會將修復後的資料覆蓋 HBase 表中原有的資料，該 Deferred 物件就對應此次 HBase 寫入操作。

AppendDataPoints 提供了一些追加模式下常用的方法，下面進行簡單介紹。首先介紹在 addPointInternal() 方法中使用到的 AppendDataPoints.getBytes() 方法，它將 qualifier 和 value 欄位整理成一個 byte[] 陣列傳回，實作方式程式如下：

```java
public byte[] getBytes() {
  final byte[] bytes = new byte[qualifier.length + value.length];
  System.arraycopy(this.qualifier, 0, bytes, 0, qualifier.length);
  // 複製 qualifier
  System.arraycopy(value, 0, bytes, qualifier.length, value.length);
  // 複製 value
  return bytes;
}
```

AppendDataPoints.parseKeyValue() 方法實現了讀取追加模式下寫入 value 值的功能，還會根據設定處理 offset 重複和亂數的情況，實作方式程式如下：

```java
public final Collection<Cell> parseKeyValue(final TSDB tsdb, final
KeyValue kv) {
  // 檢測 qualifier 的長度及 qualifier 的字首（略）
  final boolean repair = tsdb.getConfig().repair_appends();
  // 從 RowKey 中解析獲得 base_time，省略 try/catch 的相關程式
  final long base_time = Internal.baseTime(tsdb, kv.key());

  int val_idx = 0;
  // 目前解析的位置索引（如果開啟了修復功能，在修復過程中也會使用到）
```

```
int val_length = 0; // 記錄所有有效 DataPoint 的 value 總長度
int qual_length = 0; // 記錄所有有效 DataPoint 的 qualifier 總長度
int last_delta = -1; // 記錄解析過程中最大的 offset 值
// deltas 這個 Map 用來儲存解析獲得的結果
final Map<Integer, Internal.Cell> deltas = new TreeMap<Integer, Cell>();
boolean has_duplicates = false; // 是否存在 offset 重複的 DataPoint
boolean out_of_order = false;   // 是否存在 offset 亂數的情況
boolean needs_repair = false;   // 是否需要修復 offset 重複或是亂數的情況

try {
  while (val_idx < kv.value().length) {
    // 從 val_idx 位置開始解析，獲得目前 DataPoint 對應的 qualifier
    byte[] q = Internal.extractQualifier(kv.value(), val_idx);
    System.arraycopy(kv.value(), val_idx, q, 0, q.length);
    val_idx=val_idx + q.length; // 後移 val_idx
    // 根據上面解析獲得的 qualifier，取得該 DataPoint 的 value 的長度
    int vlen = Internal.getValueLengthFromQualifier(q, 0);
    byte[] v = new byte[vlen]; // 取得該 DataPoint value
    System.arraycopy(kv.value(), val_idx, v, 0, vlen);
    val_idx += vlen;
    // 從 qualifier 中解析獲得 offset 值
    int delta = Internal.getOffsetFromQualifier(q);
    final Cell duplicate = deltas.get(delta);
    if (duplicate != null) { // 若存在 offset 重複的 DataPoint
      has_duplicates = true;
      qual_length -= duplicate.qualifier.length;
      // 忽略之前記錄的、重複的 DataPoint
      val_length -= duplicate.value.length;
    }
    qual_length += q.length; // 增加 qualifier 總長度
    val_length += vlen;  // 增加 value 總長度
    // 將 qualifier 和 value 封裝成 Cell 物件並記錄到 deltas 中
    final Cell cell = new Cell(q, v);
```

```
      deltas.put(delta, cell);

    if (!out_of_order) { // 檢測是否出現了 offset 亂數
      if (delta <= last_delta) {  out_of_order = true;  }
      last_delta = delta;
    }
  }
} catch (ArrayIndexOutOfBoundsException oob) {
  throw new IllegalDataException("...");
}


if (has_duplicates || out_of_order) {
  if ((DateTime.currentTimeMillis() / 1000) - base_time > REPAIR_
THRESHOLD) {
  // 如果出現 offset 重複或是亂數，且不會再向該 Row 中寫入 DataPoint，則可以進行修復
    needs_repair = true;
  }
}
// 檢測是否已經解析了全部的資料 ( 略 )
val_idx = 0; // 重置 val_idx，為下面的修復過程做準備
int qual_idx = 0;
byte[] healed_cell = null;
int healed_index = 0;

this.value = new byte[val_length];
this.qualifier = new byte[qual_length];

if (repair && needs_repair) {
// 開啟了 "tsd.storage.repair_appends" 設定項目且需要進行修復
  healed_cell = new byte[val_length+qual_length];
}


// 根據 deltas 中記錄的全部 Cell，將 qualifier 和 value 寫入該 AppendDataPoints
// 物件的 qualifier 欄位和 value 欄位。如果需要進行修復，則產生修復後的資料 ( 即這裡
```

```
  // 的 healed_cell)
  for (final Cell cell: deltas.values()) {
    System.arraycopy(cell.qualifier, 0, this.qualifier, qual_idx,
        cell.qualifier.length);
    qual_idx += cell.qualifier.length;
    System.arraycopy(cell.value, 0, this.value, val_idx, cell.value.length);
    val_idx += cell.value.length;

    if (repair && needs_repair) {   // 修復後的內容
      System.arraycopy(cell.qualifier, 0, healed_cell, healed_index,
          cell.qualifier.length);
      healed_index += cell.qualifier.length;
      System.arraycopy(cell.value, 0, healed_cell, healed_index, cell.
value.length);
      healed_index += cell.value.length;
    }
  }

  if (repair && needs_repair) {
  // 若需要進行修復，則使用 healed_cell 覆蓋原來的內容
    final PutRequest put = new PutRequest(tsdb.table, kv.key(),
        TSDB.FAMILY(), kv.qualifier(), healed_cell);
    repaired_deferred = tsdb.getClient().put(put);
  }
  return deltas.values();
}
```

在 AppendDataPoints.parseKeyValue() 方法中使用的 Internal.Cell 物件用
於封裝每個點對應的 qualifier 和 value 值。另外，它還提供了一些簡單的
輔助方法，舉例來說，parseValue() 方法會根據 qualifier 中低 4 位元記錄
的 flag，從 value 中解析出實際點的 value 值；absoluteTimestamp() 方法
會從 qualifier 中解析出實際點對應的 timestamp。AppendDataPoints 中的

方法比較簡單，這裡不再展開分析，有興趣的讀者可以參考相關原始程式進行分析。

4.4 Compaction

我們在上節分析 TSDB 寫入 DataPoint 的相關實現時看到，如果開啟了定期壓縮的設定項目（"tsd.storage.enable_compaction" 設定項目），則在 TSDB.addPointInternal() 方法寫入時序資料之前會呼叫 TSDB.scheduleForCompaction() 方法將 RowKey 記錄到 CompactionQueue 中，scheduleForCompaction() 方法實現程式如下：

```
final void scheduleForCompaction(final byte[] row, final int base_time) {
  if (config.enable_compactions()) { // 檢測 Config 中定期壓縮的設定項目
    compactionq.add(row); // 記錄此次寫入的 RowKey
  }
}
```

CompactionQueue 初始化的時候，會啟動一個後台執行緒（也就是 CompactionQueue.Thrd）定期掃描較舊的 RowKey 進行壓縮，CompactionQueue 會解析 RowKey 中的時間戳記，當其超過指定的設定值之後即可被壓縮。壓縮操作會將整個 RowKey 所有的 qualifier 資料都讀取到記憶體中，然後進行整理、合併等操作，之後獲得壓縮結果，並將其重新寫回到 HBase 表中。當寫回壓縮結果成功之後，CompactionQueue 還會將該 Row 中儲存的單一 DataPoint 的列刪除。

CompactionQueue 提供了兩個 compact() 方法的多載，它們都會建立 Compaction 物件並呼叫 compact() 方法完成實際的壓縮流程，CompactionQueue.compact() 方法的實作方式程式如下：

```
KeyValue compact(final ArrayList<KeyValue> row, List<Annotation>
annotations) {
  final KeyValue[] compacted = { null }; // 用來儲存壓縮後的結果
  compact(row, compacted, annotations);
  return compacted[0]; // compacted[0] 即為壓縮後的結果
}

// 第一個參數是待壓縮的 Row，第二個參數用來儲存壓縮結果，第三個參數是該壓縮 Row 中的
// Annotation
Deferred<Object> compact(final ArrayList<KeyValue> row, final KeyValue[]
compacted,
    List<Annotation> annotations) {
  // 建立 Compaction 物件，並呼叫 compact() 方法進行壓縮
  return new Compaction(row, compacted, annotations).compact();
}
```

Compaction 中核心欄位的含義如下所示。

- row（ArrayList<KeyValue> 類型）：待壓縮的 Row。

- compacted（KeyValue[] 類型）：當呼叫者需要獲得壓縮結果時，會設定該欄位用於儲存壓縮結果。如果該欄位為 null，則表示呼叫者不需要壓縮結果；如果該欄位不為 null，則表示呼叫者關注壓縮結果，需要將壓縮結果記錄到 compacted[0] 中傳回。

- annotations（List<Annotation> 類型）：待壓縮 Row 中的 Annotation 物件會被讀出並記錄到該集合中。

- nkvs（int 類型）：待壓縮的 Row 中 KeyValue 物件的個數。

- to_delete（List<KeyValue> 類型）：前面提到，在寫入壓縮結果成功之後，CompactionQueue 會將該 Row 中儲存的單一 DataPoint 的列刪除，to_delete 欄位就是用來記錄這些待刪除 KeyValue 集合的。

- heap（PriorityQueue<ColumnDatapointIterator> 類型）：用於排序 ColumnDatapointIterator 物件的小頂堆。ColumnDatapointIterator 物件

會在後面進行詳細介紹,這裡讀者只要了解它是一個反覆運算器,主要用於反覆運算一個 KeyValue 中記錄的 DataPoint 資料即可。

■ longest(KeyValue 類型):用於記錄壓縮過程中遇到的 qualifier 最長的 KeyValue 物件,主要是在寫入壓縮結果之前,檢測該 Row 是否已存在壓縮結果時使用。

■ last_append_column(KeyValue 類型):如果該欄位不為 null,則表示目前是追加寫入模式,不需要進行後續的壓縮操作。

■ ms_in_row、s_in_row(boolean 類型):如果待壓縮 Row 中存在毫秒級時間戳記,則將 ms_in_row 欄位設定為 true;如果存在秒級時間戳記,則將 s_in_row 欄位設定為 true。後續過程中會根據這兩個欄位為壓縮結果指示標示位。

Compaction 在建置函數中會初始化 row、compacted、annotations 及 to_delete 欄位,這裡不再多作說明,有興趣的讀者可以參考原始程式進行學習。

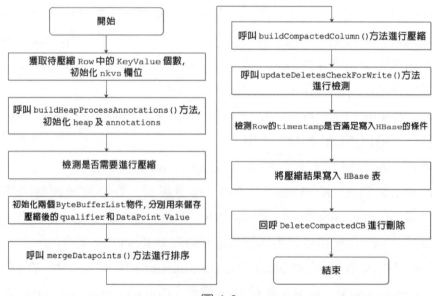

圖 4-6

Compaction.compact() 方法是整個壓縮過程的核心，大致步驟如圖 4-6 所示。

Compaction.buildHeapProcessAnnotations() 方法檢查該行中的全部 KeyValue 物件，並在檢查過程中填充 heap 欄位及 annotations 欄位，並根據 qualifier 判斷每個 KeyValue 所儲存的資料類型。buildHeapProcessAnnotations() 方法的實作方式程式如下：

```java
private int buildHeapProcessAnnotations() {
  int tot_values = 0;   // 記錄該 Row 中 DataPoint 的個數
  for (final KeyValue kv : row) { // 檢查該 Row 所有的 KeyValue
    byte[] qual = kv.qualifier();
    int len = qual.length;
    if ((len & 1) != 0) {
    // 根據 qualifier 的長度判斷其中是否儲存了單一 DataPoint 資料
      if (qual[0] == Annotation.PREFIX()) {
        // 該 KeyValue 中儲存的是 Annotation
        // 反序列化 KeyValue 中儲存的 JSON 獲得 Annotation 物件，並增加到
        // annotations 集合中
        annotations.add(JSON.parseToObject(kv.value(), Annotation.class));
      } else if (qual[0] == AppendDataPoints.APPEND_COLUMN_PREFIX){
        // 該 KeyValue 儲存的是追加模式寫入的 DataPoint Value
        // 解析 KeyValue 獲得 AppendDataPoints 物件，並建立對應的 KeyValue 物件
        // AppendDataPoints.parseKeyValue() 方法的實際解析過程在前面已經詳細介
        // 紹過了，這裡不再贅述
        final AppendDataPoints adp = new AppendDataPoints();
        tot_values += adp.parseKeyValue(tsdb, kv).size();
        // 傳回 DataPoint 個數
        last_append_column = new KeyValue(kv.key(), kv.family(),
            adp.qualifier(), kv.timestamp(), adp.value());
        // 設定 last_append_column 欄位
        // 記錄 qualifier 最長的 KeyValue
```

```
        if (longest == null || longest.qualifier().length <
                last_append_column.qualifier().length) {
          longest = last_append_column;
        }
        // 將 KeyValue 封裝成 ColumnDatapointIterator，並記錄到 heap 中
        final ColumnDatapointIterator col =
            new ColumnDatapointIterator(last_append_column);
        if (col.hasMoreData()) { // col 不為空，才能增加到 heap 中
          heap.add(col);
        }
      } else { // 非法格式，輸出記錄檔
        LOG.warn("Ignoring unexpected extended format type " + qual[0]);
      }
      continue;
    }
    // 該 KeyValue 中儲存的是單一 DataPoint，則執行下面的處理
    final int entry_size = Internal.inMilliseconds(qual) ? 4 : 2;
    tot_values += (len + entry_size - 1) / entry_size;
    // 記錄 qualifier 最長的 KeyValue
    if (longest == null || longest.qualifier().length < kv.qualifier().
length) {
      longest = kv;
    }
    // 將 KeyValue 封裝成 ColumnDatapointIterator，並記錄到 heap 中
    ColumnDatapointIterator col = new ColumnDatapointIterator(kv);
    if (col.hasMoreData()) { // col 不為空，才能增加到 heap 中
      heap.add(col);
    }
    to_delete.add(kv); // 將該 KeyValue 增加到待刪除的列表中
  }
  return tot_values;
}
```

◪ ColumnDatapointIterator

這裡簡單介紹一下 ColumnDatapointIterator 的功能。從名字就能看出，
ColumnDatapointIterator 是一個反覆運算器，它負責反覆運算的是一
個 KeyValue 中記錄的所有點（DataPoint）。雖然追加方式寫入的點、
非追加方式寫入的點及已經被壓縮過的點的儲存方式各不相同，但是透
過 ColumnDatapointIterator 這層抽象，Compaction 在後續檢查時只針對
ColumnDatapointIterator 進行反覆運算取得 DataPoint 資料即可，不需要
關心實際的儲存格式。

另外，ColumnDatapointIterator 物件能夠被增加到 heap 欄位（Priority
Queue<ColumnDatapointIterator> 類型）中進行排序，必然是實現了
Comparable 介面。下面先來分析一下 ColumnDatapointIterator 反覆運算
器中各個欄位的含義，如下所示。

- qualifier（byte[] 類型）：記錄目前 ColumnDatapointIterator 反覆運
  算的 KeyValue 物件的 qualifier 值，如果該 KeyValue 中記錄了多個
  DataPoint，則在後續反覆運算過程中將其進行切分並傳回。
- value（byte[] 類型）：記錄目前 ColumnDatapointIterator 反覆運算的
  KeyValue 物件的 value 值，與 qualifier 欄位類似，如果該 KeyValue 中
  記錄了多個 DataPoint，則在後續反覆運算過程中將其進行切分並傳回。
- qualifier_offset、value_offset（int 類型）：目前反覆運算器在反覆運
  算過程中使用的索引索引，分別是 qualifier 和 value 欄位的索引索引。
- current_timestamp_offset、current_qual_length、current_val_length
  （int 類型）：目前反覆運算的 DataPoint 資訊，分別對應目前 DataPoint
  的 timestamp offset、qualifier 位元組長度和 value 位元組長度。透
  過 qualifier_offset 和 current_qual_length 即可從 qualifier 中取得目前
  DataPoint 對應的 qualifier 值，同理，也可以取得目前 DataPoint 的
  value 值。

- column_timestamp（long 類型）：目前反覆運算器對應的 KeyValue 寫入 HBase 的時間戳記。
- needs_fixup（boolean 類型）：該反覆運算器中的 DataPoint 是否需要進行修復，主要修復被儲存成了 8 個位元組的 float 類型值。
- is_ms（boolean 類型）：目前反覆運算的 DataPoint 的時間戳記是否為毫秒級。

在 ColumnDatapointIterator 的建置函數中，除了初始化 qualifier 和 value 欄位，ColumnDatapointIterator 還會呼叫 ColumnDatapointIterator.update() 方法初始化剩餘欄位。在後續反覆運算過程中，也是透過 update() 方法更新這些欄位的，update() 方法的實作方式程式如下：

```
private boolean update() {
  if (qualifier_offset >= qualifier.length || value_offset >= value.length) {
    return false; // 檢測是否反覆運算結束
  }
  // 根據下一個 DataPoint 的 qualifier 的第一個位元組，決定其位元組長度
  if (Internal.inMilliseconds(qualifier[qualifier_offset])) {
    current_qual_length = 4;
    is_ms = true;
  } else {
    current_qual_length = 2;
    is_ms = false;
  }
  // 根據 qualifier 計算下一個 DataPoint 的 timestamp offset
  current_timestamp_offset = Internal.getOffsetFromQualifier(qualifier,
          qualifier_offset);
  // 根據 qualifier 計算下一個 DataPoint 的 value 的長度
  current_val_length = Internal.getValueLengthFromQualifier(qualifier,
 qualifier_offset);
  return true;
}
```

與平時常見的反覆運算器實現類似，ColumnDatapointIterator.hasMoreData()
方法負責檢查是否還有後續 DataPoint 可以反覆運算，實作方式程式如下：

```
public boolean hasMoreData() {
  return qualifier_offset < qualifier.length;
  // 透過 qualifier 是否檢查完進行判斷
}
```

ColumnDatapointIterator.advance() 方法透過後移 qualifier_offset 和 value_
offset 欄位，指向下一個待反覆運算的 DataPoint 資訊，還會呼叫 update()
方法更新其他欄位，實作方式程式如下：

```
public boolean advance() {
  qualifier_offset += current_qual_length;
  value_offset += current_val_length;
  return update();
}
```

我們在後面介紹實際的壓縮過程時還會看到，ColumnDatapointIterator.
writeToBuffers() 方法會將目前反覆運算的 DataPoint 資料寫入指定的
ByteBufferList 物件中，實作方式程式如下：

```
public void writeToBuffers(ByteBufferList compQualifier, ByteBufferList
compValue) {
  compQualifier.add(qualifier, qualifier_offset, current_qual_length);
  compValue.add(value, value_offset, current_val_length);
}
```

ByteBufferList 是 一 個 緩 衝 區，它 會 將 qualifier 或 value 封 裝 成 一 個
BufferSegment 物 件， 並 儲 存 到 ByteBufferList.segments（ArrayList
<BufferSegment> 類型）中。在 BufferSegment 中的 buf（byte[] 類型）欄
位用來儲存 qualifier 或 value 資料，offset（int 類型）和 len（int 類型）

欄位分別記錄了 buf 資料的 offset 和 buf 長度。ByteBufferList 中另一個欄位 total_length（int 類型）記錄了目前 ByteBufferList 物件記錄的總位元組長度。ByteBufferList 和 BufferSegment 的實現比較簡單，這裡不再詳細介紹，有興趣的讀者可以參考原始程式進行學習。

最後，我們來了解一下 ColumnDatapointIterator.compareTo() 方法的實作方式，它首先會比較兩個 ColumnDatapointIterator 物件目前反覆運算的 DataPoint 的 timestamp offset，如果 timestamp offset 相和則比較 ColumnDatapointIterator 背後的 KeyValue 寫入 HBase 的時間戳記，實作方式程式如下：

```
public int compareTo(ColumnDatapointIterator o) {
  // 比較兩個 ColumnDatapointIterator 物件目前反覆運算的 DataPoint 的 timestamp
  // offset
  int c = current_timestamp_offset - o.current_timestamp_offset;
  if (c == 0) { // 如果 timestamp offset 相同，則比較寫入時間戳記
    c = Long.signum(o.column_timestamp - column_timestamp);
  }
  return c;
}
```

了解完 ColumnDatapointIterator 之後，我們回頭繼續分析 Compaction.compact() 方法，Compaction.buildHeapProcessAnnotations() 方法在完成 heap 和 annotations 集合的填充之後，會呼叫 noMergesOrFixups() 方法進行檢測是否需要進行後續壓縮操作，實作方式程式如下：

```
private boolean noMergesOrFixups() {
  switch (heap.size()) {
    case 0: // 該行沒有儲存 DataPoint，則不需要壓縮
      return true;
    case 1: // 該行只有一列，則檢測該列中的 DataPoint 是否需要 fix
      ColumnDatapointIterator col = heap.peek();
```

```
    return (col.qualifier.length == 2 || (col.qualifier.length == 4
        && Internal.inMilliseconds(col.qualifier))) && !col.needsFixup();
  default: // 該行有多列，則需要壓縮
    return false;
  }
}
```

接 下 來，Compaction 呼 叫 mergeDatapoints() 方 法 將 heap 集 合 中 的
DataPoint 按序進行合併，實作方式程式如下：

```
private void mergeDatapoints(ByteBufferList compacted_qual,
ByteBufferList compacted_val) {
  int prevTs = -1;
  while (!heap.isEmpty()) { // 檢查 heap 堆
    final ColumnDatapointIterator col = heap.remove();
    // 取得堆頂的第一個元素
    final int ts = col.getTimestampOffsetMs();
    // 取得該 ColumnDatapointIterator 中的第一個點
    if (ts == prevTs) { // 檢測目前點的 timestamp offset 與之前點是否衝突
      final byte[] existingVal = compacted_val.getLastSegment();
      final byte[] discardedVal = col.getCopyOfCurrentValue();
      if (!Arrays.equals(existingVal, discardedVal)) {
        // 兩個 DataPoint 的 timestamp offset 相同，但是 value 值不同
        duplicates_different.incrementAndGet();
        // 遞增 duplicates_different 欄位
        // 根據 Config 設定決定拋出例外還是列印警告記錄檔（略）
      } else {  // 兩個 DataPoint 完全一樣
        duplicates_same.incrementAndGet(); // 遞增 duplicates_same 欄位
      }
    } else {
      prevTs = ts; // 更新 prevTs
      // 將該 DataPoint 的 qualifier 和 value 分別寫入 compacted_qual 和
      // compacted_val
      // 兩個 ByteBufferList 物件中。ColumnDatapointIterator.
```

```
    // writeToBuffers() 方法
    // 及 ByteBufferList 的相關實現在前面已經詳細介紹過了，這裡不再贅述
    col.writeToBuffers(compacted_qual, compacted_val);
    // 根據目前 DataPoint 的時間戳記精度，更新 ms_in_row 和 s_in_row 欄位
    ms_in_row |= col.isMilliseconds();
    s_in_row |= !col.isMilliseconds();
  }
  if (col.advance()) {
    // 如果目前 ColumnDatapointIterator 反覆運算器中有點，則將其重新增加到 heap
    // 中，前面提到 ColumnDatapointIterator.compareTo() 方法比較的是目前反覆
    // 運算 DataPoint 的 timestamp offset(current_timestamp_offset 欄位)，
    // 這可能會引起 heap 中元素的順序變化
    heap.add(col);
  }
  }
}
```

為了幫助讀者了解前面介紹的 Compaction.buildHeapProcessAnnotations()
方 法、Column-DatapointIterator、ByteBufferList 及 Compaction.
mergeDatapoints() 方法，如圖 4-7 所示。

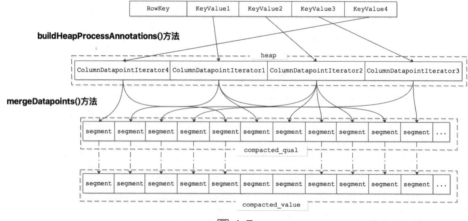

圖 4-7

完成合併操作之後，Compaction 透過 buildCompactedColumn() 方法將兩
個 ByteBufferList 物件中儲存的 qualifier 和 value 資訊寫入一個 KeyValue
物件中，為後續寫入 HBase 和傳回壓縮結果做準備。Compaction.
buildCompactedColumn() 方法的實作方式如下所示。

```
private KeyValue buildCompactedColumn(ByteBufferList compacted_qual,
    ByteBufferList compacted_val) {
  final int metadata_length = compacted_val.segmentCount() > 1 ? 1 : 0;
  // 將 ByteBufferList 中儲存的資料轉換成 byte[] 陣列
  final byte[] cq = compacted_qual.toBytes(0);
  final byte[] cv = compacted_val.toBytes(metadata_length);
  if (metadata_length > 0) {
    // 在 cv 中設定 metadata 標示，metadata 用於標識是否存在毫秒級和秒級時間戳記混合
    // 的情況
    byte metadata_flag = 0;
    if (ms_in_row && s_in_row) {
      metadata_flag |= Const.MS_MIXED_COMPACT;
    }
    cv[cv.length - 1] = metadata_flag;
  }
  final KeyValue first = row.get(0); // 取得 RowKey 和 Family
  return new KeyValue(first.key(), first.family(), cq, cv);
}
```

經過前面的處理，我們獲得了壓縮後的 KeyValue 物件，但是在將壓縮結
果寫入 HBase 之前，需要呼叫 updateDeletesCheckForWrite() 方法檢測目前
Row 中是否已經存在一模一樣的壓縮結果，如果存在則沒有必要進行後續
的寫入操作。updateDeletesCheckForWrite() 方法的實作方式程式如下：

```
private boolean updateDeletesCheckForWrite(KeyValue compact) {
  if (last_append_column != null) { // 不會對追加方式寫入的列進行壓縮
    return false;
  }
```

```
    // 檢測此次壓縮獲得的 qualifier 是否比目前 Row 中所有的 qualifier 都長
    if (longest != null && longest.qualifier().length >= compact.
qualifier().length) {
        final Iterator<KeyValue> deleteIterator = to_delete.iterator();
        while (deleteIterator.hasNext()) { // 檢查所有的 KeyValue
            final KeyValue cur = deleteIterator.next();
            if (Arrays.equals(cur.qualifier(), compact.qualifier())) {
                // 如果該 Row 已存在與壓縮結果 qualifier 相同的 KeyValue，則將其從
                // to_delete 集合中刪除
                deleteIterator.remove();
                // 如果 qualifier 和 value 完全相同，則不需要再次寫入，傳回 false
                return !Arrays.equals(cur.value(), compact.value());
            }
        }
    }
    return true;
  }
}
```

完成 updateDeletesCheckForWrite() 方法的檢查之後，還需要檢查目前時間是否已經大於 RowKey 中 base_time 指定的小時數，如果沒有，則該 Row 後續依然會寫入新的 DataPoint，故不能寫入壓縮結果。另外，還會檢測 "tsd.storage.enable_compaction" 設定項目是否已經開啟，只有該選項開啟之後，才能將壓縮結果寫入 HBase 中。然後，回呼 DeleteCompactedCB，將 to_delete 集合中全部 KeyValue 刪除（即該 Row 未壓縮時的資料）。

詳細介紹了 Compaction.compact() 方法中每個步驟的實現之後，再來分析 compact() 方法的實現就比較簡單了，實作方式程式如下：

```
public Deferred<Object> compact() {
    // 檢查待壓縮的 Row 中是否已經寫資料，如果沒有任何資料，則沒有必要進行壓縮（略）
```

```
// 建立用於排序 ColumnDatapointIterator 的小頂堆
heap = new PriorityQueue<ColumnDatapointIterator>(nkvs);
// 解析待壓縮的 Row,將其中的 DataPoint 資訊增加到 heap 集合中,將其中的
// Annotation 增加到 annotations 集合中
int tot_values = buildHeapProcessAnnotations();

// 如果在該 Row 中沒有 DataPoint 或是不需要修復的 DataPoint,則直接傳回
if (noMergesOrFixups()) {
  if (compacted != null && heap.size() == 1) {
  // 若該 Row 中只有一列資料,則壓縮結果即為該列
    compacted[0] = findFirstDatapointColumn();
  }
  return null;
}


// 下面開始真正的壓縮操作,首先是將該 Row 中所有 DataPoint 的 qualifier 和 value
// 按照時間戳記的順序寫入 compacted_qual 和 compacted_val 兩個 ByteBufferList
// 物件中,該操作就是前面介紹的 mergeDatapoints() 方法
final ByteBufferList compacted_qual = new ByteBufferList(tot_values);
final ByteBufferList compacted_val = new ByteBufferList(tot_values);
compaction_count.incrementAndGet();
mergeDatapoints(compacted_qual, compacted_val);
  // 檢測壓縮結果,如果 compacted_qual 為空,則表示無數據可壓縮,壓縮過程結束 (略)
  // 將 compacted_qual 和 compacted_val 封裝成 KeyValue 物件,為後續寫入 HBase
  // 做準備
final KeyValue compact = buildCompactedColumn(compacted_qual,
compacted_val);
  // 檢測該 Row 中是否已存在目前的壓縮結果,該檢測在前面介紹的
  // updateDeletesCheckForWrite() 方法中完成
final boolean write = updateDeletesCheckForWrite(compact);

if (compacted != null) {
  // 呼叫者需要取得壓縮結果時,會設定 compacted 欄位來儲存壓縮結果
```

```
    compacted[0] = compact;
    final long base_time = Bytes.getUnsignedInt(compact.key(),
        Const.SALT_WIDTH() + metric_width);
    final long cut_off = System.currentTimeMillis() / 1000
        - Const.MAX_TIMESPAN - 1;
    // 檢查目前時間是否已經大於 RowKey 中 base_time 指定的小時數，如果沒有則該 Row 後
    // 續依然會寫入新的 DataPoint，故不能寫入壓縮結果
    if (base_time > cut_off) {
      return null;
    }
  }
  // 檢測 "tsd.storage.enable_compaction" 設定項目是否已經開啟，同時還會檢測壓縮
  // 結果是否已存在
  if (!tsdb.config.enable_compactions() || (!write && to_delete.isEmpty())) {
    return null;
  }

  final byte[] key = compact.key();
  deleted_cells.addAndGet(to_delete.size());  // 更新 deleted_cells 欄位
  if (write) {  // 需要將壓縮結果寫回 HBase
    written_cells.incrementAndGet();  // 遞增 written_cells 欄位
    // 呼叫 TSDB.put() 向 HBase 發送 PutRequest 完成寫入
    Deferred<Object> deferred = tsdb.put(key, compact.qualifier(),
compact.value());
    if (!to_delete.isEmpty()) {
      // 呼叫 DeleteCompactedCB 回呼，刪除該 Row 未壓縮的 DataPoint 資訊
      deferred = deferred.addCallbacks(new DeleteCompactedCB(to_delete),
          handle_write_error);
    }
    return deferred;
  } else if (last_append_column == null) {  // 非追加模式
    // 如果該 Row 中已經存在壓縮結果，則只需要刪除 to_delete 集合中的 DataPoint 即可
    new DeleteCompactedCB(to_delete).call(null);
```

```
      return null;
    } else { // 追加模式下不會寫入壓縮結果，也不會刪除任何 KeyValue，因為此時只有一個
            // qualifier (0x050000)
      return null;
    }
}
```

最後，簡單介紹 DeleteCompactedCB 透過 Callback 來刪除 to_delete 集合的相關實現。在 DeleteCompactedCB 中有 qualifiers（byte[][] 類型）和 key（byte[] 類型）兩個欄位，分別記錄了待刪除 KeyValue 的 qualifier 集合及其所在行的 RowKey，這兩個欄位會在 DeleteCompactedCB 的建置函數中初始化。DeleteCompactedCB.call() 方法會呼叫 TSDB.delete() 方法向 HBase 發送 DeleteRequest 請求，刪除 qualifiers 欄位指定的所有 KeyValue，實作方式程式如下：

```
public Object call(final Object arg) {
  return tsdb.delete(key, qualifiers).addErrback(handle_delete_error);
}
```

這裡執行的刪除操作及後續介紹 CompactionQueue 時有關的讀寫操作都會增加 HandleErrorCB 回呼，根據例外類型進行對應的處理並列印記錄檔。HandleErrorCB.call() 方法的實作方式程式如下：

```
public Object call(final Exception e) {
  // PleaseThrottleException 表示需要對 HBase 的相關操作進行限流
  if (e instanceof PleaseThrottleException) {  // HBase isn't keeping up.
    final HBaseRpc rpc = ((PleaseThrottleException) e).getFailedRpc();
    if (rpc instanceof HBaseRpc.HasKey) {
      // 如果能取得操作失敗的 RowKey，則將該 RowKey 重新增加到 CompactionQueue
      // 中，後續會重新進行壓縮
      add(((HBaseRpc.HasKey) rpc).key());
      return Boolean.TRUE;
```

```
    } else {  // Should never get in this clause.
      LOG.error("WTF?  Cannot retry this RPC, and this shouldn't happen: "
+ rpc);
    }
  }
  if (++errors % 100 == 1) {  // 每出現 100 次 Exception 輸出一次記錄檔
    LOG.error("Failed to " + what + " a row to re-compact", e);
  }
  return e;
}
```

4.5 CompactionQueue

介紹完 Compaction 之後，CompactionQueue 中關於壓縮的核心操作就介紹完了。下面來看一下 CompactionQueue 中核心欄位的含義，如下所示。

- size（AtomicInteger 類型）：記錄目前 CompactionQueue 物件中 RowKey 的個數。

- min_flush_threshold（int 類型）：目前 CompactionQueue 中記錄的 RowKey 數量超過該設定值後會觸發一次壓縮操作。

- flush_interval（int 類型）：在後台壓縮執行緒中使用，指定了兩次壓縮操作之間的時間差，單位是秒。

- flush_speed（int 類型）：參與計算一次 flush 操作處理的行數，在後台壓縮執行緒中使用。

- max_concurrent_flushes（int 類型）：平行處理壓縮的行數。

- duplicates_different、duplicates_same（AtomicLong 類型）：在前面介紹 Compaction 時我們看到，當同一行中出現 timestamp offset 衝突的時候，若 value 相同，則會遞增 duplicates_same 進行記錄；若 value 不同，則會遞增 duplicates_different 進行記錄。

■ compaction_count、written_cells、deleted_cells（AtomicLong 類型）：在 Compaction.compact() 方法中，每壓縮一行資料就會遞增 compaction_count 欄位。written_cells 和 deleted_cells 兩個欄位則分別記錄了寫回壓縮資料 KeyValue 的個數和刪除 KeyValue 的個數。

CompactionQueue 在建置方法中會根據 Config 中的對應設定初始化上述欄位，同時會根據設定決定是否啟動後台壓縮執行緒。這裡有兩點需要讀者注意：

CompactionQueue 繼承了 ConcurrentSkipListMap，其中 Key 就是待壓縮行的 RowKey，Value 則始終為 Boolean.TRUE。CompactionQueue 會按照 RowKey 中的 base_time 進行排序，使用的 Comparator 實現為 CompactionQueue.Cmp，compare() 方法的實現程式如下：

```
public int compare(final byte[] a, final byte[] b) {
  // 比較兩個 RowKey 中的 base_time 部分
  final int c = Bytes.memcmp(a, b,
      (short) (Const.SALT_WIDTH() + tsdb.metrics.width()), Const.
TIMESTAMP_BYTES);
  return c != 0 ? c : Bytes.memcmp(a, b);
  // 如果 base_time 部分相同，則比較整個 RowKey
}
```

CompactionQueue 啟動後台壓縮執行緒是呼叫 startCompactionThread() 方法完成的，而且該壓縮執行緒是一個守護執行緒。startCompactionThread() 方法的實作方式程式如下：

```
private void startCompactionThread() {
  final Thrd thread = new Thrd();
  thread.setDaemon(true); // 設定成守護執行緒
  thread.start();
}
```

前面也提到過，CompactionQueue.compact() 方法是透過呼叫 Compaction.compact() 方法實現的，這裡不再重複分析。CompactionQueue 中另一個比較重要的方法是 flush() 方法。該方法會根據指定的 cut_off 參數和 maxflushes 參數控制壓縮操作，這裡先簡單介紹這兩個參數的含義：

- cut_off 參數指定了 CompactionQueue 中可以進行壓縮的 RowKey 的範圍（RowKey 的 base_time 小於該值，即可被壓縮）。
- maxflushes 參數指定了此次壓縮 RowKey 個數的上限。

CompactionQueue.flush() 方法的實作方式程式如下：

```
private Deferred<ArrayList<Object>> flush(final long cut_off, int
maxflushes) {
  // 檢測 maxflushes 參數是否合法（略）
  maxflushes = Math.min(maxflushes, size()); // 調整 maxflushes 參數
  final ArrayList<Deferred<Object>> ds =
      new ArrayList<Deferred<Object>>(Math.min(maxflushes,
max_concurrent_flushes));
  int nflushes = 0;  // 記錄平行處理壓縮的 RowKey 個數
  for (final byte[] row : this.keySet()) {
    // 取得該 RowKey 中的 base_time
    final long base_time = Bytes.getUnsignedInt(row, Const.SALT_WIDTH()
+ metric_width);
    // 檢測該行資料是否可被壓縮 (base_time 是否小於 cut_off 且平行處理壓縮的行數
    // 不足 max_concurrent_flushes)（略）

    // 從 CompactionQueue 中刪除該 RowKey，在前面介紹 HandleErrorCB 時我們可以看
    // 到，如果壓縮出現例外，則會將對應 RowKey 重新增加到 CompactionQueue 中重新進
    // 行壓縮，這裡不再重複介紹
    if (super.remove(row) == null) {
      continue;
    }
    nflushes++;     // 遞增 nflushes
```

```
    maxflushes--;   // 遞減 maxflushes
    size.decrementAndGet(); // 遞減 size
    // 查詢 RowKey 對應行的資料，並增加 CompactCB 回呼，CompactCB.call() 方法中呼叫
    // 了 Compaction.compact() 方法壓縮指定的 RowKey，後面將進行詳細分析
    ds.add(tsdb.get(row).addCallbacks(compactcb, handle_read_error));
  }
  final Deferred<ArrayList<Object>> group = Deferred.group(ds);
  // 此次 flush 操作還未完成，因為平行處理壓縮行數達到上限，所以要進行分批壓縮
  if (nflushes == max_concurrent_flushes && maxflushes > 0) {
    tsdb.getClient().flush();
    // 呼叫 flush() 方法可以加速上述查詢及壓縮操作的 HBase 操作
    final int maxflushez = maxflushes;

    final class FlushMoreCB implements Callback<Deferred<ArrayList<Object>>,
        ArrayList<Object>> {   //  定義 FlushMoreCB 回呼
      @Override
      public Deferred<ArrayList<Object>> call(final ArrayList<Object> arg) {
        return flush(cut_off, maxflushez);
        // 再次觸發 CompactionQueue.flush() 方法
      }
    }
    // 如果因為平行處理壓縮行數達到上限，則等待 ds 中記錄的行被壓縮完成之後，回呼
    // FlushMoreCB 觸發後續的壓縮
    group.addCallbackDeferring(new FlushMoreCB());
  }
  return group;
}
```

接下來看一下 CompactionQueue.flush() 方法中使用的 CompactCB 回呼，
實作方式程式如下：

```
private final class CompactCB implements Callback<Object, ArrayList
<KeyValue>> {
```

```
@Override
public Object call(final ArrayList<KeyValue> row) {
  return compact(row, null); // 呼叫 CompactionQueue.compact() 方法完成壓縮
}
}
```

最後要介紹的是後台壓縮執行緒（CompactionQueue.Thrd）的相關實現，run() 方法根據 flush_interval 欄位指定的時間控制觸發 flush 操作的頻率，實作方式程式如下：

```
@Override
public void run() {
  while (true) {
    try {
      final int size = size();
      // 取得目前 CompactionQueue 中記錄的 RowKey 的個數
      if (size > min_flush_threshold) {
      // 根據 flush_speed、flush_interval 等設定項目計算此次 flush 操作要壓縮的行數
        final int maxflushes = Math.max(min_flush_threshold,
            size * flush_interval * flush_speed / Const.MAX_TIMESPAN);
        final long now = System.currentTimeMillis();
        flush(now / 1000 - Const.MAX_TIMESPAN - 1, maxflushes);
      }
    } catch (Exception e) { // 記錄檔輸出（略）
    } catch (OutOfMemoryError e) { // 對 OutOfMemoryError 的特殊處理
      final int sz = size.get();
      CompactionQueue.super.clear();
      // 這裡會清空 CompactionQueue 來釋放一些記憶體
      size.set(0);
    } catch (Throwable e) { // 其他例外的處理
      try {
        // 如果出現大量例外，則可能導致頻繁建立執行緒，這裡暫停一秒，防止耗盡所有資源
        Thread.sleep(1000);
```

```
    } catch (InterruptedException i) {
      return;
    }
    startCompactionThread(); // 重新建立壓縮執行緒
    return;
  }
  try {
    // 完成此次 flush 呼叫之後,會暫停 flush_interval 欄位指定的秒數,再開始下次
    // flush 呼叫
    Thread.sleep(flush_interval * 1000);
  } catch (InterruptedException e) {
    // 目前執行緒被打斷的場景中,例如 JVM 關閉的時候,會呼叫 flush() 方法壓縮
    // CompactionQueue 中記錄的全部 RowKey
    flush();
    return;
  }
 }
}
```

至此,OpenTSDB 中關於壓縮最佳化的相關原理和實作方式就全部介紹
完了。

4.6 UID 相關方法

透過對 TSDB 中核心欄位的介紹,我們了解 TSDB 維護了 metrics、tag_
names 和 tag_values 三個 UniqueId 物件,並在這三個 UniqueId 物件的基
礎上進行了封裝,本節主要介紹 TSDB 對外提供的 UID 相關方法。

我們首先來看一下 TSDB.assignUid() 方法,該方法實現了為指定類型的
字串分配 UID 的功能,實作方式程式如下:

```
public byte[] assignUid(final String type, final String name) {
  Tags.validateString(type, name); // 檢測字串是否合法
  // 根據類型選擇對應的 UniqueId 物件進行處理，這裡以 metric 類型的字串為例進行分析
  if (type.toLowerCase().equals("metric")) {
    try {
      final byte[] uid = this.metrics.getId(name); // 查詢是否已經分配了 UID
      throw new IllegalArgumentException("Name already exists with UID: "
          + UniqueId.uidToString(uid));
    } catch (NoSuchUniqueName nsue) {
      // 呼叫前面介紹的 UniqueId.getOrCreateId() 方法進行分配
      return this.metrics.getOrCreateId(name);
    }
  } else if (type.toLowerCase().equals("tagk")) {
    //tagk 類型與 metric 類型的處理邏輯相同（略）
  } else if (type.toLowerCase().equals("tagv")) {
    //tagv 類型與 metric 類型的處理邏輯相同（略）
  } else {
    throw new IllegalArgumentException("Unknown type name");
  }
}
```

TSDB 中的 getUID() 方法和 getUIDAsync() 方法實現了查詢指定字串對應
的 UID 的功能，TSDB.getUidName() 方法則實現了查詢指定 UID 對應的
字串的功能。以 TSDB.getUIDAsync() 方法為例介紹，其他方法的實作方
式與其類似：

```
public Deferred<byte[]> getUIDAsync(final UniqueIdType type, final String
name) {
  // 檢測 name 字串是否為空（略）
  switch (type) { // 判斷字串類型
    case METRIC: // 根據字串類型呼叫對應 UniqueId 物件的 getIdAsync() 方法
      return metrics.getIdAsync(name);
```

```
    case TAGK: //tagk 類型和 tagv 類型與 metric 類型的處理邏輯相同（略）
    case TAGV:
    default:
      throw new IllegalArgumentException("Unrecognized UID type");
  }
}
```

TSDB 針對不同類型的字串提供了三種不同的方法，分別是 suggestMetrics()、suggestTagNames() 和 suggestTagValues() 方法。它們的實現非常類似，都是直接呼叫對應的 UniqueId 物件的 suggest() 方法實現的，這裡不再多作説明。

TSDB.renameUid() 方法會根據指定類型，將 oldname 字串對應的 UID 重新分配給 newname 字串，實作方式程式如下所示。

```
public void renameUid(final String type, final String oldname, final
String newname) {
  Tags.validateString(type, oldname);   // 檢測 oldname 和 newname 是否合法
  Tags.validateString(type, newname);
  if (type.toLowerCase().equals("metric")) {
    try {
      this.metrics.getId(oldname); // 先確定 oldname 已經分配了 UID
      this.metrics.rename(oldname, newname);
      // 將 oldname 字串對應的 UID 重新分配給 newname
    } catch (NoSuchUniqueName nsue) {
      throw new IllegalArgumentException("...");
    }
  } else if (type.toLowerCase().equals("tagk")) {
    // 對 tagk 類型字串的處理與 metric 類型的處理邏輯相同（略）
  } else if (type.toLowerCase().equals("tagv")) {
    // 對 tagv 類型字串的處理與 metric 類型的處理邏輯相同（略）
  } else {
```

```
    throw new IllegalArgumentException("Unknown type name");
  }
}
```

最後，TSDB 提供的 deleteUidAsync() 也是根據字串類型呼叫對應的
UniqueId 物件的 deleteAsync() 方法實現的，實現過程比較簡單，這裡不
再進行詳細介紹。

4.7 本章小結

本章主要介紹了 OpenTSDB 儲存時序資料的相關元件及其實作方式。首
先詳細分析了 OpenTSDB 中儲存時序資料的 TSDB 表的設計，其中有關
RowKey 的設計、列名稱的格式及不同格式的列名稱對應的資料類型。之
後又簡單介紹了 OpenTSDB 中的壓縮最佳化、追加模式及 Annotation 儲
存相關的內容。

接下來，深入分析了 TSDB 這一核心類別的關鍵欄位、初始化過程，以
及寫入時序資料的實作方式。隨後深入分析了 OpenTSDB 中壓縮最佳化
方面的實作方式，其中有關 Compaction 和 CompactionQueue 兩個元件的
實作方式。希望透過本章的閱讀，讀者能夠清晰地了解 OpenTSDB 儲存
時序資料的設計、寫入時序資料的實現及壓縮等最佳化方面的工作原理。

資料查詢

前面章節已經詳細介紹了 OpenTSDB 寫入時序資料、壓縮最佳化等方面的工作原理和實作方式,本章介紹 OpenTSDB 查詢時序資料的相關內容。在開始分析查詢功能之前,要了解 OpenTSDB 查詢時有關的一些基本介面類別和實現類別。

5.1 DataPoint 介面

DataPoint 介面是 OpenTSDB 中最基礎的介面之一,它抽象了整個時序中的點,前面在介紹 OpenTSDB 寫入時序資料的過程中,也多次提到 DataPoint 的概念。DataPoint 中提供了取得該點資訊的基本方法,其定義如下:

```
public interface DataPoint {
    long timestamp();       // 該 DataPoint 連結的時間戳記
    boolean isInteger();    // 檢測該點的值是否為整數
    long longValue();       // 如果該點的值為整數,則透過該方法取得
    double doubleValue();   // 如果該點的值為浮點數,則透過該方法取得
    double toDouble();      // 將該點的值轉換成浮點數傳回
}
```

OpenTSDB 中提供了多個 DataPoint 介面實現，如圖 5-1 所示。讀者可能會問，為什麼有些 Iterator 反覆運算器也實現了 DataPoint 介面呢？我們在後面分析時會看到，為了方便時序資料的反覆運算處理流程，這些反覆運算器的使用方式一般都是一邊反覆運算一邊處理反覆運算到的點，為了方便使用它們，除了實現本身的反覆運算功能，還實現了 DataPoint 介面傳回目前反覆運算的點的資訊。在後面的分析中將詳細介紹這些實現類別的功能和實現。

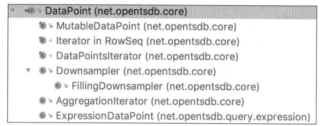

圖 5-1

5.2　DataPoints 介面

我們知道一筆時序資料是由多個連續的點組成的，OpenTSDB 使用 DataPoints 介面對一筆時序資料進行抽象，該介面繼承了 Iterable<DataPoint> 介面。DataPoints 介面中提供了取得一筆時序資料相關資訊的基本方法，其實際定義如下：

```
public interface DataPoints extends Iterable<DataPoint> {
  // 該條時序資料的 metric 名稱
  String metricName();
  Deferred<String> metricNameAsync();


  byte[] metricUID(); // 該條時序資料的 metric UID
```

```
// 該條時序連結的所有 Tag 組合 ( 所有點的交集 )
Map<String, String> getTags();
Deferred<Map<String, String>> getTagsAsync();

// 非同步取得該時序連結的所有 Tag 組合的 UID
ByteMap<byte[]> getTagUids();

// 取得該 Time Series 中的 Tag 集合 ( 對稱差集 )
List<String> getAggregatedTags();
Deferred<List<String>> getAggregatedTagsAsync();
List<byte[]> getAggregatedTagUids();

public List<String> getTSUIDs(); // 取得該時序對應的 tsuid 集合

public List<Annotation> getAnnotations();// 取得該時序對應的 Annotation 集合

int size();// 該時序中點的個數

// 如果該時序是 pre-aggregate 之後的結果，則該方法傳回進行 pre-aggregate 之前的結果
int aggregatedSize();

SeekableView iterator();    // 用於反覆運算該時序中所有點

long timestamp(int i);       // 該時序中某個點對應的時間戳記

// 檢測 / 取得某個點的值
boolean isInteger(int i);
long longValue(int i);
double doubleValue(int i);

int getQueryIndex();    // 查詢該時序時對應的查詢索引編號
}
```

在 OpenTSDB 中提供了多個 DataPoints 介面的實現,如圖 5-2 所示。

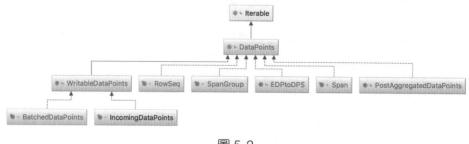

圖 5-2

5.3 RowSeq

RowSeq 是 DataPoints 介面的實現功能之一,它是 HBase 表中一行資料在記憶體中的抽象,其中儲存的點都是唯讀的,其繼承關係如圖 5-3 所示。

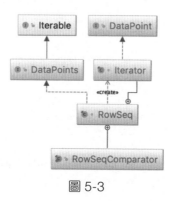

圖 5-3

RowSeq 中核心欄位的內容如下。

- key(byte[] 類型):該行對應的 RowKey。
- qualifiers(byte[] 類型):該 RowSeq 物件中所有點對應的 qualifier。
- values(byte[] 類型):該 RowSeq 物件中所有點的值。

RowSeq.setRow() 方法用於設定該行中的第一個 qualifier 中所有點的資訊，同時會初始化上述各個欄位。需要注意的是，每個 RowSeq 物件的 setRow() 方法只能被呼叫一次，其實作方式程式如下：

```java
public void setRow(final KeyValue row) {
  // 如果 key 欄位不為空，則直接拋出例外（略）
  this.key = row.key(); // 設定 RowKey
  this.qualifiers = row.qualifier(); // 記錄第一個點的 qualifier
  this.values = row.value(); // 記錄第一個點的值
}
```

在 HBase 表中，一行可以儲存多個點，其他點的 qualifier 和 value 值是透過 addRow() 方法增加到該 RowSeq 物件中的，整個增加流程比較長，請讀者耐心分析。RowSeq.addRow() 方法的實作方式程式如下：

```java
public void addRow(final KeyValue row) {
  // 檢測 RowKey 是否為空（略）
  // 檢測新增點的 RowKey 與目前 key 是否相同，注意，這裡不會比較 salt 部分的內容
  final byte[] key = row.key();
  if (Bytes.memcmp(this.key,key,Const.SALT_WIDTH(),key.length-Const.SALT_WIDTH())!= 0) {
    throw new IllegalDataException("...");
  }

  final byte[] remote_qual = row.qualifier(); // 新點的 qualifier 和 value
  final byte[] remote_val = row.value();
  // 已在 RowSeq 中的點和新增點的 qualifier 和 value 都會合併到 merged_qualifiers
  // 和 merged_values 中
  final byte[] merged_qualifiers = new byte[qualifiers.length + remote_qual.length];
  final byte[] merged_values = new byte[values.length + remote_val.length];
```

```
int remote_q_index = 0, local_q_index = 0, merged_q_index = 0,
     remote_v_index = 0, local_v_index = 0, merged_v_index = 0;
short v_length, q_length;

while (remote_q_index < remote_qual.length || local_q_index <
qualifiers.length) {
    // 待增加的點已經處理完了，再將 RowSeq 中已有的點複製到 merged_qualifiers 和
    // merged_values 中
    if (remote_q_index >= remote_qual.length) {
        // 從 qualifier 中取得對應點的 value 長度，前面介紹過 qualifier 的格式，其中
        // 最高 4 位元標示了時間精度（秒級 / 毫秒級），確定時間精度之後，就可以確定
        // qualifier 的長度和低 4 位元的 flags 值，進一步確定對應點的 value 長度
        v_length = Internal.getValueLengthFromQualifier(qualifiers,
local_q_index);
        // 將 RowSeq 中已有點的 value 複製到 merged_values 中
        System.arraycopy(values, local_v_index, merged_values,
merged_v_index, v_length);
        local_v_index += v_length; // 同時後移 local_v_index 和 merged_v_index
        merged_v_index += v_length;

        // 取得 RowSeq 中已有點對應的 qualifier 的長度
        q_length = Internal.getQualifierLength(qualifiers, local_q_index);
        // 將 RowSeq 中已有點的 qualifier 複製到 merged_qualifiers 中
        System.arraycopy(qualifiers, local_q_index, merged_qualifiers,
                merged_q_index, q_length);
        local_q_index += q_length; // 同時後移 local_q_index 和 merged_q_index
        merged_q_index += q_length;
        continue;
    }

    // 如果 RowSeq 已有的點全部複製到了 merged_qualifiers 和 merged_values 中，則
    // 開始處理待提點加的點，該過程與前面複製 RowSeq 中已有點的邏輯完全一致，為了節省
    // 篇幅，不再貼出程式，有興趣的讀者可以參考原始程式分析
```

```
    // 透過 qualifier 比較待增加點的 offset 和已有點的 offset，進一步決定其儲存位置
    final int sort = Internal.compareQualifiers(remote_qual,
remote_q_index, qualifiers, local_q_index);
    if (sort == 0) { // 待增加點與已有點的 offset 相同，則捨棄待增加的點
      v_length = Internal.getValueLengthFromQualifier(remote_qual,
remote_q_index);
      remote_v_index += v_length;
      q_length = Internal.getQualifierLength(remote_qual,remote_q_index);
      remote_q_index += q_length;
      continue;
    }

    if (sort < 0) { // 待增加點的 offset 小於已有點的 offset，則先寫入待增加點
      v_length = Internal.getValueLengthFromQualifier(remote_qual,
remote_q_index);
      System.arraycopy(remote_val, remote_v_index, merged_values,
          merged_v_index, v_length);
      remote_v_index += v_length;
      merged_v_index += v_length;

      q_length = Internal.getQualifierLength(remote_qual,remote_q_index);
      System.arraycopy(remote_qual, remote_q_index, merged_qualifiers,
          merged_q_index, q_length);
      remote_q_index += q_length;
      merged_q_index += q_length;
    } else { // 待增加點的 offset 大於已有點的 offset，則先寫入已有點
      v_length = Internal.getValueLengthFromQualifier(qualifiers,
local_q_index);
      System.arraycopy(values, local_v_index, merged_values,
merged_v_index, v_length);
      local_v_index += v_length;
      merged_v_index += v_length;
```

```
        q_length = Internal.getQualifierLength(qualifiers,local_q_index);
        System.arraycopy(qualifiers, local_q_index, merged_qualifiers,
            merged_q_index, q_length);
        local_q_index += q_length;
        merged_q_index += q_length;
      }
    }

    // 如果待增加點與已有點 offset 發生衝突，則前面分配的 merged_qualifiers 空間過
    // 大，這裡縮減
    if (merged_q_index == merged_qualifiers.length) {
      qualifiers = merged_qualifiers;
    } else {
      qualifiers = Arrays.copyOfRange(merged_qualifiers, 0, merged_q_index);
    }

    // 在 values 的最後一個位元組的最後一位標示了 RowSeq 中是否混合了不同時間精度的點
    byte meta = 0;
    if ((values[values.length - 1] & Const.MS_MIXED_COMPACT) ==
Const.MS_MIXED_COMPACT ||
        (remote_val[remote_val.length - 1] & Const.MS_MIXED_COMPACT)
          == Const.MS_MIXED_COMPACT) {
      meta = Const.MS_MIXED_COMPACT;
    }
    // 重新複製 merged_values，並設定其中最後一個標示位組
    values = Arrays.copyOfRange(merged_values, 0, merged_v_index + 1);
    values[values.length - 1] = meta;
}
```

接下來看一下 RowSeq 對 DataPoints 介面的實現，首先是取得 metric 相
關資訊的方法。透過前面的介紹可知，RowKey 本身就包含 metric UID，
RowSeq.metricUID() 方法就是直接從 RowKey 中截取 metric UID 的部

分傳回。同樣，RowSeq.baseTime() 方法傳回的 base_time 也是直接從
RowKey 中截取出來的，其實作方式比較簡單，這裡不再多作說明。

RowSeq.metricName() 和 metricNameAsync() 方法的實現是將 metric UID
截取出來之後，交給 RowKey 工具類別的 metricNameAsync() 方法完成
metric UID 向 metric 字串的轉換，實作方式如下：

```
public static Deferred<String> metricNameAsync(final TSDB tsdb, final
byte[] row) {
  // 檢測整個RowKey的長度 (略 )
  // 從RowKey中取得metric UID
  final byte[] id = Arrays.copyOfRange(row, Const.SALT_WIDTH(),
      tsdb.metrics.width() + Const.SALT_WIDTH());
  return tsdb.metrics.getNameAsync(id);
  // 透過metric 對應UniqueId物件取得UID對應的字串
}
```

UniqueId 的實作方式已經介紹過了，這裡不再贅述。

RowSeq 取得 Tag 資訊的方式也與此類似，RowSeq.getTagUids() 方法會
直接從 RowKey 中截取 tagk UID 和 tagv UID 傳回，實作方式程式如下：

```
public static ByteMap<byte[]> getTagUids(final byte[] row) {
  final ByteMap<byte[]> uids = new ByteMap<byte[]>();
  final short name_width = TSDB.tagk_width(); // 取得tagk UID的長度
  final short value_width = TSDB.tagv_width();// 取得tagv UID的長度
  final short tag_bytes = (short) (name_width + value_width);
  final short metric_ts_bytes = (short) (TSDB.metrics_width()
      + Const.TIMESTAMP_BYTES + Const.SALT_WIDTH());
  // 跳過metric UID、timestamp及salt的長度，RowKey中剩下的部分就是tagk UID
  // 和tagv UID
  for (short pos = metric_ts_bytes; pos < row.length; pos += tag_bytes) {
    final byte[] tmp_name = new byte[name_width];
```

```
    final byte[] tmp_value = new byte[value_width];
    System.arraycopy(row, pos, tmp_name, 0, name_width);
    System.arraycopy(row, pos + name_width, tmp_value, 0, value_width);
    uids.put(tmp_name, tmp_value);
    // 將 tagk UID 和 tagv UID 填充到 uids 這個 Map 中傳回
  }
  return uids;
}
```

RowSeq.getTags() 方法和 getTagsAsync() 方法都是透過呼叫 Tags 工具類別的 getTagsAsync() 方法實現 tagk/tagv UID 向 tagk/tagv 字串的轉換的，實作方式程式如下：

```
public static Deferred<Map<String, String>> getTagsAsync(final TSDB tsdb,
    final byte[] row) throws NoSuchUniqueId {
  final short name_width = tsdb.tag_names.width();  // 取得 tagk UID 的長度
  final short value_width = tsdb.tag_values.width();// 取得 tagv UID 的長度
  final short tag_bytes = (short) (name_width + value_width);
  final short metric_ts_bytes = (short) (Const.SALT_WIDTH() + tsdb.
metrics.width()
      + Const.TIMESTAMP_BYTES);
  final ArrayList<Deferred<String>> deferreds =
      new ArrayList<Deferred<String>>((row.length - metric_ts_bytes) /
tag_bytes);
  // 跳過 metric UID、timestamp、salt 部分，剩餘部分就是 tagk UID 和 tagv UID
  for (short pos = metric_ts_bytes; pos < row.length; pos += tag_bytes) {
    final byte[] tmp_name = new byte[name_width];
    final byte[] tmp_value = new byte[value_width];
    System.arraycopy(row, pos, tmp_name, 0, name_width);
    // 透過對應的 UniqueId 物件完成 tagk UID 到 tagk 字串的轉換
    deferreds.add(tsdb.tag_names.getNameAsync(tmp_name));
    System.arraycopy(row, pos + name_width, tmp_value, 0, value_width);
```

```
   // 透過對應的 UniqueId 物件完成 tagv UID 到 tagv 字串的轉換
   deferreds.add(tsdb.tag_values.getNameAsync(tmp_value));
}
class NameCB implements Callback<Map<String, String>, ArrayList<String>> {
   // 該 Callback 物件用於將處理轉換之後獲得的 List<String>，轉換成
   // Map<String,String>，這裡的參數 names 是 tagk1、tagv1、tagk2、tagv2……
   // 這種格式，實作方式比較簡單，不再贅述
   public Map<String, String> call(final ArrayList<String> names) throws
Exception {...}
}
   // 等待 UniqueId 物件完成上述轉換，並增加了對應的 Callback 物件
   return Deferred.groupInOrder(deferreds).addCallback(new NameCB());
}
```

需要讀者注意的是，如果 RowSeq 中包含了不同時間精度的點，則該 RowSeq 物件的 qualifiers 欄位中就會包含不同長度的 qualifier，那麼在尋找 RowSeq 中某個點的 timestamp 或計算整個 RowSeq 中點的個數時，就需要檢查 RowSeq 物件中所包含的每個點。這裡以 RowSeq.timestamp() 方法為例介紹，實作方式程式如下：

```
public long timestamp(final int i) {
  if ((values[values.length - 1] & Const.MS_MIXED_COMPACT) ==
     Const.MS_MIXED_COMPACT) { // 檢測 RowSeq 中是否存在不同時間精度的點
    int index = 0;
    for (int idx = 0; idx < qualifiers.length; idx += 2) {
    // 循環步進值為 2 個位元組
      if (i == index) {
      // 尋找到指定 qualifier 的起始位置，則從 qualifier 中解析出其時間戳記
        return Internal.getTimestampFromQualifier(qualifiers, baseTime(),idx);
      }
      if (Internal.inMilliseconds(qualifiers[idx])) {
      // 如果碰到毫秒級的點，則步進值為 4 個位元組
```

```
        idx += 2;
      }
      index++;
    }
  } else if ((qualifiers[0] & Const.MS_BYTE_FLAG) == Const.MS_BYTE_FLAG) {
    // 如果該 RowSeq 物件中只存在一種時間精度的點，則直接根據第一個點的時間精度決定每
    // 個點的 qualifier 的長度，直接跳到指定點對應的 qualifier，並解析出其中的
    // timestamp
    return Internal.getTimestampFromQualifier(qualifiers, baseTime(),
i * 4);
  } else {
    return Internal.getTimestampFromQualifier(qualifiers, baseTime(),
i * 2);
  }
}
```

這裡使用的 Internal.getTimestampFromQualifier() 方法會從 qualifier 中解析出 offset 值並計算該點對應的時間戳記，實作方式程式如下：

```
public static int getOffsetFromQualifier(final byte[] qualifier, final
int offset) {
  // 檢測 qualifier 從 offset 起始的點是否為毫秒精度，進一步決定 qualifier 的長度
  if ((qualifier[offset] & Const.MS_BYTE_FLAG) == Const.MS_BYTE_FLAG) {
    return (int) (Bytes.getUnsignedInt(qualifier, offset) & 0x0FFFFFC0)
      >>> Const.MS_FLAG_BITS;
      // 從 qualifier 中取得 4 個位元組長度的 timestamp offset
  } else {
    final int seconds = (Bytes.getUnsignedShort(qualifier, offset) & 0xFFFF)
      >>> Const.FLAG_BITS;
      // 從 qualifier 中取得 2 個位元組長度的 timestamp offset
    return seconds * 1000; // 轉換成毫秒
  }
}
```

getTimestampFromQualifier() 方法還有一個多載，它以上述多載和 base_
time 計算完整為基礎的時間戳記，其實現過程比較簡單，這裡不再多作
說明。

最後，我們要介紹的是 RowSeq 中提供的反覆運算器，RowSeq.Iterator 實
現了 SeekableView 介面和 DataPoint 介面，如圖 5-4 所示。

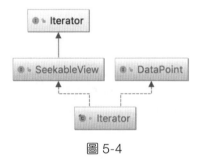

圖 5-4

RowSeq.Iterator 中的核心欄位如下。

- qualifier（int 類型）：目前檢查到的 qualifier，int 類型是 32 位元，足
  夠儲存不同時間精度的 qualifier。
- qual_index（int 類型）：RowSeq.qualifiers 的索引，標示下一個點的
  qualifier。
- value_index（int 類型）：RowSeq.values 的索引，標示下一個點的位
  置。
- base_time（long 類型）：該 RowKey 對應的 base_time。

RowSeq.Iterator 作為反覆運算器，最常用的就是 hasNext() 和 next() 這兩
個方法（定義在 SeekableView 介面中），實現程式如下：

```
public boolean hasNext() { return qual_index < qualifiers.length; }


public DataPoint next() {
```

```
// 呼叫 hasNext() 方法檢測是否檢查到該 RowSeq 的結尾（略）
if (Internal.inMilliseconds(qualifiers[qual_index])) {
// 檢測下一個點的時間精度
  qualifier = Bytes.getInt(qualifiers, qual_index);
  // 取得目前點的 qualifier
  qual_index += 4; // 後移 qualifier
} else {
  qualifier = Bytes.getUnsignedShort(qualifiers, qual_index);
  qual_index += 2;
}
final byte flags = (byte) qualifier; // 取得 qualifier 中的 flags 位元組
value_index += (flags & Const.LENGTH_MASK) + 1;
// 計算目前點的 value 長度，並後移 value_index
return this;
}
```

在 SeekableView 介面中還定義了 seek() 方法用於快速推進反覆運算器的
游標，在 RowSeq.Iterator 中的實現程式如下：

```
public void seek(final long timestamp) {
  // 檢測 timestamp 是否合法（略）
  qual_index = 0; value_index = 0;
  final int len = qualifiers.length;
  // 這裡的 peekNextTimestamp() 方法
  while (qual_index < len && peekNextTimestamp() < timestamp) {
    // 下面開始推進 qual_index 和 value_index 的值，與前面介紹 RowSeq.Iterator.
    // next() 方法實現相同，由於篇幅限制，這裡不再貼上程式
  }
}
```

另外，RowSeq.Iterator 也實現了 DataPoint 介面的相關方法，例如
timestamp()、longValue() 和 doubleValue() 等取得點資訊的方法，其中

timestamp() 方法傳回的時間戳記是直接從 RowSeq.Iterator.qualifier 欄位中取得該點的時間偏移量並與 RowKey 中的 base_time 一起計算獲得完整的時間戳記。longValue() 和 doubleValue() 方法的實現類似，這裡以 longValue() 方法為例進行分析，有興趣的讀者可以參考原始程式分析 doubleValue() 方法的實作方式，程式如下：

```
public long longValue() {
    // 透過 qualifier 檢測目前點的 value 是否為整數 (略)
    final byte flags = (byte) qualifier; // 取得該點的 flags 位元組
    final byte vlen = (byte) ((flags & Const.LENGTH_MASK) + 1);
    // 計算該點的 value 的長度
    return extractIntegerValue(values, value_index - vlen, flags);
    // 將位元組陣列轉換成整數傳回
}


static long extractIntegerValue(final byte[] values, final int value_idx,
    final byte flags) {
    switch (flags & Const.LENGTH_MASK) {
    // 根據 value 的長度將位元組陣列轉換成整數並傳回
        case 7: return Bytes.getLong(values, value_idx);
        case 3: return Bytes.getInt(values, value_idx);
        case 1: return Bytes.getShort(values, value_idx);
        case 0: return values[value_idx];
    }
    throw new IllegalDataException("...");
}
```

RowSeq.doubleValue() 和 longValue() 方法會建立 RowSeq.Iterator 反覆運算器並反覆運算到指定位置的點，然後傳回該點的值，它們的實現比較簡單，這裡不再多作說明，有興趣的讀者可以參考原始程式進行學習。

5.4 Span

當查詢的時間跨度超過一個小時的時候，查詢結果對應到 HBase 表中時就會超過一行，當這些資料被讀取到記憶體中時，就會對應多個 RowSeq 物件。在這種情況下，OpenTSDB 透過 Span 物件管理多個 RowSeq 物件。

Span 也實現了前面介紹的 DataPoints 介面，如圖 5-5 所示。

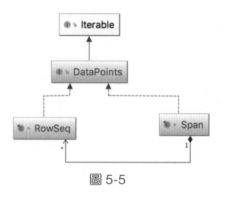

圖 5-5

Span 中的核心欄位及其含義如下所示。

- rows（ArrayList<RowSeq> 類型）：該 Span 物件管理的 RowSeq 物件。
- sorted（boolean 類型）：標示 rows 欄位中維護的 iRowSeq 物件是否已經完成排序。
- annotations（ArrayList<Annotation> 類型）：對應 RowSeq 中儲存的 Annotation 集合。

Span.addRow() 方法負責在 Span 物件中增加一行資料。如果該行資料可以合併到已有的 RowSeq 中則進行合併；如果無法合併到已有的 RowSeq 物件中，則建立新的 RowSeq 物件並增加到 Span 中，實作方式程式如下所示。

```
void addRow(final KeyValue row) {
  long last_ts = 0;
  if (rows.size() != 0) {
    // Verify that we have the same metric id and tags
    final byte[] key = row.key();
    final RowSeq last = rows.get(rows.size() - 1);
    // 取得 rows 欄位中最後一個 RowSeq 物件
    final short metric_width = tsdb.metrics.width();
    final short tags_offset =
        (short) (Const.SALT_WIDTH() + metric_width + Const.TIMESTAMP_BYTES);
    final short tags_bytes = (short) (key.length - tags_offset);
    String error = null;
    // 與已有的最後一個 RowSeq 物件比較，確定新增行的 metric 和 tag 組合是否合法
    if (key.length != last.key.length) {
      error = "row key length mismatch";
    } else if (
        Bytes.memcmp(key, last.key, Const.SALT_WIDTH(), metric_width) != 0) {
      error = "metric ID mismatch";
    } else if (Bytes.memcmp(key, last.key, tags_offset, tags_bytes) != 0) {
      error = "tags mismatch";
    }
    if (error != null) {
      throw new IllegalArgumentException(error + "...");
    }
    last_ts = last.timestamp(last.size() - 1);
    // 最後一個 RowSeq 物件的 base_time
  }

  final RowSeq rowseq = new RowSeq(tsdb); // 為新增的行建立對應的 RowSeq 物件
  rowseq.setRow(row);
  sorted = false; // 標記為未排序狀態
  if (last_ts >= rowseq.timestamp(0)) {
```

```
    // scan to see if we need to merge into an existing row
    // 檢查已有的 RowSeq 物件，根據 RowKey 的比較結果決定是否合併到已有的 RowSeq 物件中
    for (final RowSeq rs : rows) {
      if (Bytes.memcmp(rs.key, row.key(), Const.SALT_WIDTH(),
          (rs.key.length - Const.SALT_WIDTH())) == 0) {
        rs.addRow(row);
        // 可以合併到已有的 RowSeq 物件中，即呼叫其 addRow() 方法後直接
        return; // 將新增的 RowSeq 物件增加到 rows 欄位中


      }
    }
  }

  rows.add(rowseq); }
```

透過上面介紹的 Span.addRow() 方法也可以看出，Span 中管理的 RowSeq
物件具有相同的 metric 和 tag 組合，所以從 Span 中取得 metric 資訊和
tag 組合資訊時，直接呼叫第一個 RowSeq 物件的對應方法即可。Span.
size() 方法會計算 Span.rows 欄位中全部 RowSeq 中的點之和。RowSeq
中這些方法的實作方式前面已經介紹過了，這裡不再贅述。

Span.getTSUIDs() 方法從 Span 物件管理的第一個 RowSeq 中解析出
tsuid，實作方式程式如下：

```
public List<String> getTSUIDs() {
  // 檢測 rows 欄位中是否包含 iRowSeq 物件（略）
  final byte[] tsuid = UniqueId.getTSUIDFromKey(rows.get(0).key(),
      TSDB.metrics_width(), Const.TIMESTAMP_BYTES);
      // 解析 RowKey 獲得 tsuid
  final List<String> tsuids = new ArrayList<String>(1);
  tsuids.add(UniqueId.uidToString(tsuid)); // 將 tsuid 轉成十六進位字串傳回
  return tsuids;
```

```
}

public static byte[] getTSUIDFromKey(final byte[] row_key,
    final short metric_width, final short timestamp_width) {
  int idx = 0;
  final int tag_pair_width = TSDB.tagk_width() + TSDB.tagv_width();
  // 一組 tag UID 的長度檢測 RowKey 中全部 tag UID 的長度是否合法
  final int tags_length = row_key.length - (Const.SALT_WIDTH() + metric_width
        + timestamp_width);
  if (tags_length < tag_pair_width || (tags_length % tag_pair_width) != 0) {
    throw new IllegalArgumentException("...");
  }
  // tsuid 由 metric UID、tagk UID 和 tagv UID 組成，也就是 RowKey 除去 salt、
  // timestamp 兩部分後的內容

  final byte[] tsuid = new byte[row_key.length - timestamp_width - Const.
SALT_WIDTH()];
  for (int i = Const.SALT_WIDTH(); i < row_key.length; i++) {
    if (i < Const.SALT_WIDTH() + metric_width ||
        i >= (Const.SALT_WIDTH() + metric_width + timestamp_width)) {
      tsuid[idx] = row_key[i];
      idx++;
    }
  }
  return tsuid;
}
```

Span 中提供的 longValue()、doubleValue() 和 timestamp() 方法分別取得指定節點的 value 值或時間戳記，它們的實現都是先呼叫 checkRowOrder() 方法對 Span.rows 進行排序，然後透過 getIdxOffsetFor() 方法取得指定點的索引位置，最後呼叫對應 RowSeq 物件的方法取得 value 的值或 timestamp。這裡以 Span.timestamp() 方法為例進行分析：

```
public long timestamp(final int i) {
  checkRowOrder();
  // 尋找目標點的位置，注意該傳回值，其中高 32 位元是目標 RowSeq 在 rows 中的索引位置，
  // 低 32 位元是目標點在 RowSeq 中的索引位置
  final long idxoffset = getIdxOffsetFor(i);
  final int idx = (int) (idxoffset >>> 32);
  final int offset = (int) (idxoffset & 0x00000000FFFFFFFF);
  // 尋找到目標 iRowSeq 並呼叫其 timestamp() 方法取得目標點的時間戳記
  return rows.get(idx).timestamp(offset);
}

private void checkRowOrder() {
  if (!sorted) {
    // 檢測該 Span 中管理的 iRowSeq 是否已經排序，如果沒有則需要進行排序，這裡
    // 使用的 RowSeq.RowSeqComparator 會按照 RowSeq 中的 base_time 進行排序
    Collections.sort(rows, new RowSeq.RowSeqComparator());
    sorted = true;
  }
}

private long getIdxOffsetFor(final int i) {
  checkRowOrder(); // 排序
  int idx = 0;
  int offset = 0;
  for (final iRowSeq row : rows) { // 檢查所有 RowSeq 物件
    final int sz = row.size();
    if (offset + sz > i) { break; }
    offset += sz;
    idx++;
  }
  // 在傳回值的高 32 位元記錄目標 RowSeq 在 rows 中的索引位置，在低 32 位元記錄目標點在
  // 其 RowSeq 中的位置
```

```
    return ((long) idx << 32) | (i - offset);
}
```

Span.longValue()、doubleValue() 方法的實作方式與 timestamp() 方法類似，不再展開分析。

Span 作為 DataPoints 介面的實現類別之一，也必然提供了對應的反覆運算器。Span.Iterator 實現了 SeekableView 介面，其核心欄位如下。

- row_index（int 類型）：目前反覆運算的 RowSeq 在 rows 集合中的索引位置。
- current_row（RowSeq.Iterator 類型）：目前反覆運算 row_index 對應的 RowSeq 物件使用的反覆運算器。

Span.Iterator 每反覆運算一次，都會傳回 Span 中的點，在目前反覆運算的 RowSeq 物件被反覆運算完之後，才會反覆運算下一個 RowSeq 物件中的點。下面分析 Span.Iterator.hasNext() 方法和 next() 方法的實作方式程式：

```
public boolean hasNext() {
    return (current_row.hasNext()   // 檢測目前反覆運算的 RowSeq 中是否還有點
            || row_index < rows.size() - 1);
            // 是否還有更多的 RowSeq 物件可反覆運算
}

public DataPoint next() {
    if (current_row.hasNext()) {
    // 目前 RowSeq 中還有點，則繼續反覆運算目前 RowSeq 物件
        return current_row.next();
    } else if (row_index < rows.size() - 1) {
    // 目前 RowSeq 物件已經反覆運算完，則反覆運算下一個 RowSeq 物件
        row_index++; // 更新 row_index，指向下一個 RowSeq 物件
```

```
      current_row = rows.get(row_index).internalIterator();
      return current_row.next();
    }
    throw new NoSuchElementException("no more elements");
}
```

Span.Iterator.seek() 方法會根據參數 timestamp 快速推進到一個指定的
點，實作方式程式如下：

```
public void seek(final long timestamp) {
    int row_index = seekRow(timestamp); // 根據 timestamp 參數快速找出 RowSeq 物件
    if (row_index != this.row_index) {
      this.row_index = row_index;
      current_row = rows.get(row_index).internalIterator();
      // 取得上面定位到的 RowSeq 物件的反覆運算器
    }
    current_row.seek(timestamp); // 定位到指定的點
}

private int seekRow(final long timestamp) {
    checkRowOrder(); // 對 rows 中的 RowSeq 進行排序
    int row_index = 0;
    RowSeq row = null;
    final int nrows = rows.size();
    for (int i = 0; i < nrows; i++) { // 檢查 rows 欄位，定位 RowSeq 的索引位置
      row = rows.get(i);
      final int sz = row.size();
      // 比較目前 RowSeq 物件中最後一個點的時間戳記與指定的時間戳記，確定 timestamp
      // 指定的點是否在該 RowSeq 中
      if (row.timestamp(sz - 1) < timestamp) {
        row_index++;
      } else {
        break;
```

```
    }
  }
  if (row_index == nrows) {
    // 指定時間戳記的值比所有點的時間戳記的值都大,則傳回最後一行
    --row_index;
  }
  return row_index;
}
```

Span 中 提 供 了 多 個 多 載 的 downsampler() 方 法,Downsampler 和
Downsampler 的相關內容會在後面詳細介紹。

5.5 SpanGroup

在 OpenTSDB 中使用 SpanGroup 管理多個 Span 物件,同一個 SpanGroup
物件管理的多個 Span 物件必須擁有相同的 metric,但是可以有不同的
tagk 或 tagv。SpanGroup 繼承了 DataPoints 介面,如圖 5-6 所示。

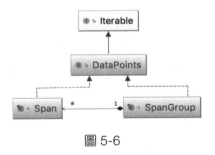

圖 5-6

SpanGroup 中的核心欄位及其含義如下所示。

■ start_time、end_time(long 類型):該 SpanGroup 物件對應的起止時間
戳記。

- spans（ArrayList<Span> 類型）：目前 SpanGroup 管理的 Span 物件。一個 SpanGroup 物件中管理的多個 Span 物件必須擁有相同的 metric，但是 tag 可能不同。

- tags（Map<String, String> 類型）：該 SpanGroup 物件中所有 Span 的 tag 的交集。該欄位被初始化之後，就無法在該 SpanGroup 中增加新的 Span 物件了。

- tag_uids（ByteMap<byte[]> 類型）：tags 欄位中所有 tag 組合對應的 UID 集合，ByteMap 繼承了 TreeMap，其 Key 始終為 byte[] 類型，這裡的 tag_uids 集合的 Value 也為 byte[] 類型。

- aggregated_tags（List<String> 類型）：該 SpanGroup 物件中所有 Span tag 的對稱差集（集合 A 與 B 的對稱差集定義為：集合 A 與 B 中所有不屬於集合 A 與 B 交集的元素的集合）。

- aggregated_tag_uids（Set<byte[]> 類型）：aggregated_tags 欄位中 tag 對應的 UID。

- aggregator（Aggregator 類型）：聚合多個 SpanGroup 管理的多個 Span 物件時使用的 Aggregator 物件，在後面會詳細介紹 Aggregator 及其實作方式類別。

在 SpanGroup 的建置函數中除了會初始化上述欄位，還會呼叫 SpanGroup.add() 方法將傳入的 Span 集合增加到 SpanGroup 的 spans 欄位中，大致實現如下：

```
SpanGroup(final TSDB tsdb,final long start_time, final long end_time,
        final Iterable<Span> spans, final boolean rate, final
RateOptions rate_options,
        final Aggregator aggregator, final DownsamplingSpecification
downsampler,
        final long query_start, final long query_end, final int query_
```

```
index) {
    // 將 start_time 和 end_time 欄位初始化為毫秒等級的時間戳記
    this.start_time = (start_time & Const.SECOND_MASK) == 0 ?
        start_time * 1000 : start_time;
    this.end_time = (end_time & Const.SECOND_MASK) == 0 ?
        end_time * 1000 : end_time;
    if (spans != null) {
        for (final Span span : spans) {
            add(span); // 將傳入的 Span 集合增加到 spans 欄位中
        }
    }
    // 省略其他欄位的初始化
}
```

在 SpanGroup.add() 方法中，根據傳入的 Span 物件是否包含點資訊進行分類處理，實作方式程式如下：

```
void add(final Span span) {
    if (tags != null) {
        throw new AssertionError("...");
    }
    // 將 start_time 和 end_time 轉換成毫秒等級的時間戳記
    final long start = (start_time & Const.SECOND_MASK) == 0 ? start_time
* 1000 : start_time;
    final long end = (end_time & Const.SECOND_MASK) == 0 ? end_time * 1000
: end_time;

    if (span.size() == 0) { // 待增加的 Span 中沒有點，則記錄其中的 Annotation 物件
        for (Annotation annot : span.getAnnotations()) {//
            long annot_start = annot.getStartTime();
            if ((annot_start & Const.SECOND_MASK) == 0) {
                annot_start *= 1000;
            }
```

```
    long annot_end = annot.getStartTime();
    if ((annot_end & Const.SECOND_MASK) == 0) {
      annot_end *= 1000;
    }
    // 如果 Annotation 的起止時間與 start_time~end_time 範圍有交集，則將其記錄
    // 到 annotations 集合中
    if (annot_end >= start && annot_start <= end) {
      annotations.add(annot);
    }
  }
} else { // 待增加的 Span 物件中包含點
  // 取得該 Span 物件中第一個點和最後一個點的時間戳記，並將其格式化成毫秒等級
  long first_dp = span.timestamp(0);
  if ((first_dp & Const.SECOND_MASK) == 0) {
    first_dp *= 1000;
  }
  long last_dp = span.timestamp(span.size() - 1);
  if ((last_dp & Const.SECOND_MASK) == 0) {
    last_dp *= 1000;
  }
  // 該 Span 中存在 start_time 到 end_time 之間的點，就可以將該 Span 物件增加到
  // spans 集合中
  if (first_dp <= end && last_dp >= start) {
    this.spans.add(span);
    annotations.addAll(span.getAnnotations());
    // 記錄該 Span 中的 Annotation 物件
  }
}
}
```

當我們第一次呼叫 SpanGroup.getTags() 或 getTagsAsync() 方法取得 tags
欄位時，會同時計算並初始化 tag_uids、aggregated_tag_uids 和 tags
欄位，後續使用這些欄位時不會重新計算，而是重複使用此次計算結

果（第一次呼叫 SpanGroup.getTagUids() 方法時只會初始化 tag_uids、aggregated_tag_uids 欄位，不會初始化 tags 欄位）。先來簡單看一下 getTagsAsync() 方法的實作方式，程式如下：

```
public Deferred<Map<String, String>> getTagsAsync() {
  // 檢測 tags 欄位，不為 null 則直接傳回（略）
  if (spans.isEmpty()) { // 檢測 spans 集合
    tags = new HashMap<String, String>(0);
    return Deferred.fromResult(tags);
  }
  if (tag_uids == null) {
    computeTags(); // 初始化 tag_uids 欄位
  }
  return resolveTags(tag_uids);// 初始化 tags 欄位
}
```

這裡呼叫的 computeTags() 方法會檢查 spans 欄位中所有的 Span 物件並初始化 aggregated_tag_uids、tag_uids 兩個集合，實作方式程式如下：

```
private void computeTags() {
  // 如果 tag_uids 和 aggregated_tag_uids 欄位已經初始化，則直接傳回（略）
  // 如果 spans 集合為空，則直接將 tag_uids 和 aggregated_tag_uids 欄位初始化為空
  // 集合並傳回（略）

  // tag_set 集合用來儲存所有 Span 的 tag 的交集（即 tag_uids 欄位），
  // discards 集合則是儲存所有 Span tag 的對稱差集（即 aggregated_tag_uids 欄位）
  final ByteMap<byte[]> tag_set = new ByteMap<byte[]>();
  final ByteMap<byte[]> discards = new ByteMap<byte[]>();
  final Iterator<Span> it = spans.iterator();
  while (it.hasNext()) { // 反覆運算所有 Span 物件
    final Span span = it.next();
    final ByteMap<byte[]> uids = span.getTagUids();
    // 取得該 Span 對應的 tag UID
```

```
    for (final Map.Entry<byte[], byte[]> tag_pair : uids.entrySet()) {
      if (discards.containsKey(tag_pair.getKey())) {
        continue;    // 跳過已屬於對稱差集的 tagk，不需要比較 tagv
      }
      final byte[] tag_value = tag_set.get(tag_pair.getKey());
      if (tag_value == null) { // tag_set 中未記錄過該 tagk
        tag_set.put(tag_pair.getKey(), tag_pair.getValue());
      } else if (Bytes.memcmp(tag_value, tag_pair.getValue()) != 0) {
        // 如果兩個 Span 中同一個 tagk 的 tagv 出現衝突，則該 tagk 應被記錄到
        // aggregated_tag_uids 中
        discards.put(tag_pair.getKey(), null);
        tag_set.remove(tag_pair.getKey());
      }
      // 如果所有 Span 中同一個 tagk 的 tagv 都相同，則該 tagk 和 tagv 應被記錄在
      // tag_uids 中
    }
  }
  aggregated_tag_uids = discards.keySet();
  tag_uids = tag_set;
}
```

在 SpanGroup.resolveTags() 方法中，會根據從 computeTags() 方法中獲得的 tag_uids 集合（記錄了 tagk UID 和 tagv UID）初始化 tags 欄位，其中 UID 到對應字串的轉換是透過 TSDB 中對應的 UniqueId 物件實現的。下面我們分析 resolveTags() 方法的實作方式，程式如下：

```
private Deferred<Map<String, String>> resolveTags(final ByteMap<byte[]>
tag_uids) {
  // 檢測 tags 欄位是否已經初始化，若已經初始化完成，則直接傳回（略）
  tags = new HashMap<String, String>(tag_uids.size());
  final List<Deferred<Object>> deferreds =
    new ArrayList<Deferred<Object>>(tag_uids.size());
```

```java
// PairCB 這個 Callback 實現負責將轉換好的 tagk 和 tagv 記錄到 tags 集合中
final class PairCB implements Callback<Object, ArrayList<String>> {
  @Override
  public Object call(final ArrayList<String> pair) throws Exception {
    tags.put(pair.get(0), pair.get(1));
    return null;
  }
}


for (Map.Entry<byte[], byte[]> tag_pair : tag_uids.entrySet()) {
  final List<Deferred<String>> resolve_pair =
      new ArrayList<Deferred<String>>(2);
  // 透過 TSDB.tag_names 欄位 (UniqueId 類型 ) 將 tagk UID 轉換成對應字串
  resolve_pair.add(tsdb.tag_names.getNameAsync(tag_pair.getKey()));
  // 透過 TSDB.tag_values 欄位 (UniqueId 類型 ) 將 tagv UID 轉換成對應字串
  resolve_pair.add(tsdb.tag_values.getNameAsync(tag_pair.getValue()));
  // 等待上述兩個操作完成之後回呼 PairCB
  deferreds.add(Deferred.groupInOrder(resolve_pair).addCallback(new
PairCB()));
  }


  final class GroupCB implements Callback<Map<String, String>,
ArrayList<Object>> {
    @Override
    public Map<String, String> call(final ArrayList<Object> group)
        throws Exception {
      return tags;
    }
  }
  // 等待所有 tagk 和 tagv 都儲存到 tags 中之後，將 tags 欄位傳回
  return Deferred.group(deferreds).addCallback(new GroupCB());
}
```

介紹完 getTags() 方法的整個流程之後，我們再來學習 SpanGroup.
getAggregatedTags() 方法的實現就比較簡單了，其會初始化 aggregated_
tag_uids 和 aggregated_tags 欄位，實際邏輯與前面介紹的 computeTags()
方法及 resolveAggTags() 方法類似，這裡不再贅述，有興趣的讀者可以參
考程式進行學習。

透過前面的介紹我們知道，SpanGroup 中封裝的多個 Span 物件的 tag 可能
不同，但是它們的 metric 必須相同，那麼 SpanGroup.metricName() 方法、
metricNameAsync() 方法和 metricUID() 方法直接呼叫 spans 集合中第一個
Span 物件的對應方法取得 metric 資訊即可，這裡就不再展開分析了。

5.5.1 AggregationIterator

SpanGroup 中剩餘的其他方法，如圖 5-7 所示，都是依賴 AggregationIterator
反覆運算器完成的，現在就來詳細分析一下 AggregationIterator 的實作方
式。

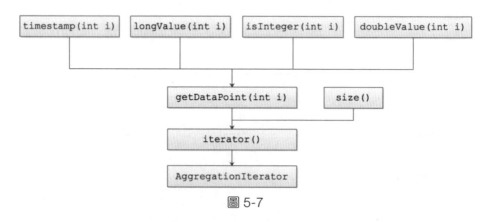

圖 5-7

AggregationIterator 是實現 SpanGroup 核心功能的地方，AggregationIterator
將 SpanGroup 中管理的 Span 物件進行合併和聚合。透過 AggregationIterator

反覆運算獲得的點是按照時間順序排列的，在 AggregationIterator 從一個
Span 物件中取得一個點時，會將它與其他 Span 物件（SpanGroup.spans 欄
位中）的點（timestamp 相同）進行聚合，然後傳回。如果其他 Span 物件
沒有該 timestamp 的點，則會按照 linear interpolation（線性內插）法對缺失
的點進行估算，之後再進行聚合並傳回。

在開始分析之前，我們首先回憶一下 linear interpolation（線性內插）法
的含義（在第 1 章中簡單介紹過），以及 AggregationIterator 為實現 linear
interpolation（線性內插）法的一些設計。linear interpolation（線性內
插）法是指使用連接兩個已知點的直線來確定在這兩個已知點之間的未
知點的方法。如圖 5-8 所示，我們已知座標（$x0$, $y0$）與（$x1$, $y1$），可以
輕鬆獲得 [$x0$, $x1$] 區間內某一位置 x 對應的 y 值，該 y 值就是我們透過
linear interpolation（線性內插）法估算獲得的。

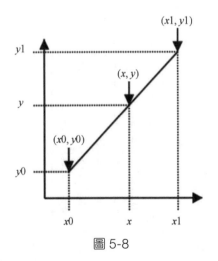

圖 5-8

對應到 AggregationIterator 中，x 軸就是時序資料的時間戳記，y 軸就
是時序資料中各點的值。為了使用 linear interpolation（線性內插）
法估算某個點的值，我們需要同時期它前一個點的資訊（值和時間戳

記），以及它後一個點的資訊（值和時間戳記）。AggregationIterator 會取得每個要反覆運算的 Span 物件對應的反覆運算器，並將它們儲存到 AggregationIterator.iterators（SeekableView[] 類型）欄位中。另外，AggregationIterator.values 和 timestamps（long[] 類型）兩個欄位維護的陣列長度是 iterators 陣列長度的兩倍，這兩個陣列的前半部分維護了每個 Span 目前反覆運算的點的值和時間戳記，後半部分維護了每個 Span 下一次反覆運算的點的值和時間戳記。每次從一個 Span 物件中反覆運算出一個點時，則會將其對應的值和時間戳記從 values 和 timestamps 的後半部分移動到前半部分，後半部分的空缺則由下一個點補充。

下面透過一個範例簡要說明 AggregationIterator 進行反覆運算的過程。這裡假設 AggregationIterator 負責反覆運算兩個 Span 物件（metric 相同但是 tag 不同），所以 AggregationIterator.iterators 陣列的長度為 2，AggregationIterator.values 和 timestamps 陣列的長度是 4，如圖 5-9 所示。

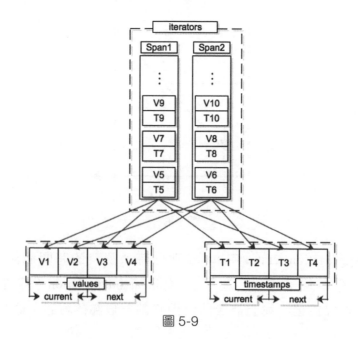

圖 5-9

如果時間戳記 T1<T2，則此次反覆運算可以直接傳回 T1 對應的 V1，因為 AggregationIterator 中沒有比該點時間戳記的值更小的點。如果時間戳記 T2<T1，我們可能認為此次反覆運算需要將 V1 和 V2 進行聚合後傳回，但是這樣並不合適，因為 T1 和 T2 兩個時間戳記並不完全相等，對兩者進行聚合沒有意義，V2 也可能在上次反覆運算中已經被傳回了。此時就需要使用前面介紹的 linear interpolation（線性內插）法估算 Span2 中 T1 時的值，然後將該值與 V1 進行聚合並傳回。

這裡假設時間戳記 T3<T4，接下來繼續下一次反覆運算，則會將點（V3，T3）前移，覆蓋已經反覆運算過的點（V1，T1），並從 Span1 中取出下一個點（V5，T5），覆蓋原來（V3，T3）的位置，如圖 5-10 所示。

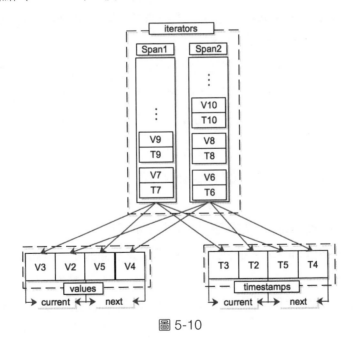

圖 5-10

接下來只要按照前面的步驟繼續進行重複操作，直到將全部 Span 中的點都反覆運算完即可。

了解了 AggregationIterator 的大致工作流程之後，我們來簡單介紹一下 AggregationIterator 中核心欄位的含義，如下所示。

- iterators（SeekableView[] 類型）、values（long[] 類型）、timestamp（long[] 類型）：這三個欄位在前面已經進行了說明，這裡不再贅述。
- current（int 類型）：目前正在使用的 iterators 陣列元素的索引索引。
- pos（int 類型）：values 陣列的索引，在進行聚合時使用，用於標示 pos 位置之前的點已經被聚合過了，後面介紹聚合過程時，會再次說明該欄位的作用。
- start_time、end_time（long 類型）：目前 AggregationIterator 物件反覆運算的起止時間戳記。
- aggregator（Aggregator 類型）：聚合方式，在後面將對 Aggregator 抽象類別及其實現進行詳細分析。
- method（Interpolation 類型）：對缺失點的內插方式，除了前面介紹的 linear interpolation（線性內插）法，還有其他的內插方式。在 OpenTSDB 中定義了 Interpolation 列舉及其內插方式，每個設定值的含義如下。

  - Interpolation.LERP：這就是前面介紹的 linear interpolation（線性內插）法。
  - Interpolation.ZIM：使用零值代替缺失的點。
  - Interpolation.MAX：使用最大值代替缺失的點，例如 Long.MAX_VALUE。
  - Interpolation.MIN：使用最小值代替缺失的點，例如 Long.MIN_VALUE。

另外需要注意的是，該欄位的設定值與後面介紹的 Aggregator.interpolation_method 欄位一致。

AggregationIterator 提供的 create() 靜態方法根據傳入的參數為每個 Span 物件建立對應的反覆運算器，然後建立 AggregationIterator 物件，實作方式程式如下：

```
public static AggregationIterator create(List<Span> spans,
long start_time, long end_time,
    Aggregator aggregator, Interpolation method,
DownsamplingSpecification downsampler,
    long query_start, long query_end, boolean rate, RateOptions
rate_options) {
  int size = spans.size();
  // 該 AggregationIterator 物件反覆運算的 Span 物件的個數
  SeekableView[] iterators = new SeekableView[size];
  // 用於初始化 iterators 欄位
  for (int i = 0; i < size; i++) {
    SeekableView it;
    // 根據 downsampler 參數等決定每個 Span 對應的反覆運算器類型，至於這些反覆運算器
    // 的功能在後面會詳細介紹建置該 Span 物件對應的反覆運算器，即這裡的 it 變數（略）
    iterators[i] = it;
  }
  return new AggregationIterator(iterators, start_time, end_time,
aggregator, method, rate);    // 建立 AggregationIterator 物件
}
```

在 AggregationIterator 的建置方法中，除了初始化前面介紹的各個欄位，還會填充 values 和 timestamps 陣列的後半部分，實作方式程式如下：

```
public AggregationIterator(SeekableView[] iterators, long start_time,
long end_time,
    Aggregator aggregator, Interpolation method, boolean rate) {
  // 初始化 iterators、start_time、end_time、aggregator、method 等欄位（略）
  final int size = iterators.length;
  timestamps = new long[size * 2];    // 初始化 timestamps 陣列和 values 陣列
```

```
values = new long[size * 2];
int num_empty_spans = 0;              // 記錄空 Span 的個數
for (int i = 0; i < size; i++) {      // 檢查所有 Span
  SeekableView it = iterators[i];
  it.seek(start_time);      // 定位到 start_time 位置
  DataPoint dp;
  if (!it.hasNext()) {      // 目前 Span 在 start_time 之後沒有點
    ++num_empty_spans;
    // 將 timestamps 後半部分的對應位置設定為特殊值,該特殊值是一個非常大的 long
    // 值 (非法時間戳記),標示該 Span 物件反覆運算結束,同時也會清空 iterators
    // 陣列中的對應位置
    endReached(i);
    continue;
  }
  dp = it.next();
  if (dp.timestamp() >= start_time) {
    // 將該點的值和時間戳記填充到 values 和 timestamps 後半部分的對應位置
    putDataPoint(size + i, dp);
  } else {
    // 繼續反覆運算該 Span,直到尋找到 start_time 之後的點,或是 Span 反覆運算結束
    while (dp != null && dp.timestamp() < start_time) {
      if (it.hasNext()) {
        dp = it.next();
      } else {
        dp = null;
      }
    }
    if (dp == null) {
      // 將 timestamps 後半部分的對應位置設定為特殊值,標示該 Span 物件反覆運算結
      // 束,同時也會清空 iterators 陣列中的對應位置
      endReached(i);
      continue;
    }
```

```
      putDataPoint(size + i, dp);
   }
   // 對 rate 的的特殊處理，後面會單獨介紹（略）
 }
 // 記錄檔輸出空 Span 的個數（即 num_empty_spans 的值）
}
```

AggregationIterator 實 現 了 SeekableView、DataPoint、Aggregator.
Longs 和 Aggregator.Doubles 四個介面。首先來看其對 SeekableView
介面的實現，在 hasNext() 方法中會根據 end_time 欄位判斷目前
AggregationIterator 物件是否還有可反覆運算的點，實作方式程式如下：

```
public boolean hasNext() {
  final int size = iterators.length;
  for (int i = 0; i < size; i++) {
    // 檢查 timestamps 的後半段，根據比較時間戳記，判斷是否有可反覆運算的點
    if ((timestamps[size + i] & TIME_MASK) <= end_time) {
      return true;
    }
  }
  return false;
}
```

在 AggregationIterator.next() 方法中將下一次反覆運算的點從 values 和
timestamps 陣列的後半部分移動到對應的前半部分，並反覆運算對應的
Span 填充 values 和 timestamps 陣列的後半部分，實作方式程式如下：

```
public DataPoint next() {
  final int size = iterators.length;
  long min_ts = Long.MAX_VALUE; // 記錄反覆運算過程中 timestamp 最小的點
  for (int i = current; i < size; i++) {
    if (timestamps[i + size] == TIME_MASK) {
      timestamps[i] = 0;
```

```
      // 當某個 Span 反覆運算結束時，將其在 timestamps 陣列中對應的前半部分設定為 0
    }
  }

  current = -1; // 將 current 重置為 -1，尋找此次反覆運算使用的 Span
  boolean multiple = false; // 此次反覆運算是否有關多個 Span 物件中的點
  for (int i = 0; i < size; i++) { // 檢查 timestamps 陣列的後半部分
    final long timestamp = timestamps[size + i] & TIME_MASK;
    if (timestamp <= end_time) {
    // 該 AggregationIterator 只傳回 end_time 之前的點
      if (timestamp < min_ts) {
        min_ts = timestamp; // 記錄最小 timestamp
        current = i; // 記錄此次反覆運算使用有關的 Span 索引
        multiple = false;
      } else if (timestamp == min_ts) {
        multiple = true;
        // 發現多個 Span 都包含 min_ts 時間戳記的點，則將 multiple 設定為 true
      }
    }
  }
  // 此時 current 依然為 -1，則表示全部的 Span 都反覆運算完了，拋出例外（略）

  // 將 current 在 values 和 timestamps 陣列中對應的後半部分的值移動到前半部分，
  // 同時還會從對應的 Span 中反覆運算後續的點，填充後半部分的空缺
  moveToNext(current);
  if (multiple) {
  // 如果有多個 Span 同時包含 min_ts 時間戳記的點，則都呼叫 moveToNext() 方法進行處理
    for (int i = current + 1; i < size; i++) {
      final long timestamp = timestamps[size + i] & TIME_MASK;
      if (timestamp == min_ts) {
        moveToNext(i);
      }
    }
  }
}
```

```
    return this;
  }
```

AggregationIterator.moveToNext() 方法將 values 陣列及 timestamps 陣列中
指定位置的元素移動到前半部分的對應位置，然後反覆運算對應的 Span
填充對應陣列的後半部分的空缺，實作方式程式如下：

```
private void moveToNext(final int i) {
  final int next = iterators.length + i;
  timestamps[i] = timestamps[next]; // 移轉 timestamps 陣列中的指定元素
  values[i] = values[next]; // 移轉 values 陣列中的指定元素
  final SeekableView it = iterators[i];
  if (it.hasNext()) {
  // 反覆運算指定 Span，填充 timestamps 陣列及 values 陣列中後半部分的空缺
    putDataPoint(next, it.next());
  } else { // 指定 Span 已經反覆運算完畢，則將 timestamps 陣列後半部分的對應位置
           // 設定成特殊值，並清空
    endReached(i);
  }
}
// AggregationIterator.putDataPoint() 方法的實現程式如下：
private void putDataPoint(final int i, final DataPoint dp) {
  timestamps[i] = dp.timestamp();
  if (dp.isInteger()) {
    values[i] = dp.longValue();  // 設定 values 陣列指定位置的值
  } else {
    values[i] = Double.doubleToRawLongBits(dp.doubleValue());
    timestamps[i] |= FLAG_FLOAT; // 設定 timestamps 陣列指定位置的值
  }
}


// AggregationIterator.endReached() 方法的實現程式如下：
private void endReached(final int i) {
```

```
    timestamps[iterators.length + i] = TIME_MASK;
    // 將 timestamps 陣列中指定位置設定成特殊標識
    iterators[i] = null; // 清空 iterators 陣列中指定位置的值
}
```

從前面介紹的 AggregationIterator.next() 方法的傳回值也可以看出，使
用 AggregationIterator 反覆運算獲得的點其實是 AggregationIterator 物件
本身。正如前面提到的，AggregationIterator 也實現了 DataPoint 介面，
其實現的 longValue()、doubleValue() 等方法都是透過處理 values 陣列和
timestamps 陣列的前半部分實現的，這裡以 longValue() 方法為例進行分
析：

```
public long longValue() {
  if (isInteger()) {
    pos = -1;   // 重置 pos 欄位，為本次聚合做準備
    return aggregator.runLong(this); // 將此次反覆運算有關的點進行聚合並傳回
  }
  throw new ClassCastException("current value is a double: " + this);
}
```

AggregationIterator 提供的其他 DataPoint 介面方法的實現與上面介紹的
longValue() 方法比較類似，這裡不再多作說明了，有興趣的讀者可以參
考原始程式進行學習。

5.5.2 Aggregator

在 OpenTSDB 中，「將多個點聚合成一個點」的行為是使用抽象類別
Aggregator 進行抽象的。在 Aggregator 中有以下兩個欄位。

- name（String 類型）：聚合方式的名稱。
- interpolation_method（Interpolation 類型）：對缺失點的估算方式。

另外，在 Aggregator 中還定義了兩個介面 —Aggregator.Longs 和 Aggregator.Doubles，這兩個介面都是用來向 Aggregator 物件傳遞待聚合點的。抽象類別 Aggregator 的實作方式都定義在 Aggregators 類別中，它們之間的關係如圖 5-11 所示。

圖 5-11

這裡先了解一下抽象類別 Aggregator 的定義：

```
public abstract class Aggregator {

  public abstract long runLong(Longs values);
  // 聚合 long 類型序列並傳回單一 long 值

  public abstract double runDouble(Doubles values);
  // 聚合 double 類型序列並傳回單一 double 值

}
```

Aggregator.Longs 介面是對 long 類型值序列的抽象，其定義類似反覆運算器，如下所示，Aggregator.Doubles 介面的定義與其類似，這裡不再進行詳細介紹。

```
public interface Longs {
    boolean hasNextValue(); // 類似反覆運算器，檢測該序列是否還有值可以反覆運算

    long nextLongValue();    // 傳回下一個值
}
```

Aggregators 中根據聚合方式的不同,定義了多個 Aggregator 的實現,相信讀者透過其類別名稱也能大致推斷出其聚合方式。這裡以 Aggregators. Sum 為例進行分析,剩餘的其他 Aggregator 實現也比較簡單,留給讀者自行分析。Aggregators.Sum 的實現程式如下:

```java
private static final class Sum extends Aggregator {
    // 建置方法接收一個 Interpolation 物件和字串名稱 (略)

    @Override
    public long runLong(final Longs values) {
        long result = values.nextLongValue();
        while (values.hasNextValue()) {   // 檢查 values 序列,傳回求和結果
            result += values.nextLongValue();
        }
        return result;
    }
    // runDouble() 方法的實現與 runLong() 方法類似 (略)
}
```

在 Aggregators 中除定義了多個 Aggregator 抽象類別的實現外,還定義了很多常數。這些常數是不同的 Interpolation 與 Aggregator 實現組合產生的,這裡只列舉幾個常數,如下所示。

```java
public static final Aggregator SUM = new Sum(Interpolation.LERP, "sum");

public static final Aggregator MIN = new Min(Interpolation.LERP, "min");

public static final Aggregator MAX = new Max(Interpolation.LERP, "max");

public static final Aggregator AVG = new Avg(Interpolation.LERP, "avg");

public static final Aggregator NONE = new None(Interpolation.ZIM, "raw");
```

這裡需要簡單説明一下 Aggregators.NONE 常數，它表示的是跳過一切聚合（aggregation）、內插（interpolation）及 Downsample 操作，直接傳回從 HBase 資料表掃描到的時序資料。如果讀者對其他常數有興趣也可以參考程式進行學習。

介紹完 Aggregator 及其實作方式後，回到 AggregationIterator 繼續分析。前面介紹的 AggregationIterator.longValue() 方法呼叫 aggregator.runLongs() 方法完成聚合，其中傳入的物件就是 AggregationIterator 本身，前面也提到過 AggregationIterator 實現了 Aggregator.Longs 介面和 Aggregator.Doubles 介面。這裡主要介紹 AggregationIterator 對 Aggregator.Longs 介面的實現，首先來看 hasNextValue() 方法的實作方式，程式如下：

```
private boolean hasNextValue(boolean update_pos) {
  final int size = iterators.length;
  for (int i = pos + 1; i < size; i++) {
    if (timestamps[i] != 0) { // 對應的 Span 後續還有點可以反覆運算
      if (update_pos) {
        pos = i; // 如果 update_pos 為 true，則後移 pos，表示該位置已經反覆運算過了
      }
      return true;
    }
  }
  return false;
}
```

在 AggregationIterator.nextLongValue() 方法中反覆運算 values 陣列的前半部分，同時根據對應的 timestamp 決定是否進行內插操作，並最後傳回參與聚合的值，實作方式程式如下：

```
public long nextLongValue() {
  if (hasNextValue(true)) {
```

```
// 檢測是否還有待聚合的點，這裡的參數為 true，會後移 pos
final long y0 = values[pos];
if (current == pos) { // 如果 pos 與 current 相等，則不需要進行內插，直接傳回 y0
  return y0;
}
// 取得 current 和 pos 對應點的 timestamp
final long x = timestamps[current] & TIME_MASK;
final long x0 = timestamps[pos] & TIME_MASK;
if (x == x0) {
// 如果 pos 和 current 對應點的 timestamp 相等，則不需要進行內插，直接傳回 y0
  return y0;
}
// 取得 pos 對應的下一個點的值和 timestamp，為後面的內插操作做準備
final long y1 = values[pos + iterators.length];
final long x1 = timestamps[pos + iterators.length] & TIME_MASK;
if (x == x1) {
  return y1;
}
final long r;
switch (method) {
  case LERP: // 前面介紹的線性內插
    r = y0 + (x - x0) * (y1 - y0) / (x1 - x0);
    break;
  case ZIM:   // ZIM 內插方式使用零代替缺失的點
    r = 0;
    break;
  case MAX: // MAX 內插方式使用 Long.MAX_VALUE 代替缺失的點
    r = Long.MAX_VALUE;
    break;
  case MIN: // MIN 內插方式使用 Long.MIN_VALUE 代替缺失的點
    r = Long.MIN_VALUE;
    break;
  default:
```

```
        throw new IllegalDataException("Invalid interpolation somehow??");
    }
    return r;
  }
  throw new NoSuchElementException("no more longs in " + this);
}
```

AggregationIterator.nextDoubleValue() 方法的實現與 nextLongValue() 方法
類似，這裡不再多作説明，有興趣的讀者可以參考原始程式進行學習。

至此，AggregationIterator 的基本原理和實作方式就全部介紹完了。我們
可以回到 SpanGroup 繼續分析剩餘的方法了。

5.6 DownsamplingSpecification

在前面介紹 TSSubQuery 和 TsdbQuery 時，都可以見到 Downsampling
Specification 物件的身影，它主要負責解析並封裝請求中的 downsample
參數。下面來介紹一下 DownsamplingSpecification 的核心欄位。

- interval（long 類型）：取樣的時間間隔，單位是毫秒。
- string_interval（String 類型）：interval 欄位被解析之前的字串，格式
  有 1h、30d 等，解析之後獲得 interval 欄位的毫秒值。
- function（Aggregator 類型）：進行取樣操作時使用的匯總函數。
- fill_policy（FillPolicy 類型）：對於缺失的取樣區間的填充策略。

在 DownsamplingSpecification 的建置函數中解析傳遞進來的 specification
參數，該參數的格式是："interval-function[-fill_policy]"，透過 "-" 字元可
以將其分為三部分，其中的 fill_policy 部分為可選部分，這三部分分別對
應前面介紹的 string_interval、function 和 fill_policy 三個欄位。其中需要

注意的是，如果 specification 參數中的 interval 部分為 "all"，則 interval
欄位將被初始化為 0，在下面介紹 Downsampler 時還會提到這種場景的
相關處理。

另外，在 DownsamplingSpecification 中還提供了上述欄位的 setter/getter
方法，這裡就不再展開詳細介紹了。

5.7 Downsampler

從前面介紹的 Span 中可以看到，它提供了多個 downsample() 方法多載，
這些方法傳回的是 Downsampler 類別 (或是其子類別 FillingDownsampler) 的
物件。Downsampler 負責對指定的時序資料進行取樣（Downsample）處
理，取樣（Downsample）的實際含義在第 1 章介紹 OpenTSDB 的基本概
念時已經介紹過了，這裡不再重複。

首先需要讀者了解的是，Downsampler 類別實現了 SeekableView 介
面和 DataPoint 介面，這樣從 Downsampler 的物件的使用角度來看，
Downsampler 即是一個 DataPoint 物件，也是一個 DataPoint 反覆運算器
（SeekableView 介面），其繼承關係如圖 5-12 所示：

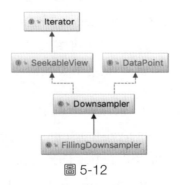

圖 5-12

下面來看一下 Downsampler 中各核心欄位的功能，如下所示。

- specification（DownsamplingSpecification 類 型 ）：DownsamplingSpecification 中封裝了請求中取樣相關的參數資訊，實作方式在前面已經介紹了，這裡不再贅述。
- source（SeekableView 類型）：目前 Downsampler 物件反覆運算該 SeekableView 中的點進行取樣。
- run_all（boolean 類 型 ）：前 面 介 紹 的 DownsamplingSpecification.string_interval 欄位為 "all" 時，該 run_all 會被設定成 true，表示目前 Downsampler 會將 source 欄位中所有點聚合成一個點。
- interval（int 類型）：記錄了每個取樣區間的跨度。
- values_in_interval（ValuesInInterval 類型）：該反覆運算器用於反覆運算目前取樣區間中的點。
- timestamp（long 類型）：目前取樣結果對應的時間戳記。
- value（double 類型）：目前取樣結果的值。
- query_start（long 類型）：記錄了請求中指定的查詢起始時間。
- query_end（long 類型）：記錄了請求中指定的查詢終止時間。

在 開 始 介 紹 Downsampler 的 實 作 方 式 之 前 ， 需 要 先 分 析 一 下 ValuesInInterval 的實作方式。Downsampler 繼承了 SeekableView 介面，它會按照 DownsamplingSpecification.interval 將待取樣的原始點集合（即 source 欄位）切分成多個 ValuesInInterval 物件，Downsampler 負責反覆運算 ValuesInInterval 物件，而每個 ValuesInInterval 物件負責反覆運算每個取樣區間中的原始點，如圖 5-13 所示。從另一個角度看，Downsampler 繼承了 DataPoint 介面，提供了取得取樣結果點的 Value 及 timestamp 的方法。

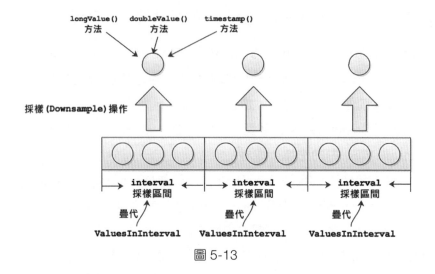

圖 5-13

ValuesInInterval 實現了前面介紹的 Aggregator.Doubles 介面。先來介紹一下 ValuesInInterval 中的核心欄位，如下所示。

- timestamp_end_interval（long 類型）：該取樣區間（interval）的結束時間戳記，如果將整個原始點集合（即 Downsampler.source 欄位）聚合為一個點（即 run_all 為 true），則該欄位會被初始化成 Downsampler.query_end，否則會被初始化成 Downsampling-Specification.interval。

- has_next_value_from_source（boolean 類型）：目前取樣區間中，是否存在下一個原始點。

- next_dp（DataPoint 類型）：目前取樣區間中的下一個原始點。

- initialized（boolean 類型）：標示目前 ValuesInInterval 物件是否被初始化過，預設值為 false。

既然 ValuesInInterval 實現了前面介紹的 Aggregator.Doubles 介面，這裡就從其 hasNextValue() 方法開始分析，大致實現過程如下：

```
public boolean hasNextValue() {
  initializeIfNotDone();
  // 如果目前 ValuesInInterval 物件未初始化，則需要進行初始化
  if (run_all) {
    // 如果是 run_all 模式，則直接根據初始化後的 has_next_value_from_source 判斷
    // 是否存在下一個原始點
    return has_next_value_from_source;
  }
  // 不然不僅要判斷存在可反覆運算的原始點，還要判斷是否到達該 ValuesInInterval 的結尾
  return has_next_value_from_source && next_dp.timestamp() < timestamp_
end_interval;
}
```

在 ValuesInInterval.initializeIfNotDone() 方法中，會初始化上面介紹的
ValuesInInterval 的四個核心欄位，大致實現過程程式如下：

```
protected void initializeIfNotDone() {
  if (!initialized) {
  // 檢測目前 ValuesInInterval 物件是否初始化，則執行初始化操作
    initialized = true;        // 更新初始化狀態
    if (source.hasNext()) {  // 存在可用的原始點
      moveToNextValue();        // 反覆運算原始點並設定值給 next_dp 欄位
      if (!run_all) {
        // 對於非 run_all 模式，需要初始化 timestamp_end_interval 欄位
        timestamp_end_interval = alignTimestamp(next_dp.timestamp())
        // 對齊 interval + specification.getInterval();
      }
    }
  }
}
```

moveToNextValue() 方法是真正更新 next_dp 和 has_next_value_from_
source 欄位的地方，實作方式程式如下：

```
private void moveToNextValue() {
  if (source.hasNext()) {
    has_next_value_from_source = true;
    // 將 has_next_value_from_source 初始化為 true
    if (run_all) {
    // 如果是 run_all 模式，則會將 [query_start, query_end] 之外的點過濾
      while (source.hasNext()) {
        next_dp = source.next();
        if (next_dp.timestamp() < query_start) { // 過濾 query_start 之前的點
          next_dp = null;
          continue;
        }
        if (next_dp.timestamp() >= query_end) { // 過濾 query_end 之後的點
          has_next_value_from_source = false;
        }
        break;
      }
      if (next_dp == null) {
      // 過濾之後沒有合適的點，則將 has_next_value_from_source 設定為 false
        has_next_value_from_source = false;
      }
    } else {
      next_dp = source.next(); // 非 run_all 模式，直接反覆運算原始點
    }
  } else {
    has_next_value_from_source = false; // 原始點已全部反覆運算完
  }
}
```

透過 hasNextValue() 方法確定存在可反覆運算的原始點之後，接下來
就可以呼叫 ValuesInInterval.nextDoubleValue() 方法取得該原始點的
值，該方法會傳回目前 next_dp 欄位所指向的點的值，同時還會呼叫

moveToNextValue() 方法推進 next_dp 欄位指向下一個點並更新 has_next_value_from_source 欄位，實作方式程式如下：

```
public double nextDoubleValue() {
  if (hasNextValue()) { //  透過 hasNextValue() 方法判斷是否存在下一個點
    double value = next_dp.toDouble(); // 取得下一個點的值
    moveToNextValue(); // 更新 next_dp 和 has_next_value_from_source 欄位
    return value;
  }
  throw new NoSuchElementException("...");
}
```

ValuesInInterval.seekInterval() 方法實現了快速找出的功能，其底層實際是呼叫了 SeekableView 介面（Downsampler.source 欄位）的 seek() 方法，這裡不再多作說明，有興趣的讀者可以參考 ValuesInInterval 原始程式進行學習。

在 Downsampler 進行反覆運算時，反覆運算完一個 ValuesInInterval 物件中所有的原始點之後，並不會建立新的 ValuesInInterval 物件來反覆運算下一個取樣區間中的點，而是透過 ValuesInInterval.moveToNextInterval() 方法重用該 ValuesInInterval 物件。在 ValuesInInterval.moveToNextInterval() 方法中首先會呼叫 initializeIfNotDone() 方法重新初始化目前 ValuesInInterval 物件，該方法的實作方式前面已經介紹過了，這裡不再重複，之後會呼叫 resetEndOfInterval() 方法將該 ValuesInInterval 指向下一個取樣區間，實作方式程式如下：

```
void moveToNextInterval() {
  initializeIfNotDone();
  resetEndOfInterval();
}
```

```
private void resetEndOfInterval() {
  if (has_next_value_from_source && !run_all) { // 後續還會有原始點
    // 更新 timestamp_end_interval 欄位
    timestamp_end_interval = alignTimestamp(next_dp.timestamp()) +
        specification.getInterval();
  }
}
```

到這裡 ValuesInInterval 的核心實現就大致介紹完了，下面將回到
Downsampler 繼續分析。

在 Downsampler 的建置方法中，會初始化前面介紹的 Downsampler 的核
心欄位，實作方式程式如下：

```
Downsampler(final SeekableView source, final DownsamplingSpecification
specification,
      final long query_start, final long query_end, final RollupQuery
rollup_query) {
  this.source = source; // 初始化 source、specification 等欄位
  this.specification = specification;
  values_in_interval = new ValuesInInterval();
  // 初始化 values_in_interval 欄位
  this.query_start = query_start; // 指定實際查詢的起止時間戳記
  this.query_end = query_end;
  // 根據 DownsamplingSpecification.string_interval 字串，初始化 run_all
  // 欄位和 interval 欄位
  final String s = specification.getStringInterval();
  if (s != null && s.toLowerCase().contains("all")) {
  // 將 source 集合中全部點聚合成一個點
    run_all = true;
    interval = unit = 0;
  } else {
    run_all = false;
```

```
    interval = unit = 0;
  }
}
```

前面提到 Downsampler 是 SekkableView 介面的實現類別,其 hasNext()
方法和 seek() 方法都是直接呼叫 ValuesInInterval.hasNextValue()
方法和 seekInterval() 方法實現的。Downsampler.next() 方法透過
DownsamplingSpecification 指定的聚合方式(function 欄位)取樣區間中
所有的原始點,進一步獲得一個聚合後的點,大致實現過程如下:

```
public DataPoint next() {
  if (hasNext()) {
    // 根據 DownsamplingSpecification 中指定的聚合方式對 ValuesInInterval 中的點
    // 進行聚合,聚合後的值更新到 value 欄位,後面可以透過 DataPoint 介面的相關方法傳
    // 回該值
    value = specification.getFunction().runDouble(values_in_interval);
    // 取得目前對應的時間戳記,並更新到 timestamp 欄位,後面也是透過 DataPoint 介面
    // 的相關方法傳回
    timestamp = values_in_interval.getIntervalTimestamp();
    // 將 ValuesInInterval 物件指向下一個取樣區間
    values_in_interval.moveToNextInterval();
    return this;
    // 傳回目前的 Downsampler 物件本身,Downsampler 也實現了 DataPoint 介面
  }
  throw new NoSuchElementException("no more data points in " + this);
}
```

下面簡單看一下 Downsampler 對 DataPoint 介面的實現,其 doubleValue()
方法和 toDouble() 方法直接傳回 Downsampler.value 欄位,這裡就不再貼
上程式。Downsampler.timestamp() 方法則是傳回 Downsampler.timestamp
欄位,實作方式程式如下:

```
public long timestamp() {
  if (run_all) { // 整個 source 集合聚合成一個點，則直接傳回 query_start
    return query_start;
  }
  return timestamp; // 傳回目前採用區間對應的時間戳記
}
```

為了讓讀者更進一步地了解 Downsampler 的工作原理，透過下面幾張圖型分析一下 Downsampler 與其內部的 ValuesInInterval 配合工作的流程。OpenTSDB 實際使用 Downsampler 的方式和使用普通反覆運算器的方式類似，先呼叫 Downsampler.hasNext() 方法進行檢測，然後透過前面介紹的 ValuesInInterval.initializeIfNotDone() 方法初始化 ValuesInInterval.next_dp、has_next_value_from_ source 和 timestamp_end_interval 等 欄位，如圖 5-14 所示。

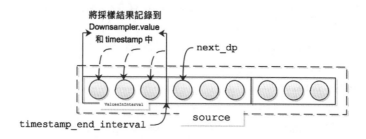

圖 5-14

此時 Downsampler.hasNext() 方法傳回 true，可以繼續呼叫 Downsampler.next() 方法傳回第一個取樣結果，它會根據 DownsamplingSpecification 中指定的聚合方式反覆運算 ValuesInInterval 完成取樣。在取樣過程中不斷推進 next_dp 欄位，如圖 5-15 所示，直到 next_dp 所指向的點超出了目前的取樣區間（即 next_dp.timestamp()>=timestamp_end_interval）。取

樣結果記錄到 Downsampler.value 和 timestamp 欄位中，這樣，就可以透過 Downsampler 中實現的 DataPoint 介面的方法，取得取樣結果的相關資訊。

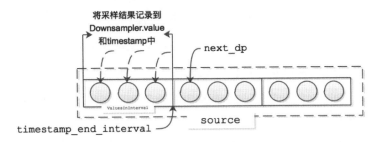

圖 5-15

完成目前取樣區間的計算後會執行 ValuesInInterval.moveToNextInterval() 方法（同樣是在 Downsampler.next() 方法中），該方法根據 next_dp 的 timestamp 值，重新計算 ValuesInInterval. timestamp_end_interval 欄位值，將其指向上一個取樣區間的結束為止，如圖 5-16 所示。

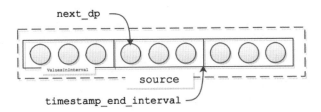

圖 5-16

這樣就可以按照前面的方式繼續反覆運算該取樣區間的原始點，並完成取樣結果的計算。按照上面的步驟周而復始，直到整個 source 集合中的原始點都被反覆運算完，整個取樣過程就結束了。

⬚ FillingDownsampler

在前面介紹 Aggregator 和 AggregationIterator 時提到了 Interpolation（內插）的概念及各個列舉值的含義。與 AggregationIterator 類似的是，當某個取樣區間內沒有任何點時，也就無法進行取樣，此時可以透過指定 FillPolicy 策略（DownsamplingSpecification.fill_policy 欄位）來補充該值。前面對 Downsampler 分析時也能看到，其中並沒有對 FillPolicy 進行特殊處理，而是在其子類別（FillingDownsampler）中實現了 FillPolicy 的相關功能。

首先來分析 FillingDownsampler 的建置方法，其核心操作就是透過 ValuesInInterval. alignTimestamp() 方法將 timestamp 等時間戳記欄位進行對齊，實作方式程式如下所示：

```
FillingDownsampler(SeekableView source, long start_time, long end_time,
    DownsamplingSpecification specification, long query_start,
long end_start) {
  super(source, specification, query_start, end_start);
  // 呼叫父類別的建置方法


  // 檢測 DownsamplingSpecification.fill_policy 欄位指定的策略不能為空（略）
  if (run_all) { // 將整個 sources 集合聚合成一個點
    timestamp = start_time;
    end_timestamp = end_time;
    previous_calendar = next_calendar = null;
  } else {
    // 將 timestam 和 end_timestamp 進行對齊，其中 timestamp 欄位記錄了目前取樣區
    // 間的時間戳記，end_timestamp 欄位記錄了最後一個取樣區間的時間戳記
    timestamp = values_in_interval.alignTimestamp(start_time);
    end_timestamp = values_in_interval.alignTimestamp(end_time);
  }
}
```

FillingDownsampler.hasNext() 方法的實現就要比前面介紹的 Downsampler 簡單得多，其中主要就是比較 timestamp 和 end_timestamp 的值，實作方式程式如下：

```
public boolean hasNext() {
  if (run_all) { // 如果要將 source 集合取樣成一個點
    return values_in_interval.hasNextValue();
  }
  return timestamp < end_timestamp; // 比較 timestamp 和 end_timestamp
}
```

在 FillingDownsampler 中另一個要介紹的就是 next() 方法，該方法與 Downsampler.next() 方法類似，也是用來完成對目前取樣區間進行聚合的，實作方式程式如下：

```
public DataPoint next() {
  if (hasNext()) {
    // 初始化 ValuesInInterval 中的 timestamp_end_interval 和 next_dp 欄位
    values_in_interval.initializeIfNotDone();
    // actual 記錄了目前取樣區間對應的時間戳記
    long actual = values_in_interval.hasNextValue() ?
        values_in_interval.getIntervalTimestamp() : Long.MAX_VALUE;
    // 下面的 while 循環跳過當前取樣區間之前的所有點
    while (!run_all && values_in_interval.hasNextValue()
        && actual < timestamp) {
      specification.getFunction().runDouble(values_in_interval);
      values_in_interval.moveToNextInterval();
      // 將 ValuesInInterval 移動到下一個取樣區間
      actual = values_in_interval.getIntervalTimestamp();
      // 後移 actual 時間戳記
    }
```

```
    if (run_all || actual == timestamp) {
      // 進入需要進行取樣的區間，與 Downsampler 類似，需要使用
      // DownsamplingSpecification 中指定的匯總函數對目前取樣區間中的點進行聚合
      value = specification.getFunction().runDouble(values_in_interval);
      // 處理完成目前取樣區間後，將 ValuesInInterval 移動到下一個取樣區間
      values_in_interval.moveToNextInterval();
    } else {
      // 此時的 timestamp 大於 actual，證明遺失了一個取樣區間，則使用
      // DownsamplingSpecification 中指定的 FillPolicy 策略進行補充。這裡簡單
      // 介紹各個 FillPolicy 策略所填充的值
      switch (specification.getFillPolicy()) {
        case NOT_A_NUMBER: // NULL 和 NOT_A_NUMBER 兩個策略填充 NaN 值
        case NULL:
          value = Double.NaN;
          break;

        case ZERO: // ZERO 策略填充的是 0
          value = 0.0;
          break;

        default:
          throw new RuntimeException("unhandled fill policy");
      }
    }

    if (!run_all) {
      timestamp += specification.getInterval();
      // 目前取樣區間處理完成之後，後移 timestamp
    }
    return this;
  }
  throw new NoSuchElementException("no more data points in " + this);
}
```

為了讓讀者更進一步地了解 FillingDownsampler 的工作原理，這裡透過一個範例整體介紹 FillingDownsampler 的執行過程。FillingDownsampler 物件完成初始化之後的狀態，如圖 5-17（a）所示。呼叫 FillingDownsampler.next() 方法完成目前區間的取樣，如圖 5-17（b）所示。同時，next() 還會後移 timestamp 欄位，如圖 5-17（c）所示。如圖 5-17（d）所示，目前的取樣區間中沒有原始點，則需要使用 FillPolicy 策略補充該區間的取樣結果值。

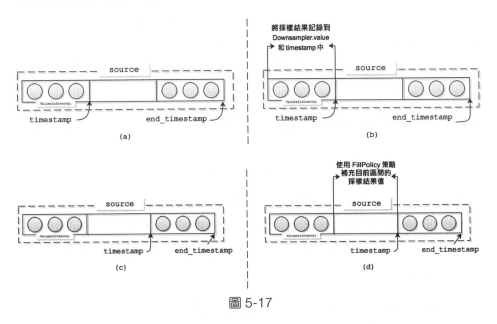

圖 5-17

至此，Downsampler 及其子類別 FillingDownsampler 的工作原理及核心實現就介紹完了。

5.8 TagVFilter

在開始介紹 findSpans() 方法的實作方式之前,需要了解其中有關的元件。首先是 TagVFilter,該抽象類別及其實現主要負責過濾 HBase 表的掃描結果,將不符合查詢準則的時序資料過濾掉。

下面先來介紹一下 TagVFilter 中核心欄位的含義。

- tagk(String 類型):該 TagVFilter 物件過濾的 tagk。
- tagk_bytes(byte[] 類型):tagk 欄位對應的 UID。
- filter(String 類型):過濾條件,該欄位中記錄的是未解析的過濾條件,後面會詳細介紹該欄位的解析和使用。
- tagv_uids(List<byte[]> 類型):可選欄位,其中記錄了過濾使用的 tagv UID。
- group_by(boolean 類型):該 TagVFilter 物件是否會進行分組。
- post_scan(boolean 類型):TagVFilter 大致可以分為兩種,一種是在掃描 RowKey 時進行過濾的(post_scan 欄位為 false),另一種是在完成 HBase 資料表掃描之後再進行過濾(post_scan 欄位為 true)的,預設值為 true。

抽象類別 TagVFilter 中定義的核心方法如下所示。

```java
public abstract class TagVFilter implements Comparable<TagVFilter> {
    // 查詢 tags 參數中是否存在指定 tagk
    public abstract Deferred<Boolean> match(final Map<String, String> tags);

    public abstract String getType(); // TagVFilter 類型

    public abstract String debugInfo(); // 目前 TagVFilter 的基本資訊
}
```

此外，TagVFilter 中還提供了一些基礎的靜態方法供其實現使用，首先來分析 TagVFilter.getFilter() 方法，該方法透過解析傳入的 filter 字串來建立對應的 TagVFilter 物件，實作方式程式如下：

```
public static TagVFilter getFilter(final String tagk, final String
filter) {
  // 檢測 tagk 和 filter 字串是否為空 ( 略 )
  // 如果 filter 字串只包含一個 "*" 字元，則直接傳回 null，在後面介紹的
  // mapToFilters() 方法中會對這種情況進行處理
  if (filter.length() == 1 && filter.charAt(0) == '*') {
    return null;
  }
  final int paren = filter.indexOf('('); // 取得 filter 字串中第一個左括號
  if (paren > -1) { // 當 filter 字串包含小括號時，會進行以下處理
    // 從 filter 字串中截取 type
    final String prefix = filter.substring(0, paren).toLowerCase();
    // 建立 TagVFilter 物件，透過 stripParentheses() 方法將 filter 字串中小括號裡
    // 的內容取出，用作新增 TagVFilter 物件的 filter 欄位
    return new Builder().setTagk(tagk).setFilter(stripParentheses(filter))
        .setType(prefix).build();
  } else if (filter.contains("*")) {
    // 範例 : filter 字串為 "va*" 時，就會建立 TagVWildcardFilter 物件
    return new TagVWildcardFilter(tagk, filter, true);
  } else {
    // 範例 : filter 字串為 "value1|value2|valueN" 或 "value" 時，就會直接傳回
    // null 在後面介紹的 mapToFilters() 方法中將對這種情況進行處理
    return null;
  }
}
```

TagVFilter.mapToFilters () 方法與上面介紹的 getFilter() 方法配合工作，解析多個 filter 字串，並將對應的 TagVFilter 物件整理成 List<TagVFilter>

集合傳回，實作方式程式如下：

```
public static void mapToFilters(final Map<String, String> map,
    final List<TagVFilter> filters, final boolean group_by) {
  // 檢測 map 集合是否為空 (略)
  for (final Map.Entry<String, String> entry : map.entrySet()) {
    // 根據 tagk 和 filter 字串建立 TagVFilter 物件
    TagVFilter filter = getFilter(entry.getKey(), entry.getValue());
    if (filter == null && entry.getValue().equals("*")) {
      // filter 字串只包含 "*" 的處理，建立 TagVWildcardFilter 物件
      filter = new TagVWildcardFilter(entry.getKey(), "*", true);
    } else if (filter == null) {
      // filter 字串包含字面常數，例如："value1|value2|valueN" 或 "value" 的處
      // 理，建立 TagVLiteralOrFilter 物件
      filter = new TagVLiteralOrFilter(entry.getKey(), entry.getValue());
    }
    // 根據 group_by 參數設定 TagVFilter 物件的 group_by 欄位 (略)
    // 最後，如果 filters 集合中沒有重複的 TagVFilter 物件，則將其加入 filters 集合
    // (略)
  }
}
```

下面介紹 OpenTSDB 為 TagVFilter 抽象類別提供的實作方式類別，如圖 5-18 所示。

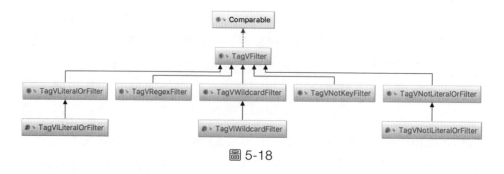

圖 5-18

▨ TagVLiteralOrFilter&TagVILiteralOrFilter

由於篇幅限制，這裡重點以其中幾個實現過程為例介紹。首先來看一下 TagVLiteralOrFilter 的實作方式，其中有 literals 欄位（Set<String> 類型）和 case_insensitive 欄位（boolean），分別記錄了所有需要過濾的 tagv 及是否區分 tagv 的大小寫。在 TagVLiteralOrFilter 的建置函數中使用 "|" 將傳入的 fitler 字串進行切分用於初始化 literals 欄位。

利用 TagVLiteralOrFilter.match() 方法檢測傳入的 tag 集合是否可透過過濾，實作方式程式如下：

```java
public Deferred<Boolean> match(final Map<String, String> tags) {
  final String tagv = tags.get(tagk); // 取得目前時序資料的 tagv
  if (tagv == null) { // 如果 tags 中不包含指定 tag，則直接傳回 false
    return Deferred.fromResult(false);
  }
  // 檢測 lterials 集合中是否包含 tagv
  return Deferred.fromResult(
      literals.contains(case_insensitive ? tagv.toLowerCase() : tagv));
}
```

TagVILiteralOrFilter 繼 承 了 TagVLiteralOrFilter，兩 者 的 區 別 在 於 TagVILiteralOrFilter 在進行過濾時不區分 tagv 的大小寫。

TagVNotLiteralOrFilter 實現的功能與這裡介紹的 TagVLiteralOrFilter 相反，當指定的時序 tag 中包含指定的 tagv 時會被過濾。TagVNotILiteralOrFilter 則繼承了 TagVNotLiteralOrFilter，兩者的區別也是在進行過濾時是否區分 tagv 的大小寫。TagVNotLiteralOrFilter 和 TagVNotILiteralOrFilter 的實作方式與 TagVLiteralOrFilter 類似，這裡不再多作說明，有興趣的讀者可以參考原始程式進行學習。

TagVWildcardFilter&TagVIWildcardFilter

透過前面對 TagVFilter 中靜態方法的介紹可以看出，當 filter 字串中包含 "*" 萬用字元的時候，會對應地建立 TagVWildcardFilter 物件，它可以使用 "*" 作為萬用字元進行過濾。TagVWildcardFilter 中各個欄位的含義如下所示。

- components（String[] 類型）：filter 字串經過萬用字元 "*" 切分之後可能會分為多個部分，這些部分都會記錄到該陣列中。
- has_postfix（boolean 類型）：萬用字元 "*" 是否位於 filter 字串的表頭。
- has_prefix（boolean 類型）：萬用字元 "*" 是否位於 filter 字串的尾部。
- case_insensitive（boolean 類型）：是否區分 tagv 的大小寫。

在 TagVWildcardFilter 的建置方法中將 filter 字串進行切分，並根據切分結果初始化上述結果，實作方式程式如下：

```
public TagVWildcardFilter(String tagk, String filter, boolean
case_insensitive) {
  super(tagk, filter);
  this.case_insensitive = case_insensitive;
  String actual = case_insensitive ? filter.toLowerCase() : filter;
  // 大小寫轉換
  if (actual.charAt(0) == '*') {   // filter 字串的開頭第一個字元是萬用字元 "*"
    has_postfix = true;                // 設定 has_postfix 欄位
    while (actual.charAt(0) == '*') { // 將 filter 字串表頭的 "*" 萬用字元截掉
      if (actual.length() < 2) {
        break;
      }
      actual = actual.substring(1);
    }
  } else {
  // filter 字串開頭第一個字元不是萬用字元 "*"，則將 has_postfix 設定為 false
```

```
    has_postfix = false;
  }
  if (actual.charAt(actual.length() - 1) == '*') {
  // filter 字串的最後一個字元是萬用字元 "*"
    has_prefix = true; // 設定 has_postfix 欄位
    while(actual.charAt(actual.length() - 1) == '*') {
    // 將 filter 字串尾部的 "*" 萬用字元截掉
      if (actual.length() < 2) {
        break;
      }
      actual = actual.substring(0, actual.length() - 1);
    }
  } else {
  // filter 字串最後一個字元不是萬用字元 "*"，則將 has_postfix 設定為 false
    has_prefix = false;
  }
  if (actual.indexOf('*') > 0) {
  // 如果萬用字元 "*" 不在 filter 的頭尾，則按照萬用字元 "*" 進行切分
    components = Tags.splitString(actual, '*');
  } else { // 如果萬用字元 "*" 在 filter 的頭尾，則 components 陣列中只有 actual 部分
    components = new String[1];
    components[0] = actual;
  }
  if (components.length == 1 && components[0].equals("*")) {
    post_scan = false; // 根據 components 陣列設定 post_scan 欄位
  }
}
```

在 TagVWildcardFilter.match() 實現中，根據 filter 字串的切分結果（即 components 欄位），將萬用字元 "*" 在 filter 字串中進行過濾，實作方式程式如下：

```java
public Deferred<Boolean> match(final Map<String, String> tags) {
  String tagv = tags.get(tagk); // 取得目前時序資料的 tagv
  if (tagv == null) { // 如果 tags 中不包含指定的 tag，則直接傳回 false
    return Deferred.fromResult(false);
  } else if (components.length == 1 && components[0].equals("*")) {
    // 如果 filter 字串只有 "*" 萬用字元，則不進行過濾，直接傳回 true
    return Deferred.fromResult(true);
  } else if (case_insensitive) {
    tagv = tags.get(tagk).toLowerCase();
  }
  // 下面根據萬用字元 "*" 在 filter 中的位置，進行過濾
  if (has_postfix && !has_prefix && !tagv.endsWith(components[components.
length-1])) {
    // 萬用字元 "*" 在 filter 開始位置的場景
    return Deferred.fromResult(false);
  }
  if (has_prefix && !has_postfix && !tagv.startsWith(components[0])) {
    // 萬用字元 "*" 在 filter 結束位置的場景
    return Deferred.fromResult(false);
  }
  int idx = 0;
  // 萬用字元 "*" 在 filter 中間位置的場景
  for (int i = 0; i < components.length; i++) {
    if (tagv.indexOf(components[i], idx) < 0) {
      return Deferred.fromResult(false);
    }
    idx += components[i].length();
  }
  return Deferred.fromResult(true);
}
```

TagVIWildcardFilter 繼承了 TagVWildcardFilter，兩者的區別在於 TagVIWildcardFilter 在進行過濾時不區分 tagv 的大小寫。

TagVNotKeyFilter 和 TagVRegexFilter 實現都比較簡單，這裡只對其功能進行簡單說明：TagVNotKeyFilter 的功能是將包含指定 tagk 的時序資料過濾掉；TagVRegexFilter 的功能是透過指定的正規表示法比對指定的 tagv，未符合的時序資料將被過濾掉。對 TagVNotKeyFilter 和 TagVRegexFilter 的實作方式有興趣的讀者可以參考原始程式進行學習。

最後，TagVFilter 中除了上述核心方法，還提供了將 tagk、tagv 字串解析成 UID 的相關方法，這裡簡單介紹一下。首先，TagVFilter.resolveTagkName() 方法負責根據 TagVFilter.tagk 解析獲得對應的 tagk UID，其實作方式程式如下：

```java
public Deferred<byte[]> resolveTagkName(final TSDB tsdb) {
  class ResolvedCB implements Callback<byte[], byte[]> {
    public byte[] call(final byte[] uid) throws Exception {
      tagk_bytes = uid; // 設定 tagk_bytes 欄位
      return uid;
    }
  }
  return tsdb.getUIDAsync(UniqueIdType.TAGK, tagk)
  // 將 tagk 解析成 tagk UID
    .addCallback(new ResolvedCB());
    // 在 ResolvedCB 回呼中會設定 tagk_bytes 欄位
}
```

在 TagVLiteralOrFilter 及 其 子 類 別 TagVILiteralOrFilter 中 覆 蓋 了 TagVFilter.resolveTagkName() 方法，它不僅會解析 tagk，還會解析 tagv。TagVLiteralOrFilter.resolveTagkName() 方法最後是透過呼叫 TagVFilter.resolveTags() 方法完成對 tagk 和 tagv 的解析的，實作方式程式如下：

```java
public Deferred<byte[]> resolveTags(final TSDB tsdb, final Set<String>
  literals) {
  final Config config = tsdb.getConfig();
```

```
class TagVErrback implements Callback<byte[], Exception> {
    ...... // 如果解析 tagv 時出現錯誤，TagVErrback 會根據設定決定是輸出記錄檔還是
           // 向上拋出例外，不再贅述
}


class ResolvedTagVCB implements Callback<byte[], ArrayList<byte[]>> {
    ... ... // 在 ResolvedTagVCB 回呼中會初始化 tagv_uids 集合
}


class ResolvedTagKCB implements Callback<byte[], byte[]> {
    ... ... // 與 TagVFilter.resolveTagkName() 方法中定義的 ResolvedCB 回呼功
           // 能一樣，不再贅述
}


final List<Deferred<byte[]>> tagvs = new ArrayList<Deferred<byte[]>>
(literals.size());
 for (final String tagv : literals) { // 檢查 tagv 字串，一個一個解析成 UID
   tagvs.add(tsdb.getUIDAsync(UniqueIdType.TAGV, tagv)
      .addErrback(new TagVErrback()));
  // 在 TagVErrback 回呼中會輸出記錄檔或拋出例外
 }
// ugly hack to resolve the tagk UID. The callback will return null and we'll
// remove it from the UID list.
tagvs.add(tsdb.getUIDAsync(UniqueIdType.TAGK, tagk) // 解析 tagk
    .addCallback(new ResolvedTagKCB()));
   // 在 ResolvedTagKCB 回呼中初始化 tagk_bytes 欄位

// 在 ResolvedTagVCB 回呼中會初始化 tagv_uids 集合
 return Deferred.group(tagvs).addCallback(new ResolvedTagVCB());
}
```

透過 ResolvedTagVCB 回呼初始化 tagk_bytes 欄位，將解析到的 tagv UID 儲存到該集合中，實作方式程式如下：

```
class ResolvedTagVCB implements Callback<byte[], ArrayList<byte[]>> {
  public byte[] call(final ArrayList<byte[]> results)throws Exception {
    tagv_uids = new ArrayList<byte[]>(results.size() - 1);
    // 初始化 tagv_uids 集合
    for (final byte[] tagv : results) {
      if (tagv != null) {
        tagv_uids.add(tagv);
      }
    }
    Collections.sort(tagv_uids, Bytes.MEMCMP);
    // 將 tagv_uids 集合中的 tagv UID 進行排序
    return tagk_bytes;
  }
}
```

5.9 TSQuery

OpenTSDB 進行查詢的大致流程如下：

（1）網路層收到用戶端的請求之後，將查詢準則解析成 TSQuery 物件。

（2）呼叫 TSQuery.buildQueries() 方法或非同步版本 buildQueriesAsync()
方法，根據 TSQuery 封裝多個 TSSubQuery 物件建立多個 Query 物
件。這裡的 Query 介面是 OpenTSDB 查詢的核心介面之一，它只有
TsdbQuery 一個實現類別，TsdbQuery 的實作方式將在後面進行詳細
介紹。

（3）呼叫所有 Query.run() 方法或其非同步版本 runAsync() 方法，該方法
中會完成對 HBase 表的查詢及查詢結果的整理，最後獲得查詢結果。

本節首先介紹 TSQuery 中核心欄位的實際含義，熟悉 OpenTSDB 使用的
讀者可以看出，這些欄位與 OpenTSDB 查詢 query 介面中的很多欄位類

似。另外，這些欄位都是 TSQuery 中封裝的子查詢共用的。

- start、end（String 類型）：用戶端傳遞的查詢起止時間戳記。
- start_time、end_time（long 類型）：由上面的 start、end 兩個欄位解析取得，並沒有對外提供對應的 setter 方法。
- options（HashMap<String, ArrayList<String>> 類型）：一些查詢的可選項，後面遇到時再進行詳細介紹。
- no_annotations（boolean 類型）：是否查詢 Annotation 資訊。
- with_global_annotations（boolean 類型）：是否查詢全域的 Annotation。
- show_tsuids（boolean 類型）：在查詢結果中是否顯示對應的 tsuid。
- ms_resolution（boolean 類型）：此次查詢是否為毫秒等級的精度。
- show_query（boolean 類型）：查詢結果中是否展示子查詢的詳細資訊。
- show_summary、show_stats（boolean 類型）：查詢結果中是否展示此次查詢相關的概要、統計資訊。
- delete（boolean 類型）：在查詢結束之後，是否立即刪除查詢結果。
- queries（ArrayList<TSSubQuery> 類型）：該 TSQuery 解析之後獲得的多個 TSSubQuery 物件，後面會詳細介紹 TSSubQuery 物件及相關解析過程。

TSQuery 為上述欄位提供了對應的 getter/setter 方法，這裡不再展開贅述。TSQuery 中唯一需要詳細介紹的方法就是 buildQueriesAsync() 方法，其同步版本 buildQueries() 方法是呼叫該非同步方法實現的。TSQuery.buildQueriesAsync() 方法的實作方式程式如下：

```
public Deferred<Query[]> buildQueriesAsync(final TSDB tsdb) {
    // TSSubQuery 物件與解析獲得的 TsdbQuery 物件一一對應
    final Query[] tsdb_queries = new Query[queries.size()];
    final List<Deferred<Object>> deferreds =
        new ArrayList<Deferred<Object>>(queries.size());
```

```
for (int i = 0; i < queries.size(); i++) {
  final Query query = tsdb.newQuery();  // 建立 TsdbQuery 物件
  // TsdbQuery.configureFromQuery() 方法會根據對應的 TSSubQuery 初始化
  // TsdbQuery 物件
  deferreds.add(query.configureFromQuery(this, i));
  tsdb_queries[i] = query;
}

class GroupFinished implements Callback<Query[], ArrayList<Object>> {
  @Override
  public Query[] call(final ArrayList<Object> deferreds) { return
tsdb_queries; }
}
  // 為 TsdbQuery 初始化過程增加回呼，GroupFinished 回呼比較簡單，直接傳回全部
  // TsdbQuery 物件
  return Deferred.group(deferreds).addCallback(new GroupFinished());
}
```

5.10 TSSubQuery

TSQuery 中封裝的是其下所有 TSSubQuery 共用的查詢準則，在每個
TSSubQuery 中也封裝了自己特有的查詢準則，如下所示。

- metric（String 類型）：該子查詢的 metric。

- aggregator（String 類型）：該子查詢使用的聚合方法，解析之後獲得
  agg（Aggregator 類型）欄位。

- tsuids（List<String> 類型）：如果用戶端透過 tsuid 方式進行查詢，則
  該子查詢相關的 tsuid 會被記錄到該集合中。

- downsample（String 類型）：該子查詢使用的 downsampler，解析之後
  獲得 downsample_ specifier（DownsamplingSpecification 類型）欄位。

- filters（List<TagVFilter> 類型）：該子查詢相關的全部 TagVFilter 物件都會被記錄到該集合中。
- explicit_tags（boolean 類型）：是否只查詢包含指定的 tag 的時序資料，該欄位的實際功能在後面介紹 TsdbQuery 時還會詳細介紹。
- index（int 類型）：該 TSSubQuery 物件在 TSQuery.queries 集合中的索引位置。
- rate（boolean 類型）：是否將原始時序資料轉換成比率。
- rate_options（RateOptions 類型）：Rate Conversion 過程的相關控制參數，在後面會詳細介紹。

TSSubQuery 中提供了上述欄位的 getter/setter 方法，這裡不再贅述。

5.11 TsdbQuery

透過前面對整個查詢流程的大致介紹我們知道，OpenTSDB 會根據 TSSubQuery 子查詢中的查詢準則建立對應的 TsdbQuery 物件。TsdbQuery 是 OpenTSDB 實現查詢功能的重要元件之一，其底層會依賴前面介紹的 SpanGroup 等元件。TsdbQuery 會根據指定的條件從 HBase 表中查詢時序資料，下面來介紹 TsdbQuery 中核心欄位的含義。

- start_time、end_time（long 類型）：查詢的起止時間戳記。
- regex（String 類型）：在查詢 HBase 表時，指定的正規表示法主要用於比對 tag，在後續分析中會詳細介紹該正規表示法的作用。
- metric（byte[] 類型）：此次查詢的 metric UID。
- group_bys（ArrayList<byte[]> 類型）：此次查詢獲得的多筆時序資料，會根據該欄位中指定的 tag 進行分組。

- aggregator（Aggregator 類型）：聚合操作的類型，在前面已經詳細介紹過 Aggregator 及其實作方式，這裡不再贅述。
- row_key_literals（ByteMap<byte[][]> 類型）：記錄了過濾 RowKey 時使用的 tagk UID 及 tagv UID。
- filters（List<TagVFilter> 類型）：tagv 的篩檢程式。
- explicit_tags（boolean 類型）：含義同 TSSubQuery.explicit_tags 欄位。
- tsuids（List<String> 類型）：可選項，在使用 tsuid 方式查詢時使用，後面會詳細介紹。
- query_index（int 類型）：該 TsdbQuery 的編號，也就是對應 TSSubQuery 物件在 TSQuery.queries 集合中的索引位置。
- delete（boolean 類型）：在此次查詢結束之後，是否立即刪除查詢到的時序資料。
- rate（boolean 類型）：是否將原始時序資料轉換成比率。
- rate_options（RateOptions 類型）：與 TSSubQuery 中名稱相同欄位的含義相同。

5.11.1 初始化

在前面描述的查詢過程中，建立 TsdbQuery 物件之後會立即呼叫 TsdbQuery.configure- FromQuery() 方法，然後根據對應的 TSSubQuery 物件完成 TsdbQuery 物件的初始化。configureFromQuery() 方法的大致邏輯如下。

（1）從 TSQuery 中尋找對應的 TSSubQuery 物件，並根據該 TSSubQuery 物件初始化 TsdbQuery 中的 start_time、end_time、aggregator、downsampler、query_index 等欄位。

（2）如果該子查詢使用 tsuid 進行查詢，則檢測 tsuids 欄位中所有 tsuid 的 metric 是否相等。

（3）如果該子查詢中未使用 tsuid 進行查詢，則需要：

- 解析 metric 字串，取得對應的 metric UID；
- 如果該子查詢中使用 TagVFilter 進行過濾，則需要解析其中有關的 tagk 和 tagv，取得對應的 UID；
- 呼叫 findGroupBys() 方法，初始化 group_bys 欄位和 row_key_ literals 欄位。

下面分析 TsdbQuery.configureFromQuery() 方法的實作方式，程式如下：

```
public Deferred<Object> configureFromQuery(final TSQuery query, final int
index) {
  // 檢測 TSQuery 和 index 參數是否合法 ( 略 )
  final TSSubQuery sub_query = query.getQueries().get(index);
  // 取得對應的 TSSubQuery 物件
  // 初始化 start_time 和 end_time 欄位，檢測時間戳記是否合法
  setStartTime(query.startTime());
  setEndTime(query.endTime());
  setDelete(query.getDelete()); // 初始化 delete 欄位
  query_index = index;  // 初始化 query_index 欄位

  // 初始化 aggregator、filters、explicit_tags 等欄位，這裡的初始化比較簡單，
  // 程式進行了省略
  aggregator = sub_query.aggregator();
  filters = sub_query.getFilters();
  explicit_tags = sub_query.getExplicitTags();
  ... ...
  // 用戶端使用 tsuid 進行查詢，則優先使用 tsuid
  if (sub_query.getTsuids() != null && !sub_query.getTsuids().isEmpty()) {
    tsuids = new ArrayList<String>(sub_query.getTsuids());
    String first_metric = "";
```

```
    for (final String tsuid : tsuids) {
    // 解析所有 tsuid，確保所有的 metric UID 可用
      if (first_metric.isEmpty()) { // 從第一個 tsuid 中取得 metric UID
        first_metric = tsuid.substring(0, TSDB.metrics_width() *
2).toUpperCase();
        continue;
      }
      // 後續所有 tsuid 中的 metric UID 都需要與 first_metric 進行比較
      final String metric = tsuid.substring(0, TSDB.metrics_width() *
2).toUpperCase();
      if (!first_metric.equals(metric)) {
      // 出現不同的 metric UID，則拋出例外
        throw new IllegalArgumentException("...");
      }
    }
    return Deferred.fromResult(null);
  } else { // 用戶端不使用 tsuid 進行查詢
    // 這裡定義的 MetricCB、FilterCB 等 Callback 實現將在後面進行詳細介紹
    return tsdb.metrics.getIdAsync(sub_query.getMetric())
    // 解析 metric 字串，獲得相應的 UID
      .addCallbackDeferring(new MetricCB());
  }
}
```

解析完 metric 後，回呼 MetricCB，在該 Callback 實現中，會用剛剛解析
到的 metric UID 初始化 TsdbQuery.metric 欄位，然後解析所有 TagVFilter
中有關的 tagk 和 tagv，將它們轉換成對應的 UID。MetricCB 的實作方式
程式如下：

```
class MetricCB implements Callback<Deferred<Object>, byte[]> {
  @Override
  public Deferred<Object> call(final byte[] uid) throws Exception {
    metric = uid;
```

```
    if (filters != null) { // 該查詢需使用 TagVFilter 過濾
      final List<Deferred<byte[]>> deferreds =
              new ArrayList<Deferred<byte[]>>(filters.size());
      for (final TagVFilter filter : filters) {
        // 將 tagk 字串解析成 tagk UID，如果該 filter 是 TagVLiteralOrFilter 物
        // 件，除解析 tagk 外，還會將 tagv 字串解析成對應的 tagv UID，前面已經詳細
        // 介紹過了，這裡不再贅述
        deferreds.add(filter.resolveTagkName(tsdb));
      }
      return Deferred.group(deferreds).addCallback(new FilterCB());
    } else {
      return Deferred.fromResult(null);
    }
  }
}
```

完成 metric、tagk 和 tagv 的解析之後會回呼 FilterCB，在 FilterCB 中會呼叫 findGroupBys() 方法初始化 row_key_literals 欄位和 group_bys 欄位。findGroupBys() 方法執行的步驟大致如下：

（1）對 TsdbQuery.filters 集合進行排序。TagVFilter.compareTo() 方法中比較的是 TagVFilter.tagk 欄位，相同 tagk 的 TagVFilter 會被排列到一起。

（2）反覆運算 tagk 相同的 TagVFilter，記錄 TagVFilter.group_by 欄位為 true 的 TagVFilter 的個數。如果此次反覆運算中存在 TagVLiteralOrFilter 類型的 TagVFilter，則同時會用 literals 集合（ByteMap<Void> 類型）和 literal_filters 集合（List<TagVFilter> 類型）記錄其相關資訊。

（3）根據步驟 2 中取得的資訊，初始化 TsdbQuery.group_bys 和 row_key_literals 欄位。

為了便於讀者了解,這裡列出一張圖簡略介紹整個 TsdbQuery.findGroupBys() 方法的執行過程,如圖 5-19 所示。

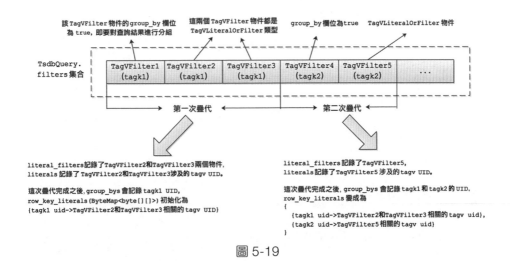

圖 5-19

TsdbQuery.findGroupBys() 方法的實作方式程式如下:

```
private void findGroupBys() {
  // 檢測 filters 欄位是否為空 ( 略 )
  row_key_literals = new ByteMap<byte[][]>();
  Collections.sort(filters); // 排序 filters 集合
  final Iterator<TagVFilter> current_iterator = filters.iterator();
  final Iterator<TagVFilter> look_ahead = filters.iterator();
  byte[] tagk = null;
  TagVFilter next = look_ahead.hasNext() ? look_ahead.next() : null;
  while (current_iterator.hasNext()) {
    next = look_ahead.hasNext() ? look_ahead.next() : null;
    int gbs = 0;
    final ByteMap<Void> literals = new ByteMap<Void>();
    final List<TagVFilter> literal_filters = new ArrayList<TagVFilter>();
    TagVFilter current = null;
```

```
    do { // 反覆運算 tagk 相同的 TagVFilter
   current = current_iterator.next();
   if (tagk == null) { // 初始化 tagk
     tagk = new byte[TSDB.tagk_width()];
     System.arraycopy(current.getTagkBytes(), 0, tagk, 0, TSDB.tagk_
width());
   }

   if (current.isGroupBy()) { // 目前 TagVFilter 物件是否會對查詢結果進行分組
     gbs++;
   }
   if (!current.getTagVUids().isEmpty()) {
   // 對 TagVLiteralOrFilter 的特殊處理
     for (final byte[] uid : current.getTagVUids()) {
       literals.put(uid, null);
     }
     literal_filters.add(current);
   }

   if (next != null && Bytes.memcmp(tagk, next.getTagkBytes()) != 0) {
     break;
   }
   next = look_ahead.hasNext() ? look_ahead.next() : null;
 } while (current_iterator.hasNext() &&
 // 相同 tagk 的 TagVFilter 是否已經反覆運算完畢
   Bytes.memcmp(tagk, current.getTagkBytes()) == 0);

 if (gbs > 0) { // 檢測 gbs，初始化 group_bys 集合
   if (group_bys == null) {
     group_bys = new ArrayList<byte[]>();
   }
   group_bys.add(current.getTagkBytes());
 }
```

```
    // 如果存在 TagVLiteralOrFilter，則使用 tagk UID 和 tagv UID 初始化
    // row_key_literals 欄位
    if (literals.size() > 0) {
      final byte[][] values = new byte[literals.size()][];
      literals.keySet().toArray(values);
      // 使用 TagVLiteralOrFilter 有關的 tagk UID 和 tagv UID 初始化
      // row_key_literals 欄位
      row_key_literals.put(current.getTagkBytes(), values);
      // 將 TagVLiteralOrFilter 物件的 postScan 欄位全部設定成 false。在後面建立
      // Scanner 物件時，會為其建置對應的正規表示法，其中就會將 row_key_literals
      // 欄位考慮進去。這樣，掃描出來的行自然也就是符合這些 TagVLiteralOrFilter
      // 條件的時序資料
      for (final TagVFilter filter : literal_filters) {
        filter.setPostScan(false);
      }
    } else {
      row_key_literals.put(current.getTagkBytes(), null);
    }
  }
}
```

5.11.2 findSpans() 方法

TsdbQuery.run() 和 runAsync() 方法是其核心方法之一，它們會呼叫 findSpans() 方法查詢 HBase 表，然後回呼 GroupByAndAggregateCB 對查詢結果進行分組和聚合，實作方式程式如下：

```
public Deferred<DataPoints[]> runAsync() throws HBaseException {
  return findSpans().addCallback(new GroupByAndAggregateCB());
}
```

TsdbQuery 的核心方法 findSpans() 的大致執行流程如下：

（1）按照 TsdbQuery 中攜帶的查詢準則建立對應的 Scanner 物件（或 SaltScanner 物件）。

（2）檢查 TsdbQuery.filters 欄位，記錄所有的後置 TagVFilter。

（3）根據查詢準則為 Scanner 物件設定合適的 ScannerFilter（例如 KeyRegexpFilter 或 FuzzyRowFilter）。

（4）建立 ScannerCB 物件並呼叫其 scan() 方法開始掃描 HBase 表。

（5）根據步驟 2 中獲得的後置 TagVFilter 集合過濾掃描結果。

（6）將掃描到的時序資料轉換成前面介紹的 Span 物件傳回。

了解了 TsdbQuery.findSpans() 方法的核心流程之後，我們開始實際分析該方法的核心程式實現，如下所示。

```
private Deferred<TreeMap<byte[], Span>> findSpans() throws HBaseException {
  final short metric_width = tsdb.metrics.width(); // metric UID 的長度
  // spans 集合用來儲存查詢結果，其中 key 是 HBase 表中的 RowKey，value 是對應的
  // Span 物件
  final TreeMap<byte[], Span> spans = new TreeMap<byte[], Span>(new
SpanCmp(
        (short)(Const.SALT_WIDTH() + metric_width)));

  final List<TagVFilter> scanner_filters;
  if (filters != null) {
    scanner_filters = new ArrayList<TagVFilter>(filters.size());
    for (final TagVFilter filter : filters) {
      // 這裡會根據 TagVFilter.post_scan 欄位決定是否複製該 TagVFilter 物件
      if (filter.postScan()) {
        scanner_filters.add(filter);
      }
    }
```

```
} else {
  scanner_filters = null;
}


if (Const.SALT_WIDTH() > 0) {
  // 如果 RowKey 的開表頭分設定了 Salt，則需要使用 SaltScanner 進行掃描，
  // 透過 SaltScanner 進行查詢的程式後面詳細介紹，這裡簡略展示程式結構
  return new SaltScanner(...).scan();
}


scan_start_time = DateTime.nanoTime();
final Scanner scanner = getScanner(); // 建立 Scanner
... ... // 這裡省略記錄相關監控的程式
final Deferred<TreeMap<byte[], Span>> results = new
Deferred<TreeMap<byte[], Span>>();


final class ScannerCB implements Callback<Object,
ArrayList<ArrayList<KeyValue>>> {
  ... ... // ScannerCB 的實作方式會在後面詳細介紹
}


new ScannerCB().scan();
return results;
}
```

5.11.3 建立 Scanner

接下來分析 TsdbQuery.getScanner() 方法，該方法根據目前子查詢的相關
條件建立 Scanner 物件並設定相關屬性。TsdbQuery.getScanner() 方法的
實作方式程式如下：

```
protected Scanner getScanner(final int salt_bucket) throws HBaseException {
  final short metric_width = tsdb.metrics.width();
  // 如果使用 TSUIDs 進行查詢，則從其中解析出待查詢的 metric
  if (tsuids != null && !tsuids.isEmpty()) {
    final String tsuid = tsuids.get(0);
    final String metric_uid = tsuid.substring(0, metric_width * 2);
    // 取得 metric UID
    metric = UniqueId.stringToUid(metric_uid);
    // metric UID 轉換成 metric 字串
  }

  // 呼叫 QueryUtil.getMetricScanner() 靜態方法建立 Scanner，這裡的參數都比較好
  // 了解，但需要注意的是，當 end_time 欄位設定為 UNSET(-1) 時會掃描到 HBase 表的結
  // 尾。另外，這裡掃描的起止時間並不是簡單的 start_time 和 end_time 欄位值，而是經
  // 過 getScanStartTimeSeconds() 方法和 getScanEndTimeSeconds() 方法計算獲得
  // 的，後面再詳細介紹這兩個方法，這裡讀者先注意這兩點即可
  final Scanner scanner = QueryUtil.getMetricScanner(tsdb, salt_bucket,
metric,
      (int) getScanStartTimeSeconds(), end_time == UNSET
      ? -1  : (int) getScanEndTimeSeconds(), tsdb.table, TSDB.FAMILY());

  if (tsuids != null && !tsuids.isEmpty()) {
    // 如果使用 tsuid 進行查詢，則需要在掃描時設定過濾條件
    createAndSetTSUIDFilter(scanner);
  } else if (filters.size() > 0) { // 設定掃描時使用的 Filter
    createAndSetFilter(scanner);
  }
  return scanner;
}
```

首先來看一下 QueryUtil.getMetricScanner() 方法，它是建立 Scanner 物件的通用方法，在該方法中不僅建立了 Scanner 物件，還指定了掃描的表名、列簇、RowKey 的起止時間戳記和 metric 等資訊，實作方式程式如下：

```
public static Scanner getMetricScanner(final TSDB tsdb, final int
salt_bucket,
    final byte[] metric, final int start, final int stop,
    final byte[] table, final byte[] family) {
  final short metric_width = TSDB.metrics_width();
  final int metric_salt_width = metric_width + Const.SALT_WIDTH();
  // 建置掃描的起止 RowKey
  final byte[] start_row = new byte[metric_salt_width + Const.TIMESTAMP_
BYTES];
  final byte[] end_row = new byte[metric_salt_width + Const.TIMESTAMP_
BYTES];

  if (Const.SALT_WIDTH() > 0) {
    // 如果 RowKey 中包含 salt，則將指定的 salt_bucket 複製到 RowKey 的表頭
    final byte[] salt = RowKey.getSaltBytes(salt_bucket);
    System.arraycopy(salt, 0, start_row, 0, Const.SALT_WIDTH());
    System.arraycopy(salt, 0, end_row, 0, Const.SALT_WIDTH());
  }
  // 設定掃描 RowKey 的起止時間
  Bytes.setInt(start_row, start, metric_salt_width);
  Bytes.setInt(end_row, stop, metric_salt_width);
  // 設定掃描 RowKey 的 metric
  System.arraycopy(metric, 0, start_row, Const.SALT_WIDTH(), metric_width);
  System.arraycopy(metric, 0, end_row, Const.SALT_WIDTH(), metric_width);
  // 建立 Scanner 物件，並指定掃描表
  final Scanner scanner = tsdb.getClient().newScanner(table);
  // 每次 HBase 發起 RPC 請求傳回的行數
  scanner.setMaxNumRows(tsdb.getConfig().scanner_maxNumRows());
  scanner.setStartKey(start_row); // 設定掃描的起止範圍
  scanner.setStopKey(end_row);
  scanner.setFamily(family); // 掃描的列簇
  return scanner;
}
```

如果透過 tsuid 進行查詢，則需要呼叫 createAndSetTSUIDFilter() 方法為 Scanner 物件設定掃描 HBase 表時使用的正規表示法，可以減少從 HBase 表中傳回無用的行。TsdbQuery.createAndSetTSUIDFilter() 方法的實作方式程式如下：

```java
private void createAndSetTSUIDFilter(final Scanner scanner) {
  if (regex == null) {
    // QueryUtil.getRowKeyTSUIDRegex() 方法會根據 TSUIDS 產生正規表示法
    regex = QueryUtil.getRowKeyTSUIDRegex(tsuids);
  }
  // 使用指定的正規表示法進行過濾，底層實際是為 Scanner 增加了一個 KeyRegexpFilter
  scanner.setKeyRegexp(regex, CHARSET);
}
```

QueryUtil.getRowKeyTSUIDRegex() 方法根據此次查詢使用的 tsuid 產生 Scanner 掃描 RowKey 時使用的正規表示法，最後產生的正規表示法如圖 5-20 所示。

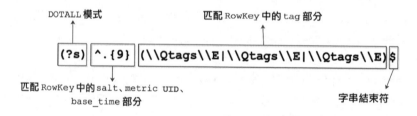

圖 5-20

QueryUtil.getRowKeyTSUIDRegex() 方法的實作方式程式如下：

```java
public static String getRowKeyTSUIDRegex(final List<String> tsuids) {
  Collections.sort(tsuids); // 將 TSUIDS 集合進行排序
  final short metric_width = TSDB.metrics_width();
  int tags_length = 0;
```

```
// 用於統計 TSUIDS 集合下所有 tsuid 中的 tag 部分 UID 的總長度
// uids 用於記錄所有 tsuid 中的 tag 部分
final ArrayList<byte[]> uids = new ArrayList<byte[]>(tsuids.size());
for (final String tsuid : tsuids) { // 檢查 tsuids 集合
  // 截掉 tsuid 中的 metric UID 部分,剩餘的就是所有 tag 對應的 UID
  final String tags = tsuid.substring(metric_width * 2);
  final byte[] tag_bytes = UniqueId.stringToUid(tags);
  // tag 部分的 UID 轉換成 byte[]
  tags_length += tag_bytes.length;
  uids.add(tag_bytes);
}
// 下面根據這裡獲得的 uids 集合,建立 Scanner 使用的運算式
final StringBuilder buf = new StringBuilder( 13  + (tsuids.size() * 11)
+ tags_length);
buf.append("(?s)")   // DOTALL 模式 .
    // 比對 RowKey 中的 salt、metric UID 及 base_time 三部分
    .append("^.{")
    .append(Const.SALT_WIDTH() + metric_width + Const.TIMESTAMP_BYTES)
    .append("}(");
// 檢查 uids 集合,此循環將獲得正規表示法中的 "\\Qtags\\E|\\Qtags\\E"
for (final byte[] tags : uids) {
  // quote the bytes
  buf.append("\\Q");
  addId(buf, tags, true);
  buf.append('|');
}

buf.setCharAt(buf.length() - 1, ')');
// 將最後的 "|" 取代成 ")",正規表示法中比對 tag 的部分結束
buf.append("$"); // 增加 "$" 結束符號
return buf.toString();
}
```

如果此次查詢未指定 TSUIDS，而是透過指定了 TagVFilter（所有相關的 TagVFilter 都記錄在 TsdbQuery.filters 集合中）進行過濾，則透過 TsdbQuery.createAndSetFilter() 方法為 Scanner 物件指定掃描時使用的正規表示法。createAndSetFilter() 方法底層是透過呼叫 QueryUtil.setData-TableScanFilter() 方法實現的。這裡首先說明一下 setDataTableScanFilter() 方法上幾個相關參數的含義。

- explicit_tags（boolean 類型）：如果該參數為 true，則掃描結果傳回的是只包含 row_key_literals 中指定 tag 的行；如果該參數為 false，則傳回包含 row_key_literals 中指定 tag 的行。

- enable_fuzzy_filter（boolean 類型）：是否為 Scanner 物件設定 FuzzyRowFilter，當 explicit_tags 參數為 false 時直接忽略該參數。

QueryUtil.setDataTableScanFilter() 方法根據 explicit_tags 參數的值產生不同格式的正規表示法，並根據 enable_fuzzy_filter 參數的值為 Scanner 物件增加不同類型的 ScanFilter，這裡簡單介紹一下 setDataTableScanFilter() 方法產生的正規表示法。

- 當參數 explicit_tags 為 false 時，產生的正規表示法格式如圖 5-21 所示。

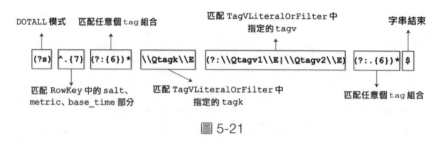

圖 5-21

- 當參數 explicit_tags 為 true 時，產生的正規表示法格式如圖 5-22 所示。

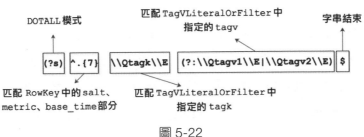

圖 5-22

當 explicit_tags 參 數 為 true 時，QueryUtil.setDataTableScanFilter() 方法根據參數 enable_fuzzy_ filter 的設定值決定是否為 Scanner 物件增加 FuzzyRowFilter。FuzzyRowFilter 是 HBase 表中提供的一種可以模糊查詢 RowKey 的 Filter，用以快速推進掃描位置，加強查詢速度。這裡的「模糊查詢」是指確定 RowKey 中部分的值（可以不是字首），如果確定 RowKey 的字首，則無須使用 FuzzyRowFilter。

這裡透過官方 API 中提到的範例對 FuzzyRowFilter 進行簡單介紹。現在假設一張 HBase 表的 RowKey 的格式是 userId_actionId_year_month，並且 RowKey 中各個部分的長度固定，其中 userId 長度為 4 個位元組，actionId 長度是 2 個位元組，year 長度是 4 個位元組，month 長度是 2 個位元組。如果想要查詢 actionId 部分為 99 且 month 部分為 01 的所有 RowKey，那麼需要取得的 RowKey 的大致格式就是 "????_99_????_01"（其中一個 "?" 代表一個位元組的長度）。我們可以看出，actionId 和 month 這兩部分都不是 RowKey 的字首，如果不使用 FuzzyRowFilter，則需要手動進行全資料表掃描，過濾出符合條件的 RowKey。

此 時，FuzzyRowFilter 就 有 了 用 武 之 地。 使 用 FuzzyRowFilter 時需要提供兩個參數：一個是用於掃描時進行符合的 RowKey，即這裡 的 "????_99_????_01"（ 也 可 以 是 "\x00\x00\x00\ 00_99_\x00\x00\ x00\00_01"）；另一個參數是 fuzzy_mask（官方 API 稱其為 fuzzy_info），

它由 "1" 和 "0" 組成,其中 "1" 表示的是模糊符合的位元組,"0" 表示的是固定部分的位元組,該例中的 fuzzy_mask 為 "\x01\x01\x01\x01\x00\x00\x00\x00\x01\x01\x01\x01\x00\x00\x00",其中前 4 個位元組表示模糊比對 userId 部分,緊接的 4 個位元組表示固定比對 "_99_",接下來 4 個位元組表示模糊比對 year 部分,最後 3 個位元組表示固定比對 "_01" 部分。

在使用 FuzzyRowFilter 後,就不必手動掃描全部 RowKey 進行過濾,而是由 FuzzyRowFilter 將不符合條件的 RowKey 直接過濾掉,這樣就能在某種程度上加快 HBase 表的掃描速度。需要讀者了解的是,在使用 FuzzyRowFilter 時有幾個先決條件:一個是 RowKey 及組成 RowKey 的各個部分的長度是固定的,在 RowKey 或組成部分變長的場景中無法使用;另一個就是 FuzzyRowFilter 本質上也是資料表掃描,如果使用 FuzzyRowFilter 之後並沒有過濾掉多少行資料,效能也就無法有顯著的提升。

介紹完 QueryUtil.setDataTableScanFilter() 方法有關的基礎內容之後,下面開始詳細分析該方法的實作方式,如下所示:

```java
public static void setDataTableScanFilter(Scanner scanner, List<byte[]>
group_bys,
    ByteMap<byte[][]> row_key_literals, boolean explicit_tags,
    boolean enable_fuzzy_filter, int end_time) {
// 若group_bys欄位和row_key_literals欄位都為空,則不需要建立正規表示法,
// 該方法直接傳回(略)
final int prefix_width = Const.SALT_WIDTH() + TSDB.metrics_width() +
    Const.TIMESTAMP_BYTES;
final short name_width = TSDB.tagk_width();
final short value_width = TSDB.tagv_width();
final byte[] fuzzy_key;    // FuzzyRowFilter中使用的RowKey
final byte[] fuzzy_mask;   // FuzzyRowFilter中使用的fuzzy_mask
if (explicit_tags && enable_fuzzy_filter) {
```

```
    // 正如前面介紹的，只有explicit_tags和enable_fuzzy_filter兩個參數都為
    // true，才會為Scanner物件增加FuzzyRowFilter，此時才有初始化fuzzy_key
    // 和fuzzy_mask的必要
    fuzzy_key = new byte[prefix_width + (row_key_literals.size() *
        (name_width + value_width))];
    fuzzy_mask = new byte[prefix_width + (row_key_literals.size() *
        (name_width + value_width))];
    // 將目前RowKey儲存到fuzzy_key中
    System.arraycopy(scanner.getCurrentKey(), 0, fuzzy_key, 0,
        scanner.getCurrentKey().length);
} else {
    fuzzy_key = fuzzy_mask = null;
}
// 建立正規表示法，其中還會填充fuzzy_key和fuzzy_mask的tag部分，
// QueryUtil.getRowKeyUIDRegex()方法的實作方式在後面會詳細分析
final String regex = getRowKeyUIDRegex(group_bys, row_key_literals,
    explicit_tags, fuzzy_key, fuzzy_mask);
final KeyRegexpFilter regex_filter = new KeyRegexpFilter(
    regex.toString(), Const.ASCII_CHARSET);
if (!(explicit_tags && enable_fuzzy_filter)) {
    scanner.setFilter(regex_filter);
    // 不使用FuzzyRowFilter時，只增加KeyRegexpFilter即可
    return;
}
// 使用FuzzyRowFilter時，需要修改掃描的起始RowKey，此時的fuzzy_key中的tag
// 部分已經被填充
scanner.setStartKey(fuzzy_key);
final byte[] stop_key = Arrays.copyOf(fuzzy_key, fuzzy_key.length);
Internal.setBaseTime(stop_key, end_time);
int idx = Const.SALT_WIDTH() + TSDB.metrics_width() +
    Const.TIMESTAMP_BYTES + TSDB.tagk_width();
// 修改掃描的終止RowKey，stop_key中的tag部分已經被填充
while (idx < stop_key.length) {
```

```
    for (int i = 0; i < TSDB.tagv_width(); i++) {
      stop_key[idx++] = (byte) 0xFF;
    }
    idx += TSDB.tagk_width();
  }
  scanner.setStopKey(stop_key);
  // 將 KeyRegexpFilter 和 FuzzyRowFilter 封裝進 FilterList 並增加到 Scanner 中，
  // 兩個 ScannerFilter 會同時影響整個掃描過程
  final List<ScanFilter> filters = new ArrayList<ScanFilter>(2);
  filters.add(new FuzzyRowFilter(
          new FuzzyRowFilter.FuzzyFilterPair(fuzzy_key, fuzzy_mask)));
  filters.add(regex_filter);
  scanner.setFilter(new FilterList(filters));
}
```

接下來分析 QueryUtil.getRowKeyUIDRegex() 方法，在該方法中主要
完成兩件事，一是根據參數 row_key_literal 和 explicit_tags 產生指定
格式的正規表示法，二是填充 fuzzy_key 和 fuzzy_mask 兩個陣列。
getRowKeyUIDRegex() 方法的實作方式程式如下：

```
public static String getRowKeyUIDRegex(List<byte[]> group_bys,
ByteMap<byte[][]>
        row_key_literals, boolean explicit_tags, byte[] fuzzy_key, byte[]
fuzzy_mask) {
  if (group_bys != null) { // 排序 group_bys 集合
    Collections.sort(group_bys, Bytes.MEMCMP);
  }
  final int prefix_width = Const.SALT_WIDTH() + TSDB.metrics_width() +
      Const.TIMESTAMP_BYTES;
  // 計算 RowKey 字首 (salt、metric、timestamp 三部分組成 ) 的長度
  final short name_width = TSDB.tagk_width();
  final short value_width = TSDB.tagv_width();
  final short tagsize = (short) (name_width + value_width);
```

```java
final StringBuilder buf = new StringBuilder(...);// 預分配空間，不再贅述

// 下面開始建立正規表示法，首先比對 RowKey 中的 salt、metric、base_time
buf.append("(?s)")  // 使用 DOTALL 模式
    // 比對 RowKey 中的 salt、metric UID 及 base_time 三部分
    .append("^.{")
    .append(Const.SALT_WIDTH() + TSDB.metrics_width() +
Const.TIMESTAMP_BYTES)
    .append("}");

final Iterator<Entry<byte[], byte[][]>> it = row_key_literals == null ?
    new ByteMap<byte[][]>().iterator() : row_key_literals.iterator();
int fuzzy_offset = Const.SALT_WIDTH() + TSDB.metrics_width();
if (fuzzy_mask != null) {
  while (fuzzy_offset < prefix_width) {
  // 將 fuzzy_mask 中的 salt、metric 部分填充為 1
    fuzzy_mask[fuzzy_offset++] = 1;
  }
}

while (it.hasNext()) { // 檢查 row_key_literals 集合，開始建置正規表示法
  Entry<byte[], byte[][]> entry = it.hasNext() ? it.next() : null;
  final boolean not_key =
      entry.getValue() != null && entry.getValue().length == 0;

  if (!explicit_tags) {
  // 如果不使用 explicit_tags 功能，則可以包含多個未指定的 tag 組合
    buf.append("(?:.{").append(tagsize).append("})*");
    // 比對未指定的 tag 組合
  } else if (fuzzy_mask != null) {
    // 如果要使用 FuzzyRowFilter，則將填充 fuzzy_key 中對應的 tagk 部分，同時將
    // fuzzy_mask 的對應部分填充成 1
    System.arraycopy(entry.getKey(), 0, fuzzy_key, fuzzy_offset,
```

```
name_width);
      fuzzy_offset += name_width;
      for (int i = 0; i < value_width; i++) {
        fuzzy_mask[fuzzy_offset++] = 1;
      }
    }
    if (not_key) { // 如果此次反覆運算中只包含 tagk，不包含 tagv，則比對任意 tagv
      buf.append("(?!");
    }


    buf.append("\\Q");
    // 開始追加 "\\Qtags\\E" 部分，用來比對 TagVFilter 中指定的 tag 組合
    addId(buf, entry.getKey(), true); // 追加 tagk UID
    if (entry.getValue() != null && entry.getValue().length > 0) {
    // Add a group_by.
      buf.append("(?:");
      for (final byte[] value_id : entry.getValue()) {
      // 追加 tagv UID，兩兩之間透過 "|" 分隔
        if (value_id == null) { continue; }
        buf.append("\\Q");
        addId(buf, value_id, true);
        buf.append('|');
      }
      buf.setCharAt(buf.length() - 1, ')');
    } else {
      buf.append(".{").append(value_width).append('}');  // Any value ID.
    }
    if (not_key) { buf.append(")"); }
  }
  if (!explicit_tags) {
  // 如果不使用 explicit_tags 功能，則可以包含多個未指定的 tag 組合
    buf.append("(?:.{").append(tagsize).append("})*");
  }
```

```
  buf.append("$");
  return buf.toString();
}
```

根據前面對 QueryUtil.setDataTableScanFilter() 方法產生的正規表示法及 FuzzyRowFilter 的介紹，相信讀者已經較為清晰地了解了getRowKeyUIDRegex() 方法的執行原理。

至此，我們已經介紹了建立 Scanner 物件的核心流程，這裡再介紹一下建立 Scanner 物件時使用的起止時間，讀者可能會認為直接使用請求（即 TsdbQuery）中指定的起止時間即可，事實上並沒有這麼簡單，這裡有關 TsdbQuery.getScanStartTimeSeconds() 和 getScanEndTimeSeconds() 兩個方法，這兩個方法負責調整查詢的起止時間，大致原理如圖 5-23 所示。

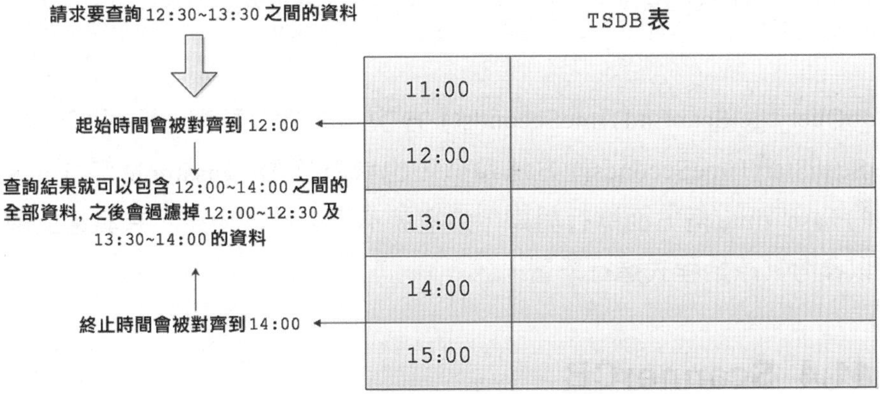

圖 5-23

首先來看一下 getScanStartTimeSeconds() 方法，其中有關兩個方面的對齊，一方面是針對 Downsample 的對齊，另一方面是針對 RowKey 中的base_time 的對齊，實作方式程式如下：

```
private long getScanStartTimeSeconds() {
  long start = getStartTime(); // 取得 start_time 欄位值
```

```
if ((start & Const.SECOND_MASK) != 0L) {
// 如果查詢使用的是毫秒等級的時間戳記，則轉換成秒等級
  start /= 1000L;
}
// 如果指定了 Downsample，則需要將查詢起始時間進行對齊，即將 interval_aligned_ts
// 設定成 DownsamplingSpecification.interval 的整數倍
long interval_aligned_ts = start;
if (downsampler != null && downsampler.getInterval() > 0) {
  final long interval_offset = (1000L * start) % downsampler.
getInterval();
  interval_aligned_ts -= interval_offset / 1000L;
}
// 將時間 interval_aligned_ts 轉換成小時的整數倍
final long timespan_offset = interval_aligned_ts % Const.MAX_TIMESPAN;
final long timespan_aligned_ts = interval_aligned_ts - timespan_offset;
return timespan_aligned_ts > 0L ? timespan_aligned_ts : 0L;
}
```

TsdbQuery.getScanEndTimeSeconds() 方 法 的 實 現 與 這 裡 介 紹 的 getScanStartTimeSeconds() 方法類似，也會針對 Downsample 和 RowKey 中的 base_time 兩方面進行對齊，這裡就不再多作説明了，有興趣的讀者可以參考其原始程式進行學習。

5.11.4 ScannerCB

透過前面的介紹，我們大致了解了建立 Scanner 物件的流程。在取得 Scanner 物件之後，TsdbQuery.findSpans() 方法會建立 ScannerCB 實例並呼叫其 scan() 方法開始掃描 HBase 表。在 ScannerCB.scan() 方法中直接呼叫 Scanner.nextRows() 方法傳回掃描 HBase 表傳回的資料行，並將目前 ScannerCB 作為回呼物件進行註冊，實作方式程式如下：

```
public Object scan() {
  return scanner.nextRows().addCallback(this).addErrback(new ErrorCB());
}
```

ScannerCB.call() 方法中封裝了處理 HBase 資料表掃描結果的核心流程，在分析該方法的實作方式時，會同時介紹 ScannerCB 中幾個核心欄位的功能，實作方式程式如下：

```
public Object call(final ArrayList<ArrayList<KeyValue>> rows) throws
Exception {
  try {
    // 如果掃描結束（即 Scanner.nextRows() 方法傳回值為 null），則關閉目前使用的
    // Scanner 物件並傳回 null（略）
    // 檢測此次掃描是否逾時，在 ScannerCB.scanner_start 欄位中記錄了 ScannerCB 開
    // 始掃描的時間戳記，ScannerCB.timeout 欄位中則儲存了使用者設定的查詢逾時
    // （對應設定項目是 tsd.query.timeout）
    if (timeout > 0 && DateTime.msFromNanoDiff(
        DateTime.nanoTime(), scanner_start) > timeout) {
      throw new InterruptedException("Query timeout exceeded!");
    }

    final List<Deferred<Object>> lookups =
        filters != null && !filters.isEmpty() ?
            new ArrayList<Deferred<Object>>(rows.size()) : null;

    for (final ArrayList<KeyValue> row : rows) { // 檢查此次掃描到的行
      final byte[] key = row.get(0).key(); // 取得每行資料的 RowKey
      // 檢測每個 RowKey 中的 metric 是否與目標 metric 一致，若不一致則拋出例外（略）
      // 記錄一些監控資訊，舉例來說，TagVFilter 過濾之前的行數和點的個數等（略）

      if (scanner_filters != null && !scanner_filters.isEmpty()) {
        lookups.clear();
        // 從 RowKey 中解析到對應的 tsuid，UniqueId.getTSUIDFromKey() 方法前面
```

```
    // 已經介紹過了，這裡不再多作說明取得 tsuid 的詳細過程
    final String tsuid =  UniqueId.uidToString(UniqueId.
getTSUIDFromKey(key,
        TSDB.metrics_width(), Const.TIMESTAMP_BYTES));
    // 在 ScannerCB 處理掃描結果時會將已知的、符合查詢準則的 tsuid 記錄到
    // ScannerCB.keepers 欄位（Set<String> 類型）中，將已知的、不符合條件的
    // tsuid 記錄到 ScannerCB.skips 欄位（Set<String> 類型）中
    // 如果在前面的掃描中已經將該 tsuid 過濾掉，則此次直接跳過該行資料也將直接被
    // 過濾掉
    if (skips.contains(tsuid)) {
      continue;
    }
    // 如果在前面的掃描中未處理過該 tsuid，則在下面對應處理
    if (!keepers.contains(tsuid)) {
      // 根據 GetTagsCB 回呼物件的過濾結果，將對應的 tsuid 增加到 keepers 集合
      // 或 skips 集合中，對應透過過濾的資料行，將呼叫 processRow() 進行處理
      class MatchCB implements Callback<Object, ArrayList<Boolean>> {
        ... ...
      }

      // GetTagsCB 將從 RowKey 中解析到的 tag 資訊傳入 scanner_filter 進行過
      // 濾並傳回過濾結果
      class GetTagsCB implements
          Callback<Deferred<ArrayList<Boolean>>, Map<String, String>> {
        ... ...
      }
      // 首先呼叫 Tags.getTagsAsync() 方法解析 RowKey 中的 tag，然後設定
      // GetTagsCB 作為回呼物件
      lookups.add(Tags.getTagsAsync(tsdb, key).addCallbackDeferring
(new GetTagsCB()).addBoth(new MatchCB()));
    } else {
      // 如果在前面的掃描中該 tsuid 符合所有過濾條件，則此次直接將其增加到結果集中
      processRow(key, row);
```

```
      }
    } else {
      processRow(key, row);
    }
  }


  // 呼叫 ScannerCB.scan() 方法，繼續下一次掃描。該遞迴的出口掃描不到更多的資料行
  if (lookups != null && lookups.size() > 0) {
    // 如果 lookups 集合不為空，則表示從 RowKey 中解析 tag 的資料行，等該過程
    // 結束之後，再呼叫 ScannerCB.scan() 方法進行遞迴掃描
    class GroupCB implements Callback<Object, ArrayList<Object>> {
      @Override
      public Object call(final ArrayList<Object> group) throws Exception {
        return scan();
      }
    }
    return Deferred.group(lookups).addCallback(new GroupCB());
  } else {
    return scan();
  }
} catch (Exception e) {
  close(e);
  return null;
}
}
}
```

下面來看一下在 ScannerCB.call() 中過濾 RowKey 時使用的 GetTagsCB 和 MatchCB 的實作方式，程式如下：

```
class GetTagsCB implements Callback<Deferred<ArrayList<Boolean>>,
Map<String, String>> {
  @Override
  public Deferred<ArrayList<Boolean>> call(Map<String, String> tags)
```

```
throws Exception {
    final List<Deferred<Boolean>> matches =
        new ArrayList<Deferred<Boolean>>(scanner_filters.size());
    // 檢查 scanner_filters 集合，tsuid 需要透過其中所有 TagVFilter 的過濾。前面介
    // 紹過，scanner_filters 集合中儲存的都是 post_scan 欄位為 true 的 TagVFilter
    // 物件。post_scan 為 false 的 TagVFilter 物件的過濾條件都已經在為 Scanner 建立
    // 正規表示法時考慮進去了
    for (final TagVFilter filter : scanner_filters) {
      matches.add(filter.match(tags));
    }
    return Deferred.group(matches);
  }
}
```

MatchCB 回呼物件將根據 GetTagsCB 傳回的過濾結果填充 keepers 集合
和 skips 集合，將未透過過濾的 tsuid 增加到 skips 集合中，將透過過濾的
tsuid 增加到 keepers 集合中並呼叫 ScannerCB.processRow() 方法處理對
應行的資料，實作方式程式如下：

```
class MatchCB implements Callback<Object, ArrayList<Boolean>> {
  @Override
  public Object call(final ArrayList<Boolean> matches) throws Exception {
    for (final boolean matched : matches) {
      if (!matched) {
        skips.add(tsuid); // 未透過過濾的 tsuid 增加到 skips 集合中
        return null;
      }
    }
    keepers.add(tsuid);  // 透過過濾的 tsuid 增加到 keepers 集合中
    processRow(key, row);
    return null;
  }
}
```

接下來要分析的就是 ScannerCB.processRow() 方法了。在該方法中首先會根據此次請求的 delete 參數決定是否刪除尋找到的行，之後會透過前面介紹的 TSDB.compact() 方法解析該行資料，並將解析結果增加到對應的 Span 物件中。processRow() 方法的實作方式程式如下：

```
void processRow(final byte[] key, final ArrayList<KeyValue> row) {
  if (delete) {
    // 檢測請求的 delete 參數是否為 true，如果為 true，則建立並發送 DeleteRequest
    // 請求到 HBase，刪除該行資料
    final DeleteRequest del = new DeleteRequest(tsdb.dataTable(), key);
    tsdb.getClient().delete(del);
  }
  // 記錄一些監控資訊（略）

  Span datapoints = spans.get(key); // 查詢 spans 集合中是否已經存在指定 RowKey
  if (datapoints == null) {
    datapoints = new Span(tsdb);    // 建立 Span 物件並增加到 datapoints 集合中
    spans.put(key, datapoints);
  }
  // 透過前面介紹的 TSDB.compact() 方法，將該行中的點壓縮成一個 KeyValue 物件
  final KeyValue compacted = tsdb.compact(row, datapoints.getAnnotations());
  if (compacted != null) {
    // 呼叫 Span.addRow() 方法將該行資料增加到該 Span 物件中，該 Span.addRow() 方
    // 法在前面已經介紹過了，這裡不再展開詳細分析
    datapoints.addRow(compacted);
  }
}
```

為了讓分析過程比較清晰，前面將很多監控相關的細節省略掉了。在本節最後，我們來簡單介紹一下 ScannerCB 中與監控相關的欄位。

- scanner_start（long 類型）：記錄了此次掃描的開始時間戳記。
- timeout（long 類型）：此次掃描的逾時，使用者可以自訂，對應的設定項目是 "tsd.query.timeout"。在掃描過程中，如果目前時間戳記減去 scanner_start 欄位值超過 timeout，則此次掃描逾時，會拋出對應的例外資訊。
- uid_resolve_time（long 類型）：記錄了解析 tag 所用的時間。
- nrows（int 類型）：查詢到的行數。
- compaction_time（long 類型）：TSDB.compact() 方法處理一行資料的時長。
- dps_pre_filter（long 類型）：記錄了掃描之後、TagVFilter 過濾之前的點的個數。
- rows_pre_filter（long 類型）：記錄了掃描之後、TagVFilter 過濾之前的行數。
- dps_post_filter（long 類型）：記錄了 TagVFilter 過濾之後的點的個數。
- rows_post_filter（long 類型）：記錄了 TagVFilter 過濾之後的行數。
- fetch_start（long 類型）：記錄了每次 HBase 發起 RPC 請求的起始時間，即呼叫 Scanner.nextRows() 方法的時間戳記。
- fetch_time（long 類型）：記錄了 HBase 回應 RPC 請求的耗時，即 HBase 回應 Scanner.nextRows() 方法的耗時。

在 ScannerCB 中使用這些欄位並記錄監控資訊的程式片段都比較簡單，這裡就不再展開詳細介紹了，有興趣的讀者可以參考原始程式進行學習。

5.11.5 GroupByAndAggregateCB

透過 5.11.4 節的分析，我們了解了 TsdbQuery.findSpans() 方法是如何根據查詢準則掃描 HBase 表的，以及它是如何將掃描到的時序資料轉換成 Span 物件集合傳回的。我們注意到，在 findSpans() 方法傳回的 Deferred 物件上註冊的 Callback 是 GroupByAndAggregateCB 物件，該 Callback 物件主要完成了對前面掃描結果的聚合、分組和排序。

GroupByAndAggregateCB 主要分為下面三種場景：

- TsdbQuery.aggregator 欄位為 Aggregators.NONE 常數。在前面介紹 Aggregators.NONE 常數時提到，該常數表示跳過一切聚合、內插和 Downsample 操作，此時 GroupByAndAggregateCB 為每個 Span 物件建立對應的 SpanGroup 物件，如圖 5-24 所示。
- 如果查詢不需要進行分組操作（即 TsdbQuery.group_bys 欄位為空），則將所有的 Span 物件聚合到一個 SpanGroup 物件中，如圖 5-25 所示。

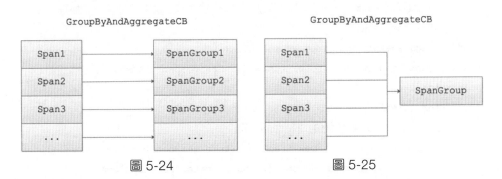

圖 5-24　　　　　　　　　　　圖 5-25

- 如果查詢需要進行分組操作（即 TsdbQuery.group_bys 欄位不為空），則會按照 group_bys 集合將所有的 Span 物件進行分組，並將一組 Span 物件聚合到一個 SpanGroup 物件中，如圖 5-26 所示。

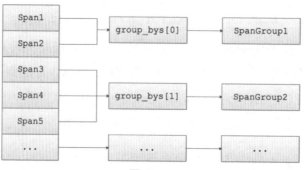

圖 5-26

了解了 GroupByAndAggregateCB 處理的三種場景之後，下面詳細分析一下 GroupByAnd- AggregateCB.call() 方法的實作方式，程式如下：

```
public DataPoints[] call(final TreeMap<byte[], Span> spans) throws
Exception {
    // 如果 spans 集合為空，則直接傳回空（略）


    // 在前面介紹 Aggregators.NONE 常數時提到，該常數表示跳過一切聚合、內插和
    // Downsample 操作
    if (aggregator == Aggregators.NONE) {
      final SpanGroup[] groups = new SpanGroup[spans.size()];
      int i = 0;
      for (final Span span : spans.values()) {
      // 為每個 Span 建立對應的 SpanGroup 物件
        SpanGroup group = new SpanGroup(tsdb,getScanStartTimeSeconds(),
            getScanEndTimeSeconds(), null, rate, rate_options,
aggregator, downsampler,
            getStartTime(), getEndTime(), query_index);
        group.add(span);
        groups[i++] = group;
      }
      return groups;
```

```
    }
    // 如果查詢不需要進行分組操作（即 TsdbQuery.group_bys 欄位為空），則將所有的
    // Span 物件聚合到一個 SpanGroup 物件中
    if (group_bys == null) {
        final SpanGroup group = new SpanGroup(tsdb, getScanStartTimeSeconds(),
            getScanEndTimeSeconds(), spans.values(), rate, rate_options,
            aggregator, downsampler, getStartTime(), getEndTime(),
query_index);
        return new SpanGroup[]{group};
    }


    // 如果此次查詢要進行分組操作，則需要進行以下處理。首先簡單介紹儲存分組結果的
    // groups 集合，其中的 value 不必多說，必然是 SpanGroup 物件，其中的每個 Key 都
    // 是用於分組的 tagv UID 的組合。讀者可以參考下面的程式實現
    final ByteMap<SpanGroup> groups = new ByteMap<SpanGroup>();
    final short value_width = tsdb.tag_values.width();
    // group 用於記錄一種 tagv UID 的組合，即一個分組的 Key
    final byte[] group = new byte[group_bys.size() * value_width];
    for (final Map.Entry<byte[], Span> entry : spans.entrySet()) {
        final byte[] row = entry.getKey(); // Span 對應的 RowKey
        byte[] value_id = null;
        int i = 0;
        for (final byte[] tag_id : group_bys) {
            value_id = Tags.getValueId(tsdb, row, tag_id);
            // 從 RowKey 中解析指定 tagk 對應的 tagv
            if (value_id == null) { // 該 RowKey 不包含指定的 tagk，則過濾掉該行資料
                break;
            }
            // 將 RowKey 中解析到的 tagv UID 複製到 group 陣列中對應的位置
            System.arraycopy(value_id, 0, group, i, value_width);
            i += value_width;
        }
```

```
    if (value_id == null) { // 該 RowKey 不包含指定的 tagk，則過濾掉該行資料
      LOG.error("...");
      continue;
    }
    // 根據 group 陣列從 groups 集合中查詢對應的 SpanGroup 物件
    SpanGroup thegroup = groups.get(group);
    if (thegroup == null) { // 未尋找到對應的 SpanGroup 物件，則需要進行建立
      thegroup = new SpanGroup(tsdb, getScanStartTimeSeconds(), 
getScanEndTimeSeconds(),
          null, rate, rate_options, aggregator, downsampler,
getStartTime(), getEndTime(), query_index);
      // group 陣列在每次循環時會進行重複使用，所以這裡需要進行一次複製
      final byte[] group_copy = new byte[group.length];
      System.arraycopy(group, 0, group_copy, 0, group.length);
      groups.put(group_copy, thegroup);
      // 將此次循環處理的 Span 物件增加到該 SpanGroup 物件中
    }
    thegroup.add(entry.getValue());
    // 將此次循環處理的 Span 物件增加到該 SpanGroup 物件中
  }


  return groups.values().toArray(new SpanGroup[groups.size()]);
  // 傳回最後的分組結果
}
}
```

為了便於讀者了解整個分組過程，這裡透過一個實例對其介紹。假設在查詢準則中指定按照 tagk1 和 tagk2 進行分組，在掃描結果 Span1 ～ Span6 中與分組相關的 tag 組合如圖 5-27 所示。在 GroupByAndAggregateCB 分組過程中使用的 group 陣列分別是 "tagv1，tagv2"、"tagv1，tagv4" 及 "tagv3，tagv2"，如圖 5-27 所示，GroupByAndAggregateCB 會在 groups 集合中建立對應的 SpanGroup 物件並增加對應的 Span 物件。

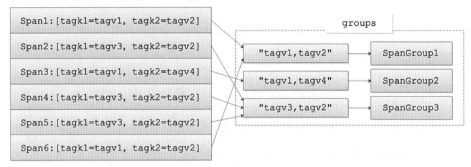

圖 5-27

5.11.6 SaltScanner

在前面分析未開啟分桶設定（"tsd.storage.salt.buckets"）的查詢過程中，TsdbQuery 使用 Asynchronous HBase 用戶端原生的 Scanner 物件完成 HBase 表的掃描。當 OpenTSDB 開啟了分桶設定項目之後，將使用 SaltScanner 進行 HBase 表的掃描，TsdbQuery.findSpans() 方法中相關的程式片段如下所示。

```
private Deferred<TreeMap<byte[], Span>> findSpans() throws HBaseException {
  ... ...
  if (Const.SALT_WIDTH() > 0) { // 建立 SaltScanner 物件掃描 HBase 表
    final List<Scanner> scanners = new ArrayList<Scanner>(Const.SALT_
BUCKETS());
    for (int i = 0; i < Const.SALT_BUCKETS(); i++) {
      // 為每個分桶建立對應的 Scanner 物件，SaltScanner 的底層透過這些 Scanner 物
      // 件完成對各個分桶的掃描。TsdbQuery.getScanner() 方法已經在前面詳細分析過
      // 了，這裡不再贅述
      scanners.add(getScanner(i));
    }
```

```
    scan_start_time = DateTime.nanoTime();
    return new SaltScanner(tsdb, metric, scanners, spans, scanner_filters,
        delete, query_stats, query_index).scan();
    }
    ... ... // 後續使用原生 Scanner 掃描 HBase 表
}
```

下面來介紹一下 SaltScanner 中核心欄位的含義。

- spans（TreeMap<byte[],Span> 類型）：用來記錄 SaltScanner 的掃描
  結果，該集合中的 Key 是 RowKey，Value 是對應的 Span 物件。

- scanners（List<Scanner> 類型）：該 SaltScanner 物件中封裝了原生
  Scanner 物件，該集合中的每個 Scanner 物件都負責掃描一個分桶。

- kv_map（ConcurrentHashMap<Integer, List<KeyValue>> 類型）：用
  於記錄 scanners 集合中每個 Scanner 物件的掃描結果，當 scanners 集
  合中所有 Scanner 都完成掃描之後，會將該集合中暫存的結果整理到
  SaltScanner.spans 欄位中。

- annotation_map（TreeMap<byte[], List<Annotation>>(new RowKey.
  SaltCmp()）)：用來儲存每個 Scanner 掃描到的 Annotation 資訊。

- results（Deferred<TreeMap<byte[], Span>>() 類型）：該 SaltScanner.
  scan() 方法的傳回值。

- metric（byte[] 類型）：該 SaltScanner 物件處理的 metric UID。

- query_index（int 類型）：此次查詢對應的編號。

- completed_tasks（AtomicInteger 類型）：用於記錄目前 scanners 集合
  中已有多少 Scanner 物件完成了 HBase 表的掃描。

- delete（boolean 類型）：查詢完成後是否立即刪除查詢結果。

- filters（List<TagVFilter> 類型）：請求指定的 TagVFilter 集合。

在 SaltScanner 的建置方法中，會檢測 scanners、spans 等參數是否為空，並完成對應欄位的初始化，其實現比較簡單，有興趣的讀者可以參考原始程式進行學習。

在 SaltScanner.scan() 方法中會為 scanners 集合所有的 Scanner 物件建立對應的 SaltScanner.ScannerCB 物件，並呼叫 scan() 開始 HBase 表的掃描過程。SaltScanner 中實現的 ScannerCB 與前面介紹的 TsdbQuery 中實現的 ScannerCB 類似，但是有兩個比較重要的不同點需要讀者注意：

（1）每個原生 Scanner 都會將掃描結果暫存到 ScannerCB.kvs 集合中。

（2）透過 SaltScanner.ScannerCB 中的 close() 方法，將 ScannerCB.kvs 集合整理到 SaltScanner.kv_ map 集合中。

整個 SaltScanner 的工作原理如圖 5-28 所示。

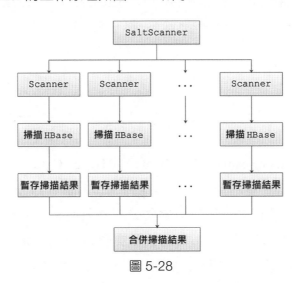

圖 5-28

首先簡單了解一下 SaltScanner.ScannerCB 將掃描結果儲存到 ScannerCB.kvs 集合中的相關邏輯，該程式片段位於 SaltScanner.ScannerCB.processRow() 方法中，如下所示。

```
void processRow(final byte[] key, final ArrayList<KeyValue> row) {
  // 省略所有與 TsdbQuery.ScannerCB 相同的程式
  final KeyValue compacted;
  compacted = tsdb.compact(row, notes); // 該行資料壓縮成一個 KeyValue 物件
  if (compacted != null) {
    kvs.add(compacted); // 將壓縮獲得的 KeyValue 物件暫存到 ScannerCB.kvs 集合中
  }
}
```

接下來看第二個不同點，該部分程式實現位於 SaltScanner.ScannerCB. close() 方法中，相關程式片段如下所示。

```
void close(final boolean ok) {
    scanner.close();  // 關閉原生 Scanner 物件
    if (ok && exception == null) {
      // 前面掃描過程中沒有任何例外，則呼叫 validateAndTriggerCallback() 方法
      validateAndTriggerCallback(kvs, annotations);
    } else {
      completed_tasks.incrementAndGet();
    }
  }
}
```

透 過 SaltScanner.ScannerCB.validateAndTriggerCallback() 方 法 將 ScannerCB.kvs 集合中的掃描結果傳輸到 SaltScanner.kv_map 中，並檢測 completed_tasks 欄位值，當該值達到分桶數量時就表示對應的 Scanner 已經完成了對應的掃描操作，此時就會觸發 mergeAndReturnResults() 方 法。validateAndTriggerCallback() 方法的實作方式程式如下：

```
private void validateAndTriggerCallback(final List<KeyValue> kvs,
        final Map<byte[], List<Annotation>> annotations) {

  final int tasks = completed_tasks.incrementAndGet();
```

```
// 遞增 completed_tasks 欄位值
if (kvs.size() > 0) {
// 將該 Scanner 掃描的結果傳輸到 SaltScanner.kv_map 集合中
  kv_map.put(tasks, kvs);
}
... ... // 省略 Annotation 處理的相關程式
if (tasks >= Const.SALT_BUCKETS()) {
// 檢測 completed_tasks 欄位值是否達到分桶數量
  try {
   // 將 SaltScanner.kv_map 中記錄的所有時序資料合併到 SaltScanner.spans 集合中
   mergeAndReturnResults();
  } catch (final Exception ex) {
   results.callback(ex);
  }
 }
}
```

SaltScanner.mergeAndReturnResults() 方法主要負責將 kv_map 集合中的時序資料及 annotation_map 集合中的 Annotation 資訊增加到對應的 Span 物件中並記錄到 spans 集合中,實作方式程式如下所示。

```
private void mergeAndReturnResults() {
  // 如果任何一個 Scanner 在掃描過程中出現例外,則列印記錄檔並傳回例外 ( 略 )
  for (final List<KeyValue> kvs : kv_map.values()) {
   if (kvs == null || kvs.isEmpty()) { // 跳過空行
     continue;
   }

   for (final KeyValue kv : kvs) {
    if (kv == null) {   // 跳過空行
      continue;
    }
    if (kv.key() == null) { // 跳過 RowKey 為空的行
```

```
      continue;
    }
    Span datapoints = spans.get(kv.key());
    // 尋找已有的 Span 物件，否則建立新的 Span 物件
    if (datapoints == null) {
      datapoints = new Span(tsdb);
      spans.put(kv.key(), datapoints);
      // 新增的 Span 物件會被增加到 spans 集合中
    }

    if (annotation_map.containsKey(kv.key())) { // 處理 Annotation
      for (final Annotation note: annotation_map.get(kv.key())) {
        datapoints.getAnnotations().add(note);
      }
      annotation_map.remove(kv.key());
    }
    try {
      datapoints.addRow(kv);
      // 將 kv_map 集合中的時序資料記錄到上述 Span 物件中
    } catch (RuntimeException e) {
      throw e;
    }
  }
}
kv_map.clear(); // 清空 kv_map 集合
// 處理 Annotation，將 annotation_map 集合中的 Annotation 物件增加到對應的 Span
// 物件中
for (final byte[] key : annotation_map.keySet()) {
  Span datapoints = spans.get(key);
  if (datapoints == null) {
    datapoints = new Span(tsdb);
    spans.put(key, datapoints);
  }
```

```
  for (final Annotation note: annotation_map.get(key)) {
    datapoints.getAnnotations().add(note);
  }
}
results.callback(spans);
}
```

5.12 TSUIDQuery

前面介紹 QueryRpc 時簡單提到，TSUIDQuery 可以支援 "/api/query/last" 介面查詢每條時序資料中最後一個點的功能。此外，TSUIDQuery 中還提供了查詢 tsdb-meta 表中中繼資料的功能。本節將詳細介紹 TSUIDQuery 提供的功能並深入分析 TSUIDQuery 的實現。

下面先來介紹 TSUIDQuery 中核心欄位的含義。

- tsuid（byte[] 類型）：此次查詢的 tsuid。在使用 TSUIDQuery 查詢時，tsuid 欄位的優先順序比下面的 metric、tags 欄位優先順序高，即同時設定了 tsuid 欄位和 metric、tags 欄位，TSUIDQuery 會使用 tsuid 欄位完成此次查詢。所以，一般不會同時設定 tsuid 欄位和 metric、tags 欄位。
- metric（String 類型）、metric_uid（byte[] 類型）：此次查詢的 metric 字串及對應的 UID。
- tags（Map<String, String> 類型）、tag_uids（ArrayList<byte[]> 類型）：此次查詢的 tag 組合及對應的 UID。
- resolve_names（boolean 類型）：當按指定條件查詢到 LastPoint 之後，是否要將 metric 和 tag 對應的 UID 轉換成字串。

- back_scan（int 類型）：某個時序的最後一次寫入的點可能是幾個小時之前，為了尋找 LastPoint，可能需要尋找多行資料。back_scan 欄位指定了向前尋找的小時（行）數上限。
- last_timestamp（long 類型）：LastPoint 寫入的時間戳記，我們直接根據時間戳記尋找該行資料即可獲得 LastPoint。

下面來分析 TSUIDQuery.getLastPoint() 方法，它負責根據指定的 tsuid 查詢時序中最後一個點，實作方式程式如下：

```
public Deferred<IncomingDataPoint> getLastPoint(boolean resolve_names,
int back_scan) {
  // 檢測 back_scan 參數是否合法，back_scan 必須大於等於 0（略）
  this.resolve_names = resolve_names;
  this.back_scan = back_scan;
  // 判斷在前面介紹的 TSDB.addPoint() 方法中是否會向 tsdb-meta 表中記錄相關中繼資
  // 料，這兩個設定項目的實作方式在前面已經詳細分析過了，這裡不再贅述
  final boolean meta_enabled = tsdb.getConfig().enable_tsuid_tracking() ||
      tsdb.getConfig().enable_tsuid_incrementing();


  class TSUIDCB implements Callback<Deferred<IncomingDataPoint>, byte[]> {
    ...... // 在 TSUIDCB 這個 Callback 中實現了尋找 LastPoint 的實際邏輯，後面我
           // 們會詳細分析其實現
  }


  if (tsuid == null) {
    // 如果未指定 tsuid，則需要先透過 tsuidFromMetric() 方法將 metric 和 tag 組合建
    // 置對應的 tsuid，然後回呼 TSUIDCB() 查詢 LastPoint
    return tsuidFromMetric(tsdb, metric, tags)
      .addCallbackDeferring(new TSUIDCB());
  }
  try {
    // damn typed exceptions....
```

```
    // 呼叫 TSUIDCB() 查詢 LastPoint
    return new TSUIDCB().call(null);
  } catch (Exception e) {
    return Deferred.fromError(e);
  }
}
```

TSUIDQuery.tsuidFromMetric() 方法負責將 metric 和 tag 組合中的字串解析成對應的 UID，並組裝成 tsuid 傳回。將字串解析成 UID 的過程相信讀者已經非常熟悉了，這裡只對 tsuidFromMetric() 方法做簡略分析，程式如下：

```
public static Deferred<byte[]> tsuidFromMetric(TSDB tsdb,
    String metric, Map<String, String> tags) {
  final byte[] metric_uid = new byte[TSDB.metrics_width()];
  // 用來記錄解析後的 metric UID
  class TagsCB implements Callback<byte[], ArrayList<byte[]>> {
    // 將 tag 組合解析後的 UID 與 metric UID 組裝成 tsuid 並傳回
    public byte[] call(final ArrayList<byte[]> tag_list) throws Exception {
      final byte[] tsuid = new byte[...];
      int idx = 0;
      System.arraycopy(metric_uid, 0, tsuid, 0, metric_uid.length);
      idx += metric_uid.length;
      for (final byte[] t : tag_list) {
        System.arraycopy(t, 0, tsuid, idx, t.length);
        idx += t.length;
      }
      return tsuid;
    }
  }

  class MetricCB implements Callback<Deferred<byte[]>, byte[]> {
```

```
    public Deferred<byte[]> call(byte[] uid) throws Exception {
      System.arraycopy(uid, 0, metric_uid, 0, uid.length);
      // 記錄 metric UID
      // tag 組合解析成對應的 UID，Tags.resolveAllAsync() 方法在前面已經詳細介紹
      // 過了，這裡不再贅述
      return Tags.resolveAllAsync(tsdb, tags).addCallback(new TagsCB());
    }
  }


  // 查詢 metric 字串對應的 UID，查詢完成之後會回呼 MetricCB
  return tsdb.getUIDAsync(UniqueIdType.METRIC, metric)
    .addCallbackDeferring(new MetricCB());
}
```

下面我們回到 TSUIDQuery.getLastPoint() 方法繼續分析，其中定義的
TSUIDCB 內部類別中完成了查詢的 LastPoint 的部分邏輯，實作方式程
式如下所示。

```
class TSUIDCB implements Callback<Deferred<IncomingDataPoint>, byte[]> {
    @Override
    public Deferred<IncomingDataPoint> call(byte[] incoming_tsuid) throws
Exception {
        // 檢測 tsuid 是否為空，初始化 TSUIDQuery.tsuid 欄位 ( 略 )
        // 如果記錄了 meta 資訊，則先根據 tsuid 查詢 tsdb-meta 表取得 meta 中繼資料，
        // 在中繼資料中記錄了 LastPoint 寫入的時間戳記
        if (back_scan < 1 && meta_enabled) {
          final GetRequest get = new GetRequest(tsdb.metaTable(), tsuid);
          get.family(TSMeta.FAMILY());
          get.qualifier(TSMeta.COUNTER_QUALIFIER());
          // 查詢完成之後會回呼 MetaCB
          return tsdb.getClient().get(get).addCallbackDeferring(new
MetaCB());
        }
```

```
    if (last_timestamp > 0) {
      last_timestamp = Internal.baseTime(last_timestamp);
      // 將 last_timestamp 轉化為小時數
    } else { // 未指定 last_timestamp 則預設使用目前時間戳記
      last_timestamp = Internal.baseTime(DateTime.currentTimeMillis());
    }
    // 從查詢 tsdb 表中查詢時序資料，完成查詢之後會回呼 LastPointCB
    final byte[] key = RowKey.rowKeyFromTSUID(tsdb, tsuid, last_
timestamp);
    final GetRequest get = new GetRequest(tsdb.dataTable(), key);
    get.family(TSDB.FAMILY());
    return tsdb.getClient().get(get).addCallbackDeferring(new
LastPointCB());
    }
}
```

在 TSUIDQuery.MetaCB 這個內部類別中實現了對 META 中繼資料的處理，其主要功能是從中取得 LastPoint 的寫入時間戳記，同時根據該時間戳記查詢 TSDB 表中對應行的時序資料，實作方式程式如下：

```
class MetaCB implements Callback<Deferred<IncomingDataPoint>,
ArrayList<KeyValue>> {
  public Deferred<IncomingDataPoint> call(ArrayList<KeyValue> row) throws
Exception {
    // 檢測 row 是否為空（略）
    last_timestamp = Internal.baseTime(row.get(0).timestamp());
    // 取得寫入的時間戳記
    // 根據 tsuid 和 last_timestamp 查詢建立對應的 RowKey
    final byte[] key = RowKey.rowKeyFromTSUID(tsdb, tsuid, last_timestamp);
    final GetRequest get = new GetRequest(tsdb.dataTable(), key);
    get.family(TSDB.FAMILY());
    // 查詢 TSDB 表中對應的行，然後回呼 LastPointCB
```

```
     return tsdb.getClient().get(get).addCallbackDeferring(new LastPointCB());
  }
}
```

接下來開始分析 LastPointCB，它主要完成兩項功能：一是檢測此次
從 TSDB 表中查詢到的行是否為空行，如果是空行則需要減小 last_
timestamp 並重新查詢；二是在查詢到不可為空行時，取得其中的最後一
個點並傳回。LastPointCB 的實作方式程式如下：

```
class LastPointCB implements Callback<Deferred<IncomingDataPoint>,
ArrayList<KeyValue>> {
  int iteration = 0;   // 記錄目前反覆運算次數
  @Override
  public Deferred<IncomingDataPoint> call(final ArrayList<KeyValue> row)
      throws Exception {
    if (row == null || row.isEmpty()) { // 查詢到空行
      if (iteration >= back_scan) {
      // 檢測是否達到 back_scan 欄位指定的上限，達到上限則查詢失敗
        return Deferred.fromResult(null);
      }
      last_timestamp -= 3600; // 減小 last_timestamp 時間戳記
      ++iteration; // 遞增 iteration
      // 根據減小後的 last_timestamp 建立新的 RowKey
      final byte[] key = RowKey.rowKeyFromTSUID(tsdb, tsuid,
last_timestamp);
      final GetRequest get = new GetRequest(tsdb.dataTable(), key);
      get.family(TSDB.FAMILY());
      // 重新查詢 TSDB，並將目前 LastPointCB 作為回呼增加進去
      return tsdb.getClient().get(get).addCallbackDeferring(this);
    }
    // 如果從 HBase 表中尋找到不可為空行，則從中取得最後一個點
```

```
    final IncomingDataPoint dp = new Internal.GetLastDataPointCB(tsdb).
call(row);
    // 將 tsuid 轉換成字串並記錄到 IncomingDataPoint 中
    dp.setTSUID(UniqueId.uidToString(tsuid));
    // 根據 resolve_names 欄位決定是否將 UID 轉換成對應的字串並儲存到
    // IncomingDataPoint 中
    if (!resolve_names) {
      return Deferred.fromResult(dp);
    }
    // TSUIDQuery.resolveNames() 方法的功能是將 tsuid 中的 metric UID、tag UID
    // 等反解成對應的字串並填充到 IncomingDataPoint 物件的對應欄位中,整個反解過程
    // 與前面介紹的 tsuidFromMetric() 方法正好相反,相信讀者能夠看懂其實作方式,
    // 這裡就不再詳細分析了
    return resolveNames(dp);
  }
}
```

至此,TSUIDQuery 查詢某時序中最後一個點的大致流程和程式實現就分析完了。TSUIDQuery 中還有另外兩個方法需要讀者了解一下。首先是 getLastWriteTimes() 方法,從名字上也不難看出,該方法主要是取得指定時序最後一次寫入的時間戳記,實作方式程式如下:

```
public Deferred<ByteMap<Long>> getLastWriteTimes() {
  // ResolutionCB 掃描 tsdb-meta 表,並解析其中儲存的最後寫入時間戳記,後面將詳細
  // 分析其實作方式
  class ResolutionCB implements Callback<Deferred<ByteMap<Long>>, Object> {
    ... ...
  }
  if (metric_uid == null) {
    // 利用 resolveMetric() 方法將指定的 metric 和 tag 組合字串轉換成 UID,並回呼
    // ResolutionCB 這裡就不再展開詳細介紹了,有興趣的讀者可以參考原始程式進行學習
```

```
    return resolveMetric().addCallbackDeferring(new ResolutionCB());
  }
  try {
    return new ResolutionCB().call(null); // 直接呼叫 ResolutionCB
  } catch (Exception e) {
    return Deferred.fromError(e);
  }
}
```

ResolutionCB 首先根據傳入的 metric、tag 組合建立用於掃描 tsdb-meta 表的 Scanner 物件，之後將掃描出來的 tsuid 及對應的時間戳記錄到 ByteMap<Long> 集合中傳回，實作方式程式如下：

```
class ResolutionCB implements Callback<Deferred<ByteMap<Long>>, Object> {
  @Override
  public Deferred<ByteMap<Long>> call(Object arg0) throws Exception {
    // 建立 Scanner 物件，TSUIDQuery.getScanner() 方法建立 Scanner 物件的過程
    // 與前面介紹的 TsdbQuery 中建立 Scanner 物件的方式類似，只不過掃描的 HBase 表
    // 是 tsdb-meta 表，相信讀者在分析完 TsdbQuery 之後，再看 TSUIDQuery.
    // getScanner() 方法會發現其簡單很多，這裡由於篇幅限制，就不展開分析了
    final Scanner scanner = getScanner();
    scanner.setQualifier(TSMeta.COUNTER_QUALIFIER());
    final Deferred<ByteMap<Long>> results = new Deferred<ByteMap<Long>>();
    // TSUIDS 集合用來記錄最後的掃描結果，其中 Key 為 tsuid，value 為對應的最後寫
    // 入時間戳記
    final ByteMap<Long> tsuids = new ByteMap<Long>();

    final class ErrBack implements Callback<Object, Exception> {
      ... ... // 處理例外資訊（略）
    }

    class ScannerCB implements Callback<Object,ArrayList<ArrayList
```

```
<KeyValue>>> {
        public Object scan() {
            // 透過前面建立的 Scanner 掃描 tsdb-meta 表，掃描到的行交給目前的
            // ScannerCB 進行處理
            return scanner.nextRows().addCallback(this).addErrback(new
ErrBack());
        }


        @Override
        public Object call(final ArrayList<ArrayList<KeyValue>> rows)
throws Exception {
            // 如果掃描不到資料，則表示掃描結束，傳回 TSUIDS 集合（略）
            for (final ArrayList<KeyValue> row : rows) {
                final byte[] tsuid = row.get(0).key();
                tsuids.put(tsuid, row.get(0).timestamp());
                // 記錄 tsuid 及對應的最後寫入時間戳記
            }
            return scan(); // 遞迴呼叫 scan() 方法繼續掃描後面的
        }
    }


    new ScannerCB().scan();
    // 建立 ScannerCB 並呼叫其 scan() 方法開始掃描 tsdb-meta 表
    return results;
    }
}
```

另一個需要介紹的方法是 getTSMetas() 方法，該方法也按照指定條件掃描 tsdb-meta 表，但是其傳回的是 tsdb-meta 中記錄的中繼資料（TSMeta 物件集合），這也是與前面介紹的 getLastWriteTimes() 方法的主要區別，其他部分的程式實現與其類似。這裡就不再對 getTSMetas() 方法展開詳細介紹了，有興趣的讀者可以參考原始程式進行學習。

5.13　Rate 相關

在第 1 章介紹 query 介面查詢步驟的時候提到，其中一個名為 "Rate Conversion" 的步驟會根據子查詢中的 rate 及 rateOption 欄位，將原始時序資料轉為比值。

首先來看一下 RateOptions，它有 counter、counter_max、reset_value、drop_resets 四個欄位及相關的 getter/setter 方法，它負責接收子查詢中 rateOption 對應欄位的值，其中每個欄位的大致作用在第 1 章中已經透過範例詳細介紹了，這裡不再重複。

讀者可以回顧一下，在前面分析 AggregationIterator.create() 方法時提到，根據 downsampler 參數決定 AggregationIterator.iterators 集合中每個 SeekableView 物件的實際類型，如果 downsampler 參數為 null，則其中每個 SeekableView 都是 Span.Iterator 類型，如果 downsampler 參數不為 null，則其中每個 SeekableView 物件都是 Downsampler 類型。這兩種類型的反覆運算器的功能在前文已經詳細分析過了，這裡不再贅述。另外，AggregationIterator.create() 方法還會根據 rate 參數，決定是否使用 RateSpan 封裝上述 SeekableView 物件，相關程式片段如下所示。

```
public static AggregationIterator create(...) {
  final SeekableView[] iterators = new SeekableView[size];
  for (int i = 0; i < size; i++) {
    SeekableView it;
    if (downsampler == null) {
    // 根據 downsampler 參數決定使用的 SeekableView 的實現類型
      it = spans.get(i).spanIterator();
    } else {
      it = spans.get(i).downsampler(start_time, end_time, sample_
interval_ms, downsampler, fill_policy);
```

```
    }
    if (rate) { // 根據 rate 參數決定是否將上述 SeekableView 物件封裝成 RateSpan
      it = new RateSpan(it, rate_options);
    }
    iterators[i] = it;
  }
  return new AggregationIterator(iterators, start_time, end_time,
aggregator, method, rate);
}
```

RateSpan 是 SeekableView 介面的實現類別之一，其主要功能是在原有
SeekableView 物件的基礎上提供計算 rate 的功能。RateSpan 的核心欄位
及其含義如下所示。

- source（SeekableView 類型）：該 RateSpan 物件底層封裝的
  SeekableView 物件。
- options（RateOptions 類型）：控制 Rate Conversion 過程的相關參
  數，在前面已經詳細介紹過了，這裡不再重複描述。
- next_data（MutableDataPoint 類型）：記錄目前從 source 中反覆運算
  出來的點。
- next_rate（MutableDataPoint 類型）：記錄目前反覆運算到的 rate 值。
- prev_rate（MutableDataPoint 類型）：記錄上次反覆運算傳回的 rate
  值。
- initialized（boolean 類型）：記錄目前 RateSpan 物件是否已經初始化。

MutableDataPoint 是 DataPoint 介面的實現類別之一，它表示的是一個可
變的 DataPoint，它封裝了以下三個欄位。

- timestamp（long 類型）：目前點對應的時間戳記，預設值為 Long.
  MAX_VALUE。

- value（long 類型）：目前點的 value 值，預設值是 0
- is_integer（boolean 類型）：目前點是否為 int 類型，預設值為 true。

MutableDataPoint 實現的 DataPoint 介面方法都是依賴上述三個欄位實現的，這裡就不再詳細介紹了，有興趣的讀者可以參考原始程式進行學習。另外，MutableDataPoint 還提供了一個 reset() 方法，該方法根據傳入的參數更新 timestamp、value 及 is_integer 欄位。

完成 RateSpan 物件的建置後，再來看 hasNext() 方法，它會呼叫 initializeIfNotDone() 方法，如果第一次呼叫該方法，則會觸發 RateSpan 的初始化。RateSpan.initializeIfNotDone() 方法的實作方式程式如下。

```
public boolean hasNext() {
  initializeIfNotDone();
  // 根據 next_rate 的時間戳記判斷反覆運算是否完成
  return next_rate.timestamp() != INVALID_TIMESTAMP;
}


private void initializeIfNotDone() {
  if (!initialized) {    // 檢測目前 RateSpan 物件是否已經初始化
    initialized = true;  // 更新 initialized 欄位
    next_data.reset(0, 0);  // 重置 next_data 欄位
    populateNextRate();
  }
}
```

populateNextRate() 方法是真正推進 source 反覆運算及計算 rate 值的地方。在 populateNextRate() 方法中先對 source 進行一次檢查，更新 next_data 欄位，然後計算兩點之間的差值並根據 RateOption 中指定的參數計算 rate 值，最後獲得的 rate 值會記錄到 next_rate 欄位中，實作方式程式如下：

```
private void populateNextRate() {
  final MutableDataPoint prev_data = new MutableDataPoint();
  // 記錄上一次反覆運算的點
  if (source.hasNext()) {     // 對 source 集合進行一次反覆運算
    prev_data.reset(next_data); // 推進 pre_data
    next_data.reset(source.next());    // 推進 next_data

    final long t0 = prev_data.timestamp();
    // 取得 pre_data 點和 next_data 點的時間戳記
    final long t1 = next_data.timestamp();
    // 檢測 t0 和 t1 是否合法，保障 t0<t1（略）
    final double time_delta_secs = ((double)(t1 - t0) / 1000.0);
    // 計算時間增量
    double difference; // 計算 pre_data 點到 next_data 點的 value 值增量
    if (prev_data.isInteger() && next_data.isInteger()) {
      difference = next_data.longValue() - prev_data.longValue();
    } else {
      difference = next_data.toDouble() - prev_data.toDouble();
    }
    // 根據 difference 值和 options 欄位進行分類處理，counter 欄位為 true 則表示點
    // 的 value 值是遞增的，如果 difference 小於 0，則是出現了溢位
    if (options.isCounter() && difference < 0) {
      if (options.getDropResets()) {
      // drop_resets 欄位為 true，則直接忽略 difference<0 的情況
        populateNextRate();// 呼叫 populateNextRate() 方法開始下一次反覆運算
        return;
      }
      // 重新計算 difference，並讓 counter_max 參與計算
      if (prev_data.isInteger() && next_data.isInteger()) {
        difference = options.getCounterMax() - prev_data.longValue() +
            next_data.longValue();
```

```
    } else {
      difference = options.getCounterMax() - prev_data.toDouble() +
          next_data.toDouble();
    }


    final double rate = difference / time_delta_secs; // 計算 rate 值
    // 如果設定了 reset_value 欄位值，當 rate 超過該值時，會傳回 0，下面將計算獲得
    // 的 rate 值和時間戳記更新到 next_data 欄位中
    if (options.getResetValue() > RateOptions.DEFAULT_RESET_VALUE
        && rate > options.getResetValue()) {
      next_rate.reset(next_data.timestamp(), 0.0D);
    } else {
      next_rate.reset(next_data.timestamp(), rate);
    }
  } else { // 未指定 RateOption 相關參數
    next_rate.reset(next_data.timestamp(), (difference / time_delta_
secs));
  }
} else {  // 反覆運算結束
  next_rate.reset(INVALID_TIMESTAMP, 0);
  }
}
```

下面再來看 RateSpan.next() 方法，它也會呼叫前面介紹的
initializeIfNotDone() 方法完成初始化，還會呼叫 populateNextRate() 方法
推進反覆運算流程，實作方式程式如下：

```
public DataPoint next() {
  initializeIfNotDone(); // 呼叫 initializeIfNotDone() 方法完成初始化
  if (hasNext()) {
    prev_rate.reset(next_rate); // 推進 prev_rate 點
    populateNextRate();  // 進行反覆運算，更新 next_rate 點
    return prev_rate;  // 傳回 prev_rate 點
```

```
  } else {
    throw new NoSuchElementException("no more values for " + toString());
  }
}
```

透過 RateSpan 包裝之後，在使用 AggregationIterator.iterators 集合中反覆運算器進行反覆運算時獲得的值都是 rate 值，再經過後續步驟的處理，最後傳回給用戶端的即為 rate 值。至此，OpenTSDB 中與 Rate Conversion 相關的處理就介紹完了。

5.14 本章小結

本章主要介紹 OpenTSDB 查詢時序資料的功能。首先介紹了 OpenTSDB 查詢時有關的一些基本介面類別和實現類別，例如 DataPoint 介面、DataPoints 介面，DataPoint 介面抽象了時序資料中的數據點，而 DataPoints 介面則是對一組資料點的抽象。

然後，深入分析了 OpenTSDB 在查詢過程中對時序資料的抽象，其中有關 RowSeq、Span 及 SpanGroup 等元件。在 OpenTSDB 中，RowSeq 是對 HBase 表中一行資料的抽象。Span 中封裝了多個 RowSeq 物件，即 HBase 表中的多行資料。也就是說，Span 負責管理同一時序跨越多個小時的資料。SpanGroup 管理多個 Span 物件，同一個 SpanGroup 物件管理的多個 Span 物件必須擁有相同的 metric，但是可以有不同的 tagk 或 tagv。與此同時，還介紹了與查詢過程中 Aggregation 步驟相關的 Aggregator、AggregationIterator 等元件的實作方式。

接下來繼續分析了 OpenTSDB 在查詢時序資料的過程中有關的其他元件，例如 DownsamplingSpecification、Downsampler 等，這些元件與查詢過程中的 Downsampling 步驟緊密相關。之後又介紹了 TagVFilter 抽象類別及其多個實現類別，並分析了每個實現類別的實際作用。

在本章剩餘的小節中，分析了 TSQuery、TSSubQuery 的實作方式。簡單來說，它們分別負責接收 query 介面中的主查詢和子查詢中的參數。在 OpenTSDB 查詢時序資料時，會將子查詢都編譯成 TsdbQuery 物件，最後由 TsdbQuery 完成查詢。這裡詳細分析了 TsdbQuery 查詢時序資料的全過程，有關 TsdbQuery 的初始化、Scanner 的建立、掃描 HBase 表、聚合、分組、Downsampling 等步驟。另外，我們還詳細介紹了 TSUIDQuery 對 "/api/query/last" 介面的支援。最後，介紹了 Rate Conversion 步驟相關的元件，主要是對 RateSpan 實現的分析。

希望讀者透過本章的閱讀，了解 OpenTSDB 查詢時序資料過程中各個步驟的工作原理和相關實現，方便將來在實作中排除問題並進行擴充。另外，由於篇幅限制，OpenTSDB 查詢的運算式支援在本書中並未詳細介紹，相信讀者在了解 TsdbQuery 和 TSUIDQuery 的工作原理之後，可以輕鬆完成運算式查詢相關的程式分析。

$$06$$

中繼資料

在前面的章節中已經詳細介紹了 OpenTSDB 如何儲存、寫入及壓縮
時序資料。在 TSDB.addPointInternal() 方法完成時序資料的寫入
之後，根據目前 OpenTSDB 實例的設定決定是否為相關時序記錄中繼資
料資訊，相關的程式片段如下：

```java
private Deferred<Object> addPointInternal(final String metric, final
long timestamp,
    final byte[] value, final Map<String, String> tags, final short
flags) {

  class WriteCB implements Callback<Deferred<Object>, Boolean> {
    @Override
    public Deferred<Object> call(final Boolean allowed) throws
Exception {
      ... ... // 時序資料的寫入在前面已經詳細分析過了，這裡不再贅述
    if (meta_cache != null) {
    // TSMeta 外掛程式，後面有專門的章節介紹 OpenTSDB 的外掛程式機制
      meta_cache.increment(tsuid);
    } else {
      if (config.enable_tsuid_tracking()) {
        if (config.enable_realtime_ts()) {
          if (config.enable_tsuid_incrementing()) {
            TSMeta.incrementAndGetCounter(TSDB.this, tsuid);
```

```
          } else {
            TSMeta.storeIfNecessary(TSDB.this, tsuid);
          }
        } else {
          final PutRequest tracking = new PutRequest(meta_table, tsuid,
              TSMeta.FAMILY(), TSMeta.COUNTER_QUALIFIER(), Bytes.
fromLong(1));
          client.put(tracking);
        }
      }
    }
    ... ... // 省略其他處理邏輯
  }
 }
}
```

這裡需要讀者了解的是 TSMeta 相關的幾個設定項目的含義。

- tsd.core.meta.enable_tsuid_tracking：當開啟該選項時，每次寫入一個點的同時還會向 tsdb-meta 表中對應行的對應列中寫入一個 1（HBase 同時也會記錄此次寫入的時間戳記）。這樣，每個點就對應兩次 HBase 寫入，這會給 HBase 叢集帶來一定寫入壓力，同時也會給 OpenTSDB 帶來一定的記憶體壓力。

- tsd.core.meta.enable_realtime_ts：當與 tsd.core.meta.enable_tsuid_incrementing 同時開啟的時候，在寫入點的同時會在 tsdb-meta 表的對應行中記錄該 tsuid 的點的個數。如果 tsd.core.meta.enable_tsuid_incrementing 未開啟，則僅記錄 tsuid 的中繼資料，不記錄其中點的個數。

- tsd.core.meta.enable_tsuid_incrementing：正如前面所說，當該選項開啟時，會在 tsdb-meta 表中記錄每個 tsuid 的點的個數，由於每寫入一個點的同時還伴隨著一個 AtomicIncrementRequest 請求，會給

HBase 叢集帶來一定寫入壓力，同時也會給 OpenTSDB 帶來一定的記憶體壓力。

6.1 tsdb-meta 表

tsdb-meta 表的主要功能是，為某個特定的時序資料增加連結的中繼資料，其主要功能類似 tsdb-uid 表中的 "*_meta" 列。

tsdb-meta 表中的 RowKey 設計與 TSDB 表中的類似，但是並不包含 base_time 部分，也就是前面多次提到的 tsuid，其結構如下：

```
<metric_uid><tagk1_uid><tagv1_uid>[...<tagkN_uid><tagvN_uid>]
```

tsdb-meta 表只有一個叫作 "name" 的 Family，其下有兩個 qualifier，分別是 ts_meta 和 ts_counter。ts_meta 列中儲存了對應時序資料的中繼資料，這些中繼資料也是 JSON 格式的。在 ts_counter 列中儲存了對應時序中點的總個數（8 位元組的有號整數）。

另外，tsdb-meta 作為一張 HBase 表，還有一個隱藏屬性，HBase 還會記錄每次寫入的時間戳記，在後面的分析中可以看到，OpenTSDB 會利用 ts_counter 這一列的最後寫入時間戳記作為該時序的最後寫入時間戳記，進一步方便尋找對應時序中的最後一個點。

tsdb-meta 表的中繼資料個數如表 6-1 所示：

表 6-1

RowKey	name	
	ts_meta	ts_counter
0102040101	元數據	10000
0102040102	元數據	23423
0102040103	元數據	4532

6.2 TSMeta

TSMeta 具有與前面介紹的 UIDMeta 類似的欄位,如下所示,其中部分欄位也是後面將要寫入 tsdb-meta 表中的中繼資料資訊。

- tsuid(String 類型):目前 TSMeta 物件連結的 tsuid,每個 tsuid 可以唯一標識一筆時序資料。
- metric(UIDMeta 類型):該時序中 metric UID 對應的 UIDMeta 物件,其中記錄了 metric UID 對應的中繼資料,UIDMeta 的相關內容在前面介紹過了,這裡不再重複。
- tags(ArrayList<UIDMeta> 類型):該時序中 tagk UID 及 tagv UID 對應的 UIDMeta 物件。
- display_name(String 類型):可選項,用於展示的名稱,預設與 name 相同。
- description(String 類型):可選項,自訂描述資訊。
- notes(String 類型):可選項,詳細的描述資訊。
- created(long 類型):TSMeta 資訊的建立時間。
- custom(HashMap<String, String> 類型):使用者自訂的附加資訊。
- data_type(String 類型):記錄對應時序中記錄的資料類型,可選值有 "counter"、"gauge" 等。
- units(String 類型):記錄時序中資料的單位。
- changed(HashMap<String, Boolean> 類型):用於標識某個欄位是否被修改過,與前面介紹的 UIDMeta 中的 changed 欄位功能類似,這裡不再贅述。
- last_received(long 類型):記錄時序最後寫入的時間戳記。
- total_dps(long 類型):記錄對應時序中點的總個數。

在 TSMeta 的建置方法中，除了會初始化 tsuid 等欄位，還會重置 changed 欄位，這與前面介紹的 UIDMeta 的建置方法類似，實作方式不再多作說明。

我們來看一下 TSMeta.storeNew() 方法是如何將新增的 TSMeta 中繼資料儲存到 tsdb-meta 表中的，程式如下：

```java
public Deferred<Boolean> storeNew(final TSDB tsdb) {
  // 檢測 tsuid 是否為空（略）
  // 建立 PutRequest，其中 getStorageJSON() 方法會將 TSMeta 序列化成 JSON 資料
  final PutRequest put = new PutRequest(tsdb.metaTable(),
      UniqueId.stringToUid(tsuid), FAMILY, META_QUALIFIER,
getStorageJSON());

  final class PutCB implements Callback<Deferred<Boolean>, Object> {
    @Override
    public Deferred<Boolean> call(Object arg0) throws Exception {
      return Deferred.fromResult(true);
    }
  }
  // 呼叫 HBase 用戶端的 put() 方法寫入中繼資料
  return tsdb.getClient().put(put).addCallbackDeferring(new PutCB());
}
```

TSMeta.getStorageJSON() 方法與前面介紹的 UIDMeta.getStorageJSON() 方法類似，傳回的也是 TSMeta 序列化後的 JSON 資料，這裡不再多作說明，有興趣的讀者可以參考相關原始程式進行學習。

TSMeta.syncToStorage() 方法主要用於修改中繼資料的功能，該方法首先載入 tsuid 對應的中繼資料，然後比較目前 TSMeta 物件與載入獲得的中繼資料，最後執行 CAS 操作完成更新。syncToStorage() 方法的大致實現程式如下：

```
public Deferred<Boolean> syncToStorage(final TSDB tsdb, final boolean
overwrite) {
  // 檢測 tsuid 是否為空 ( 略 )
  boolean has_changes = false;
  for (Map.Entry<String, Boolean> entry : changed.entrySet()) {
    if (entry.getValue()) { // 檢測目前 TSMeta 是否有欄位被修改
      has_changes = true;
      break;
    }
  }
  if (!has_changes) {   // 當 TSMeta 中沒有任何欄位被修改時，會拋出例外
    throw new IllegalStateException("No changes detected in TSUID meta
data");
  }

  // 從 tsuid 中解析獲得 tagk UID、tagv UID 集合
  final List<byte[]> parsed_tags = UniqueId.getTagsFromTSUID(tsuid);
  // 用記錄 metric UID、tagk UID、tagv UID 轉換成字串對應的 Deferred 物件
  ArrayList<Deferred<Object>> uid_group =
    new ArrayList<Deferred<Object>>(parsed_tags.size() + 1);

  // 將 metric UID 反解成對應的字串
  byte[] metric_uid = UniqueId.stringToUid(tsuid.substring(0, TSDB.
metrics_width() * 2));
  uid_group.add(tsdb.getUidName(UniqueIdType.METRIC, metric_uid)
      .addCallback(new UidCB()));

  int idx = 0;
  for (byte[] tag : parsed_tags) { // 將 tagk UID 和 tagv UID 反解成對應的字串
    if (idx % 2 == 0) {
      uid_group.add(tsdb.getUidName(UniqueIdType.TAGK, tag.
addCallback(new UidCB()));
    } else {
```

```
      uid_group.add(tsdb.getUidName(UniqueIdType.TAGV, tag).
addCallback(new UidCB()));
  }
  idx++;
}


  final class ValidateCB implements Callback<Deferred<Boolean>,
ArrayList<Object>> {
    ... ...
  }
  // 在將上述 UID 反解成字串之後,會回呼 ValidateCB,其實作方式將在下面進行分析
  return Deferred.group(uid_group).addCallbackDeferring(new
ValidateCB(this));
}
```

在 ValidateCB 這個 Callback 實現中完成了三個操作:從 tsdb-meta 表中查
詢原有 TSMeta 中繼資料資訊;根據原有 TSMeta 物件更新目前 TSMeta
物件;將更新後的 TSMeta 物件儲存到 tsdb-meta 表中。ValidateCB 的實
作方式程式如下:

```
final class ValidateCB implements Callback<Deferred<Boolean>,
ArrayList<Object>> {
    private final TSMeta local_meta; // 記錄目前 TSMeta 物件

    public ValidateCB(final TSMeta local_meta) {
      this.local_meta = local_meta;
    }

    final class StoreCB implements Callback<Deferred<Boolean>, TSMeta> {
      @Override
      public Deferred<Boolean> call(TSMeta stored_meta) throws Exception {
        // 若查詢到的 TSMeta 為空,則直接拋出例外 (略)
        final byte[] original_meta = stored_meta.getStorageJSON();
```

```
        local_meta.syncMeta(stored_meta, overwrite);
        // 根據原有 TSMeta 更新目前 TSMeta 物件
        final PutRequest put = new PutRequest(tsdb.metaTable(),
            UniqueId.stringToUid(local_meta.tsuid), FAMILY, META_QUALIFIER,
            local_meta.getStorageJSON()); // 建立 PutRequest 請求
        // 透過 HBase 用戶端的 CAS 操作，更新 TSMeta 中的中繼資料
        return tsdb.getClient().compareAndSet(put, original_meta);
      }
    }


    public Deferred<Boolean> call(ArrayList<Object> validated) throws
Exception {
        // 呼叫 getFromStorage() 方法查詢 tsdb-meta 表，取得原有 TSMeta 物件，
        // 完成查詢後回呼 StoreCB
        return getFromStorage(tsdb, UniqueId.stringToUid(tsuid))
          .addCallbackDeferring(new StoreCB());
      }
  }
```

在 ValidateCB 這個 Callback 實現中呼叫 TSMeta.getFromStorage() 方法查
詢 tsdb-meta 表中記錄的中繼資料，實作方式程式如下：

```
private static Deferred<TSMeta> getFromStorage(final TSDB tsdb, final
byte[] tsuid) {

  final class GetCB implements Callback<Deferred<TSMeta>, ArrayList
<KeyValue>> {
    @Override
    public Deferred<TSMeta> call(final ArrayList<KeyValue> row) throws
Exception {
        // 檢測查詢是否為空（略）
        long dps = 0;
        long last_received = 0;
```

```
    TSMeta meta = null;

    for (KeyValue column : row) {
      if (Arrays.equals(COUNTER_QUALIFIER, column.qualifier())) {
        dps = Bytes.getLong(column.value()); // 取得ts_ctr列的值
        last_received = column.timestamp() / 1000;
        // 取得對應時序最後寫入的時間戳記
      } else if (Arrays.equals(META_QUALIFIER, column.qualifier())) {
        // 取得ts_meta列的值，並進行反序列化
        meta = JSON.parseToObject(column.value(), TSMeta.class);
      }
    }
    meta.total_dps = dps; // 更新TSMeta的total_dps及last_received欄位
    meta.last_received = last_received;
    return Deferred.fromResult(meta);
  }


}
// 建立並執行GetRequest請求，在請求執行之後會回呼GetCB
final GetRequest get = new GetRequest(tsdb.metaTable(), tsuid);
get.family(FAMILY);
get.qualifiers(new byte[][] { COUNTER_QUALIFIER, META_QUALIFIER });
return tsdb.getClient().get(get).addCallbackDeferring(new GetCB());
}
```

TSMeta.storeIfNecessary() 方法可以看作是查詢中繼資料和寫入中繼資料的組合，storeIfNecessary() 方法先根據指定的 tsuid 查詢對應的中繼資料，如果中繼資料不存在，則將目前 TSMeta 物件中的中繼資料寫入。storeIfNecessary() 方法的實現比較簡單，這裡就不再展開詳細介紹了，有興趣的讀者可以參考原始程式進行學習。

除了透過前面介紹的方式寫入或更新中繼資料，還可以透過呼叫 TSMeta.
incrementAndGet- Counter() 方法更新 ts_ctr 列的值，實作方式程式如下：

```
public static Deferred<Long> incrementAndGetCounter(TSDB tsdb, byte[]
tsuid) {
  final class TSMetaCB implements Callback<Deferred<Long>, Long> {
    ... ... // TSMetaCB 的實作方式將在後面詳細介紹
  }

  // 建立並執行 AtomicIncrementRequest 請求
  final AtomicIncrementRequest inc = new AtomicIncrementRequest(
      tsdb.metaTable(), tsuid, FAMILY, COUNTER_QUALIFIER);
  if (!tsdb.getConfig().enable_realtime_ts()) {
  // 只更新 ts_ctr 列的值，不會寫入 ts_meta 列
    return tsdb.getClient().atomicIncrement(inc);
  }
  // 開啟了 tsd.core.meta.enable_realtime_ts 設定項目，並回呼 TSMetaCB
  return tsdb.getClient().atomicIncrement(inc).addCallbackDeferring(new
TSMetaCB());
}
```

透過 TSMetaCB 檢測該時序是否是第一次更新 ts_ctr 列，如果是，則
TSMetaCB 會在更新 ts_ctr 列值之後，向 ts_meta 列中寫入對應的中繼資
料，實作方式程式如下：

```
final class TSMetaCB implements Callback<Deferred<Long>, Long> {
    @Override
    public Deferred<Long> call(final Long incremented_value) throws
Exception {
      if (incremented_value > 1) { // 如果不是第一次寫入，則直接傳回
        return Deferred.fromResult(incremented_value);
      }
      // 如果是第一次寫入，則建立 TSMeta 並在後面將其寫入 tsdb-meta 表中
```

```
      final TSMeta meta = new TSMeta(tsuid, System.currentTimeMillis()
/ 1000);

      // 將此次 TSMeta 及相關 UIDMeta 的資訊通知給相關外掛程式，實作方式將在後面介紹
      // 外掛程式的章節中詳細分析
      final class FetchNewCB implements Callback<Deferred<Long>, TSMeta> {
         ... ...
      }

      final class StoreNewCB implements Callback<Deferred<Long>, Boolean> {
        @Override
        public Deferred<Long> call(Boolean success) throws Exception {
           // 檢測寫入 TSMeta 是否成功（略），寫入失敗直接傳回 0
           // 建立 LoadUIDs，它會根據 tsuid 載入相關的 UIDMeta 物件並其記錄到
           // TSMeta 中，後面會回呼 FetchNewCB，其中將 TSMeta 資訊通知給各個相關的
           // 外掛程式
           return new LoadUIDs(tsdb, UniqueId.uidToString(tsuid)).
call(meta).addCallbackDeferring(new FetchNewCB());
         }
      }

      // 寫入前面建立的 TSMeta 物件，之後會回呼 StoreNewCB
      return meta.storeNew(tsdb).addCallbackDeferring(new StoreNewCB());
   }
}
```

最後，TSMeta 還提供了刪除中繼資料的 delete() 方法，該方法只刪除 ts_
meta 列的資料，不會刪除 ts_ctr 列的資料，實作方式程式如下：

```
public Deferred<Object> delete(final TSDB tsdb) {
   // 檢測 tsuid 是否合法（略）
   // 建立 DeleteRequest 請求並執行
   final DeleteRequest delete = new DeleteRequest(tsdb.metaTable(),
```

```
      UniqueId.stringToUid(tsuid), FAMILY, META_QUALIFIER);
  return tsdb.getClient().delete(delete);
}
```

到這裡，TSMeta 的相關內容就介紹完了。"/api/uid/tsmeta"HTTP 介面由 OpenTSDB 網路層中的 UniqueIdRpc 支援，讀者簡單看一下程式就會發現，它對 "/api/uid/tsmeta" 介面的支援是呼叫本節介紹的 TSMeta 方法實現的。

6.3 Annotation

OpenTSDB 將某個時間點上發生的事件（Event）抽象成了一個 Annotation 物件。Annotation 會連結一個 start_time 用於表示該事件發生的起始時間。如果 Annotation 指定了 end_time，則表示該事件是發生在 start_time~end_time 這個時間段的持續事件，否則就表示該事件是發生在 start_time 時間點上的暫態事件。Annotation 還可以與一筆時序資料進行連結（tsuid），表示發生在該時序上的事件，也稱為 Local Annotation（本機事件），如果未連結 tsuid，則為 Global Annotation（全域事件）。

在前面的介紹中也提到過 Annotation 與時序資料儲存在同一張 HBase 表（即 TSDB 表）中。其中，Local Annotation 會根據 start_time 與連結的時序儲存到 TSDB 表的同一行中，Global Annotation 則是根據 start_time 儲存到單獨行中，不會與任何時序資料混合儲存。另外需要讀者回顧一下本章第 1 節（TSDB 表設計）的內容，其中提到 Annotation 與時序資料是透過不同的 qualifier 進行區別的。

下面來介紹一下 Annotation 中核心欄位的含義。

- start_time（long 類型）：目前 Annotation 物件對應事件的起始時間戳記。Annotation 中實現的 ompareTo() 方法是透過比較該欄位實現的。

- end_time（long 類型）：對應事件的結束時間戳記。

- tsuid（String 類型）：連結時序的 tsuid。

- description（String 類型）：對應事件的簡單描述資訊。

- notes（String 類型）：對應事件的詳細描述資訊。

- custom（HashMap<String, String> 類型）：使用者自訂的附加資訊。

- changed（HashMap<String, Boolean> 類型）：用於標識某個欄位是否被修改過。

在 Annotation.syncToStorage() 方法中完成了 Annotation 的寫入（或更新）操作，實作方式程式如下：

```
public Deferred<Boolean> syncToStorage(final TSDB tsdb, final Boolean
overwrite) {
  // 檢測 start_time 是否合法（略）
  // 檢測是否有欄位發生過修改（略）

  final class StoreCB implements Callback<Deferred<Boolean>, Annotation> {
    @Override
    public Deferred<Boolean> call(final Annotation stored_note) throws
Exception {
      final byte[] original_note = stored_note == null ? new byte[0] :
        stored_note.getStorageJSON();  // 取得已存在 Annotation 的資料

      if (stored_note != null) {
        // 根據已存在的 Annotation 資訊更新目前的 Annotation，在前面介紹的 TSMeta
        // 和 UIDMeta 中有類似的方法，這裡不再展開分析
        Annotation.this.syncNote(stored_note, overwrite);
      }
```

```
    final byte[] tsuid_byte = tsuid != null && !tsuid.isEmpty() ?
        UniqueId.stringToUid(tsuid) : null;
    // 建立 PutRequest 請求並完成 Annotation 的寫入，其中透過 getRowKey() 方法取
    // 得該 Annotation 物件對應的 RowKey，透過 getQualifier() 方法取得該
    // Annotation 物件對應的 qualifier
    final PutRequest put = new PutRequest(tsdb.dataTable(),
        getRowKey(start_time, tsuid_byte), FAMILY,
        getQualifier(start_time),
        Annotation.this.getStorageJSON());
    // 呼叫 compareAndSet() 方法完成寫入
    return tsdb.getClient().compareAndSet(put, original_note);
  }


}
// 透過 getAnnotation() 方法查詢 HBase 中已有的 Annotation，之後會回呼 StoreCB
// 完成寫入（或更新）
if (tsuid != null && !tsuid.isEmpty()) {
  return getAnnotation(tsdb, UniqueId.stringToUid(tsuid), start_time)
    .addCallbackDeferring(new StoreCB());
}
return getAnnotation(tsdb, start_time).addCallbackDeferring(new StoreCB());
}
```

下面先來介紹一下 Annotation.getRowKey() 方法是如何建立 Annotation 物件對應的 RowKey 的，其中為 Global Annotation 和 Local Annotation 產生的 RowKey 是不同的，實作方式程式如下：

```
private static byte[] getRowKey(final long start_time, final byte[]
tsuid) {
  final long base_time;
  if ((start_time & Const.SECOND_MASK) != 0) {
```

```
  // 將 start_time 轉換成 base_time
    base_time = ((start_time / 1000) - ((start_time / 1000) % Const.MAX_
TIMESPAN));
  } else {
    base_time = (start_time - (start_time % Const.MAX_TIMESPAN));
  }


  // 若 tsuid 為空，則是為 Global Annotation 建立 RowKey，該 RowKey 中只有 base_time
  if (tsuid == null || tsuid.length < 1) {
    final byte[] row = new byte[Const.SALT_WIDTH() +
                        TSDB.metrics_width() + Const.TIMESTAMP_BYTES];
    Bytes.setInt(row, (int) base_time, Const.SALT_WIDTH() + TSDB.metrics_
width());
    return row;
  }


  // 若 tsuid 不為空，則為 Local Annotation，對應的 RowKey 與前面介紹的時序資料的
  // RowKey 一致，也是由 salt、metric_uid、base_time 和 tag UID 四部分組成
  final byte[] row = new byte[Const.SALT_WIDTH() + Const.TIMESTAMP_BYTES
+ tsuid.length];
  // 填充 metric_uid
  System.arraycopy(tsuid, 0, row, Const.SALT_WIDTH(), TSDB.metrics_width());
  // 填充 base_time
  Bytes.setInt(row, (int) base_time, Const.SALT_WIDTH() + TSDB.metrics_
width());
  // 填充 tagk_uid 和 tagv_uid
  System.arraycopy(tsuid, TSDB.metrics_width(), row, Const.SALT_WIDTH() +
   TSDB.metrics_width() + Const.TIMESTAMP_BYTES, (tsuid.length - TSDB.
metrics_width()));
  RowKey.prefixKeyWithSalt(row);   // 計算並填充 salt 部分
  return row;
}
```

Annotation.getQualifier() 方法根據 start_time 欄位建立對應的 qualifier，
前面提到 Annotation 的 qualifier 為 3 或 5 個位元組，且第一個位元組始
終未填充 0x01，這是其與時序資料的 qualifier 的主要區別。getQualifier()
方法的實作方式程式如下：

```java
private static byte[] getQualifier(final long start_time) {
  // 檢測 start_time 是否合法 ( 略 )
  final long base_time;
  final byte[] qualifier;
  long timestamp = start_time;
  if (timestamp % 1000 == 0) {
    timestamp = timestamp / 1000;
  }
  if ((timestamp & Const.SECOND_MASK) != 0) {
  // 毫秒級時間戳記對應 5 個位元組的 qualifier
    base_time = ((timestamp / 1000) - ((timestamp / 1000) % Const.MAX_
TIMESPAN));
    qualifier = new byte[5];
    final int offset = (int) (timestamp - (base_time * 1000));
    System.arraycopy(Bytes.fromInt(offset), 0, qualifier, 1, 4);
    // 填充 2~5 個位元組
  } else { // 毫秒級時間戳記對應 3 個位元組的 qualifier
    base_time = (timestamp - (timestamp % Const.MAX_TIMESPAN));
    qualifier = new byte[3];
    final short offset = (short) (timestamp - base_time);
    System.arraycopy(Bytes.fromShort(offset), 0, qualifier, 1, 2);
    // 填充 2~3 兩個位元組
  }
  qualifier[0] = PREFIX; // 第一個位元組始終填充 0x01
  return qualifier;
}
```

接下來看 Annotation.getAnnotation() 方法，該方法根據指定的 tsuid
和 start_time 查詢 Local Annotation 物件，在 Annotation 中，其他的
getAnnotation() 方法多載都是呼叫這裡分析的多載實現的，實作方式程式
如下：

```
public static Deferred<Annotation> getAnnotation(final TSDB tsdb,
    final byte[] tsuid, final long start_time) {

  final class GetCB implements Callback<Deferred<Annotation>,
ArrayList<KeyValue>> {
    @Override
    public Deferred<Annotation> call(final ArrayList<KeyValue> row)
throws Exception {
      // 將從 HBase 表中查詢到的 JSON 資料反序列化成 Annotation 物件傳回
      Annotation note = JSON.parseToObject(row.get(0).value(),
Annotation.class);
      return Deferred.fromResult(note);
    }

  }
  // 先呼叫 getRowKey() 方法建立 RowKey，之後建立 GetRequest 請求
  final GetRequest get = new GetRequest(tsdb.dataTable(), getRowKey
(start_time, tsuid));
  get.family(FAMILY);
  get.qualifier(getQualifier(start_time));
  // 呼叫 getQualifier() 方法獲得對應的 qualifier
  // 執行 GetRequest 進行查詢，並回呼 GetCB
  return tsdb.getClient().get(get).addCallbackDeferring(new GetCB());
}
```

除查詢 Local Annotation 外，Annotation 還提供了 getGlobalAnnotations()
方法用於查詢 Global Annotation，實作方式程式如下：

```
public static Deferred<List<Annotation>> getGlobalAnnotations(final TSDB
tsdb,
    final long start_time, final long end_time) {
  // 檢測 start_time 和 end_time 是否合法 (略)
  // 在 ScannerCB 中會根據 start_time 和 end_time 掃描 TSDB 表查詢 Global Annotation
  final class ScannerCB implements Callback<Deferred<List<Annotation>>,
    ArrayList<ArrayList<KeyValue>>> {
    // 掃描 TSDB 表的 Scanner 物件,在 ScannerCB 的建置函數中會初始化該欄位
    final Scanner scanner;
    // 記錄掃描獲得的 Annotation 物件
    final ArrayList<Annotation> annotations = new ArrayList<Annotation>();

    public ScannerCB() {
      byte[] start = new byte[...];   // 掃描的起始 RowKey
      byte[] end = new byte[...];      // 掃描的終止 RowKey
      // 格式化 start_time 和 end_time
      long normalized_start = (start_time - (start_time % Const.MAX_
TIMESPAN));
      long normalized_end = (end_time -
          (end_time % Const.MAX_TIMESPAN) + Const.MAX_TIMESPAN);
      Bytes.setInt(start, (int) normalized_start,
          Const.SALT_WIDTH() + TSDB.metrics_width());
      Bytes.setInt(end, (int) normalized_end,
          Const.SALT_WIDTH() + TSDB.metrics_width());
      scanner = tsdb.getClient().newScanner(tsdb.dataTable());
      // 建立 Scanner 物件
      scanner.setStartKey(start); // 設定掃描的起始 RowKey
      scanner.setStopKey(end);  // 設定掃描的終止 RowKey
      scanner.setFamily(FAMILY); // 設定掃描的 Family
    }

    public Deferred<List<Annotation>> scan() {
      return scanner.nextRows().addCallbackDeferring(this);
```

```
    }

    @Override
    public Deferred<List<Annotation>> call (
        final ArrayList<ArrayList<KeyValue>> rows) throws Exception {
        // 如果掃描結果為空，則表示掃描結束，直接傳回 annotations 集合 (略)
        for (final ArrayList<KeyValue> row : rows) {
          for (KeyValue column : row) {
          // 檢查掃描結果，建立對應的 Annotation 物件
            if ((column.qualifier().length == 3 || column.qualifier().
length == 5)
                && column.qualifier()[0] == PREFIX()) {
              Annotation note = JSON.parseToObject(column.value(),
                  Annotation.class);
              if (note.start_time < start_time || note.end_time > end_time) {
                continue;
              }
              annotations.add(note);
              // 將 Annotation 物件記錄到 annotations 集合中
            }
          }
        }
        return scan();
      }
    }
  return new ScannerCB().scan();
}
```

最後，在 Annotation.delete() 方法中根據 tsuid 及 start_time 欄位刪除 HBase 表中對應的 Local Annotation，實作方式比較簡單，有興趣的讀者可以參考原始程式進行學習。而 Annotation.deleteRange() 方法則會刪除指定範圍的 Global Annotation 和 Local Annotation，實作方式程式如下：

```
public static Deferred<Integer> deleteRange(final TSDB tsdb,
    final byte[] tsuid, final long start_time, final long end_time) {
    // 檢測 start_time 和 end_time 是否合法 ( 略 )
    // delete_requests 集合用來記錄每個刪除操作對應的 Deferred 物件
  final List<Deferred<Object>> delete_requests = new
ArrayList<Deferred<Object>>();
    // 建立 Scanner 掃描時使用的起止 RowKey ( 略 )

    // 在 ScannerCB 中會掃描 HBase 表，同時也會刪除掃描到的 Annotation 物件
  final class ScannerCB implements Callback<Deferred<List<Deferred
<Object>>>, ArrayList<ArrayList<KeyValue>>> {
    final Scanner scanner;

    public ScannerCB() {
      scanner = tsdb.getClient().newScanner(tsdb.dataTable());
      scanner.setStartKey(start_row);
      scanner.setStopKey(end_row);
      scanner.setFamily(FAMILY);
      if (tsuid != null) {
        final List<String> tsuids = new ArrayList<String>(1);
        tsuids.add(UniqueId.uidToString(tsuid));
        Internal.createAndSetTSUIDFilter(scanner, tsuids);
      }
    }

    public Deferred<List<Deferred<Object>>> scan() {
      return scanner.nextRows().addCallbackDeferring(this);
    }

    @Override
    public Deferred<List<Deferred<Object>>> call (
      final ArrayList<ArrayList<KeyValue>> rows) throws Exception {
        // 如果掃描結果為空，則表示掃描結束 ( 略 )
```

```
    for (final ArrayList<KeyValue> row : rows) {
    // 檢查掃描結果，並進行刪除
      final long base_time = Internal.baseTime(tsdb, row.get(0).key());
      for (KeyValue column : row) {
        if ((column.qualifier().length == 3 || column.qualifier().
length == 5)
            && column.qualifier()[0] == PREFIX()) {
          // 根據 qualifier 尋找 Annotation 的資料
          final long timestamp = timeFromQualifier(column.qualifier(),
base_time);
          if (timestamp < start_time || timestamp > end_time) {
            continue;
          }
          // 建立 DeleteRequest 並進行刪除
          final DeleteRequest delete = new DeleteRequest(tsdb.dataTable(),
              column.key(), FAMILY, column.qualifier());
          delete_requests.add(tsdb.getClient().delete(delete));
        }
      }
    }
    return scan();
  }
}


// 在 ScannerDoneCB 中等待 ScannerCB 中所有的刪除操作完成，其實現比較簡單，不再進
// 行詳細介紹
final class ScannerDoneCB implements Callback<Deferred<ArrayList<Object>>,
  List<Deferred<Object>>> {
  ... ...
}


// 在 GroupCB 中等待所有刪除操作完成之後，傳回刪除的 Annotation 個數，其實現比較簡
```

```
  // 單，不再進行詳細介紹
  final class GroupCB implements Callback<Deferred<Integer>,
ArrayList<Object>> {
    ... ...
  }
  // 在 ScannerCB 掃描的過程中同時刪除掃描到的 Annotation
  Deferred<ArrayList<Object>> scanner_done = new ScannerCB().scan()
    .addCallbackDeferring(new ScannerDoneCB());
  return scanner_done.addCallbackDeferring(new GroupCB());
}
```

到這裡，Annotation 的相關內容就介紹完了。另外，在前面介紹的
OpenTSDB 網路層中，並沒有詳細說明 AnnotationRpc 的實作方式，讀者
簡單看一下程式就會發現，其底層實現都是呼叫本節介紹的 Annotation
的方法實現的。

6.4 本章小結

本章主要介紹了 OpenTSDB 中中繼資料的相關內容。首先介紹了儲存
TSMeta 中繼資料的 tsdb-meta 表的 RowKey 設計及整張 tsdb-meta 表的結
構。然後，詳細分析了 TSMeta 類別的核心欄位、增刪改查 TSMeta 中繼
資料的實作方式。最後，介紹了 Annotation 的內容，雖然 Annotation 不
能算是中繼資料，但是其實現方法與 TSMeta 及 UIDMeta 十分類似，這
裡主要分析了 Annotation 中增刪改查的相關方法。

Tree

OpenTSDB 從 2.0 版本開始引進了 Tree 的概念，它按照樹狀層次結構組織時序，這樣就可以像瀏覽檔案系統一樣瀏覽時序了，有點類似我們熟知的索引結構。使用者透過自訂多個 Tree 獲得自己最方便使用的樹狀結構。

讀者應該了解了資料結構中的樹結構，這裡只簡單介紹一下 OpenTSDB 中 Tree 的相關概念。

- Branch：Branch 表示樹狀結構中的節點，Branch 會記錄其連結的子節點及父節點。
- Leaf：Leaf 表示樹狀結構中的葉子節點，它會連結 OpenTSDB 中的一筆時序資料。
- Root：Root 表示樹狀結構中的根節點。
- Depth：Depth 表示從 Root 節點到指定節點的距離。
- Path：在樹狀結構中，Path 是由從 Root 節點到指定節點所經過的所有節點名稱組成的。
- Rule：Rule 表示使用者自訂的一些規則，這些規則控制著一棵樹狀結構如何建置。Rule 分為多個層級（level），level 值越小，優先順序越高，同一層級中可能包含多個 Rule，其優先順序順序按照 order

排列，order 越小，優先順序越高。另外，每個 Rule 的類型也有所區別，Rule 的實際內容後面會進行詳細介紹。

7.1 tsdb-tree 表設計

介紹完 Tree 有關的基本概念之後，我們來介紹一下 OpenTSDB 中與 Tree 相關的 HBase 表（預設表名為 tsdb-tree）是如何設計的。OpenTSDB 會為每棵樹分配一個 UID（從 1 開始分配），在 tsdb-tree 表中所有與該樹相關的 RowKey，都會以該樹的 UID 為字首（前兩個位元組）。

首先，樹狀結構的定義會儲存在 RowKey 為 tree_uid 的行中，在該行中以 JSON 的格式儲存樹狀結構定義的基本資訊（例如描述資訊等），儲存在名為 "tree" 的列中。其次，該行中還儲存 Root 節點的資訊，儲存在名為 "branch" 的列中。最後，該行中還儲存該樹狀結構中使用的 Rule 資訊，儲存 Rule 資訊的列名稱都以 "tree_rule:" 開頭，其完整的列名稱格式為 "rule:<level>:<order>"，其中 level 表示該 Rule 所處的處理層級，order 表示該 Rule 在同層級中的處理順序，儲存的 Value 也是 JSON 格式的資料。

Branch 節點的 RowKey 格式一般由 tree_uid 和 branch_id 兩部分組成，其中 tree_uid 為 RowKey 的開頭兩個位元組，branch_id 是目前 Branch 節點及父 Branch 節點的名稱的 Hash 值連接。這裡透過一個範例進行簡單介紹，如圖 7-1 所示，這是樹狀結構的一部分，每個 Branch 名稱的 Hash 值也在圖中展示出來了。

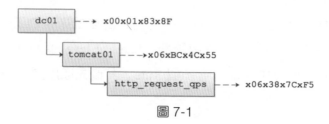

圖 7-1

假設 tree_uid 為 1，那麼 "dc01" 這個 Branch 對應的 RowKey 為 "\x00\x01\x00\x01\x83\x8F"，"tomcat01" 這個 Branch 對應的 RowKey 為 "\x00\x01\x00\x01\x83\x8F\x06\xBC\x4C\x55"，"http_request_qps" 這個 Branch 對應的 RowKey 為 "\x00\x01\x00\x01\x83\x8F\x06\xBC\x4C\x55\ x06\x38\x7C\xF5"。

在 Branch 對應行中以 JSON 格式儲存對 Branch 節點描述的資訊及其子節點的資訊，這些資訊儲存在名為 "branch" 的列中，如果該列出現在 RowKey 為 tree_uid 的行中，則記錄的是 Root Branch 的對應資訊。

在 Leaf 對應行中有一個名為 "leaf:<TSUID>" 的列，該列名稱中的 "TSUID" 就是該 Leaf 節點對應時序的 tsuid，該列中儲存的 Value 值也是一個 JSON，它記錄了目前 Leaf 節點的描述資訊。

在每個樹狀結構中都會包含兩個特殊性的行，其中一行的 RowKey 是 "tree_uid\x01"，在該行中記錄了出現衝突的 RowKey。另一行的 RowKey 是 "tree_uid\0x02"，在該行中記錄了出現不符合的 RowKey。

7.2 Branch

了解了 OpenTSDB 中與 Tree 相關的基本概念及 tsdb-meta 的設計之後，我們開始深入分析 OpenTSDB 中的相關實現。首先來看 Branch 中記錄的實際資訊，這也是 Branch 中的關鍵欄位，如下。

- tree_id（int 類型）：目前 Branch 所屬的樹狀結構的 id。
- leaves（HashMap<Integer, Leaf> 類型）：記錄了目前 Branch 下所有的葉子節點，其中 Value 是葉子節點對應的 Leaf 物件，Key 則是 Leaf 物件的 Hash 值。

- branches（TreeSet<Branch> 類型）：記錄了目前 Branch 下的所有子節點。leaves 和 braches 兩個集合都會延遲到第一次使用時進行初始化。另外，Branch 中提供了 addChild() 方法和 addLeaf() 方法在這兩個集合中增加元素，這兩個方法比較簡單，有興趣的讀者可以參考原始程式進行學習。

- path（TreeMap<Integer, String>）：目前 Branch 的 path，該集合中的 Value 是父節點的 display_name，Key 則是其對應 Branch 物件的 depth。需要讀者注意的是，這裡使用了 TreeMap 類型的 Map，它會按照 depth 對 Branch 名稱進行排序。

- display_name（String 類型）：目前節點的名稱。

首先來看 Branch 中的 storeBranch() 方法，該方法負責將 Branch 的定義記錄到 HBase 表中，並將 path、display_name 等資訊以 JSON 的格式進行儲存，實際程式實現如下：

```
public Deferred<ArrayList<Boolean>> storeBranch(final TSDB tsdb,
    final Tree tree, final boolean store_leaves) {
  // 檢測 tree_id 是否合法 (略)
  final ArrayList<Deferred<Boolean>> storage_results =
    new ArrayList<Deferred<Boolean>>(leaves != null ? leaves.size() + 1
: 1);

  // 建立目前 Branch 對應的 RowKey，在下面會詳細介紹其實現過程
  final byte[] row = this.compileBranchId();
  // 將目前 Branch 物件的相關資訊序列化成 JSON，其中只有關 path 和 display_name 兩個
  // 欄位 toStorageJson() 方法實現比較簡單，這裡就不再展開詳細介紹了，有興趣的讀者可
  // 以參考原始程式進行學習
  final byte[] storage_data = toStorageJson();
  // 建立 PutRequest 請求，該請求會將上面獲得的 JSON 資料寫入對應行的 "branch" 列中
  final PutRequest put = new PutRequest(tsdb.treeTable(), row, Tree.TREE_
```

```
FAMILY(), BRANCH_QUALIFIER, storage_data);
  put.setBufferable(true);
  // 透過 HBase 用戶端的 CAS 操作完成寫入
  storage_results.add(tsdb.getClient().compareAndSet(put, new byte[0]));

  // 根據 store_leaves 參數決定是否儲存目前 Branch 下的 Leaf 物件,Leaf 的相關方法在
  // 後面進行詳細分析
  if (store_leaves && leaves != null && !leaves.isEmpty()) {
    for (final Leaf leaf : leaves.values()) {
      storage_results.add(leaf.storeLeaf(tsdb, row, tree));
    }
  }
  return Deferred.group(storage_results);
}
```

在 storeBranch() 方 法 中 呼 叫 compileBranchId() 方 法 建 立 目 前 Branch
對 應 的 RowKey,RowKey 的 組 成 部 分 在 本 節 開 始 已 經 介 紹 過 了,
這裡不再贅述,讀者可以結合前面對 Branch RowKey 的 介 紹 來 分 析
compileBranchId() 方法,實作方式程式如下:

```
public byte[] compileBranchId() {
  // 在為 Branch 物件建立 RowKey 時,需要使用 tree_id、path 及 display_name 三個欄
  // 位,這裡會先檢測這三個欄位,如果發現任何一項欄位為空,則會拋出例外(略)

  // 整理 path 集合,確保目前 Branch 物件的名稱是 path 集合的最後一項
  if (path.isEmpty()) {
    path.put(0, display_name);
  } else if (!path.lastEntry().getValue().equals(display_name)) {
    final int depth = path.lastEntry().getKey() + 1;
    path.put(depth, display_name);
  }

  final byte[] branch_id = new byte[Tree.TREE_ID_WIDTH() +
```

```
                                    ((path.size() - 1) * INT_WIDTH)];
    int index = 0;
    // 將 tree_id 轉換成 byte[] 陣列，並記錄到 branch_id 中
    final byte[] tree_bytes = Tree.idToBytes(tree_id);
    System.arraycopy(tree_bytes, 0, branch_id, index, tree_bytes.length);
    index += tree_bytes.length;

    for (Map.Entry<Integer, String> entry : path.entrySet()) {
        if (entry.getKey() == 0) { // 跳過 root 節點，這樣可以減少 RowKey 的長度
            continue;
        }
        // 按序檢查 path 集合，計算每個 display_name 的 Hash 值，並記錄到 branch_id 中
        final byte[] hash = Bytes.fromInt(entry.getValue().hashCode());
        System.arraycopy(hash, 0, branch_id, index, hash.length);
        index += hash.length;
    }
    return branch_id;
}
```

分析完 Branch 的寫入之後，再來看查詢 Branch 的相關方法。在 Branch 中提供了兩個查詢方法，分別是 fetchBranchOnly() 方法和 fetchBranch() 方法，從名字上也能看出來，fetchBranchOnly() 方法只會載入 Branch 物件本身，而 fetchBranch() 方法除了載入 Branch 物件本身，還會載入其子節點及其葉子節點。這裡我們重點分析 fetchBranch() 方法，fetchBranchOnly() 方法的實現相對來說比較簡單，留給讀者自行分析。Branch.fetchBranch() 方法的步驟與前面 Annotation 等中繼資料的查詢類似，大致為：

（1）根據傳入的 branch_id 建立 Scanner 物件用於掃描 HBase 表。

（2）使用 Scanner 掃描 HBase 表，並將掃描到的結果資訊封裝成 Branch。

（3）根據 load_leaf_uids 參數決定是否查詢 Leaf 資訊。

下面來看建立 Scanner 物件的過程，該過程是在 Branch.setupBranchScanner()
方法中實現的，並不複雜，主要有關掃描起始和終止 RowKey 及掃描時
使用的正規表示法的建置，相關程式如下：

```java
private static Scanner setupBranchScanner(final TSDB tsdb, final byte[]
branch_id) {
  final byte[] start = branch_id;
  final byte[] end = Arrays.copyOf(branch_id, branch_id.length);
  final Scanner scanner = tsdb.getClient().newScanner(tsdb.treeTable());
  scanner.setStartKey(start); // 設定掃描的起始 RowKey，即 branch_id

  byte[] tree_id = new byte[INT_WIDTH];
  for (int i = 0; i < Tree.TREE_ID_WIDTH(); i++) {
    tree_id[i + (INT_WIDTH - Tree.TREE_ID_WIDTH())] = end[i];
  }
  // 為了掃描 branch_id 開始的整棵子樹，這裡直接將 tree_id 加 1 即可
  int id = Bytes.getInt(tree_id) + 1;
  tree_id = Bytes.fromInt(id);
  for (int i = 0; i < Tree.TREE_ID_WIDTH(); i++) {
    end[i] = tree_id[i + (INT_WIDTH - Tree.TREE_ID_WIDTH())];
  }
  scanner.setStopKey(end); // 設定掃描終止的 RowKey
  scanner.setFamily(Tree.TREE_FAMILY());
  // 設定掃描使用的正規表示法，該正規表示法主要是為了比對出目前 branch_id 下的子節點
  final StringBuilder buf = new StringBuilder((start.length * 6) + 20);
  buf.append("(?s)" + "^\\Q");
  for (final byte b : start) {
    buf.append((char) (b & 0xFF));
  }
  buf.append("\\E(?:.{").append(INT_WIDTH).append("})?$");
  scanner.setKeyRegexp(buf.toString(), CHARSET);
  return scanner;
}
```

下面開始正式分析 fetchBranch() 方法的實作方式，程式如下：

```
public static Deferred<Branch> fetchBranch(final TSDB tsdb,
    final byte[] branch_id, final boolean load_leaf_uids) {

  final Deferred<Branch> result = new Deferred<Branch>();
  final Scanner scanner = setupBranchScanner(tsdb, branch_id);
  // 建立 Scanner 物件

  final Branch branch = new Branch(); // 此次查詢最後傳回的 Branch 物件
  final ArrayList<Deferred<Object>> leaf_group = new
ArrayList<Deferred<Object>>();

  // LeafErrBack 用於處理查詢 Leaf 時產生的例外，其實現比較簡單，這裡不再贅述
  final class LeafErrBack implements Callback<Object, Exception> {
    ... ...
  }

  // 當葉子節點對應的 Leaf 物件被查詢出來之後，會透過 LeafCB 回呼將其記錄到父 Branch 中
  final class LeafCB implements Callback<Object, Leaf> {
    public Object call(final Leaf leaf) throws Exception {
      if (leaf != null) {
        if (branch.leaves == null) {
          branch.leaves = new HashMap<Integer, Leaf>();
        }
        branch.leaves.put(leaf.hashCode(), leaf);
      }
      return null;
    }
  }

  // FetchBranchCB 真正完成了 Branch 和 Leaf 查詢的 Callback 實現，其實作方式過程
  // 將在後面進行詳細介紹
```

```
final class FetchBranchCB implements Callback<Object,
  ArrayList<ArrayList<KeyValue>>> {
  ... ...
}


new FetchBranchCB().fetchBranch();   // 建立 FetchBranchCB 物件並觸發查詢
return result;
}
```

FetchBranchCB 首先使用前面建立的 Scanner 物件掃描 tsdb-tree 表，然後根據載入資料判斷應該轉換成 Branch 還是 Leaf 物件，並進行組裝，實作方式程式如下：

```
final class FetchBranchCB implements Callback<Object,
ArrayList<ArrayList<KeyValue>>> {

    public Object fetchBranch() {
      return scanner.nextRows().addCallback(this);
    }


    @Override
    public Object call(final ArrayList<ArrayList<KeyValue>> rows)
        throws Exception {
      // 檢測 rows 查詢結果是否為空，若為空則表示查詢結束 ( 略 )


      for (final ArrayList<KeyValue> row : rows) { // 檢查掃描結果
        for (KeyValue column : row) {
          // 根據列名稱確定掃描到的是 Branch 還是 Leaf
          if (Bytes.equals(BRANCH_QUALIFIER, column.qualifier())) {
            if (Bytes.equals(branch_id, column.key())) {
              // 掃描到 branch_id 對應的 Branch
              // 掃描到 branch_id 指定的 Branch 物件，並進行反序列化獲得
```

```
                    // branch_id 對應的 Branch 物件
                    final Branch local_branch = JSON.parseToObject(column.
value(), Branch.class);
                    // 初始化 Branch 物件中各個欄位
                    branch.path = local_branch.path;
                    branch.display_name = local_branch.display_name;
                    branch.tree_id = Tree.bytesToId(column.key());
                } else {
                // 掃描到子 Branch，反序列化後增加到父 Branch 的 branches 集合中
                    final Branch child = JSON.parseToObject(column.value(),
Branch.class);
                    child.tree_id = Tree.bytesToId(column.key());
                    branch.addChild(child);
                }
            } else if (Bytes.memcmp(Leaf.LEAF_PREFIX(), column.qualifier(), 0,
                    Leaf.LEAF_PREFIX().length) == 0) {
                // 掃描到葉子節點，對葉子節點的實際處理在後面分析 Leaf 時詳細介紹
                if (Bytes.equals(branch_id, column.key())) {
                leaf_group.add(Leaf.parseFromStorage(tsdb, column,
load_leaf_uids)
                        .addCallbacks(new LeafCB(), new LeafErrBack(column.
qualifier())));
                } else { // 空實現 }
            }
        }
    }

    return fetchBranch();
    }
}
```

7.3 Leaf

介紹完 Branch 的實作方式之後，我們再來看樹狀結構中另一個重要組成部分—Leaf。正如前面介紹的那樣，Leaf 表示的是樹狀結構中的葉子節點。下面來介紹 Leaf 中核心欄位的含義，如下所示。

- tsuid（String 類型）：連結時序的 tsuid。
- metric（String 類型）：連結時序的 metric。
- tags（HashMap<String, String> 類型）：關係時序的 tag 組合。
- display_name（String 類型）：目前 Leaf 的名稱。

Leaf 中提供的方法與上節介紹的 Branch 類似，其中 getFromStorage() 方法負責查詢 Leaf 物件，實作方式程式如下：

```
private static Deferred<Leaf> getFromStorage(final TSDB tsdb,
    final byte[] branch_id, final String display_name) {
  final Leaf leaf = new Leaf(); // 根據傳入的參數建立 Leaf 物件
  leaf.setDisplayName(display_name);
  // 建立 GetRequest，指定查詢的表名、RowKey、family、列名稱
  final GetRequest get = new GetRequest(tsdb.treeTable(), branch_id);
  get.family(Tree.TREE_FAMILY());
  get.qualifier(leaf.columnQualifier());

  final class GetCB implements Callback<Deferred<Leaf>,
ArrayList<KeyValue>> {
    @Override
    public Deferred<Leaf> call(ArrayList<KeyValue> row) throws Exception {
      // 檢測查詢到的行是否為空（略）
      // 將查詢到的 JSON 資料進行反序列化，獲得 Leaf 物件
      final Leaf leaf = JSON.parseToObject(row.get(0).value(), Leaf.class);
```

```
        return Deferred.fromResult(leaf);
    }
}
// 執行 GetRequest，並回呼 GetCB
return tsdb.getClient().get(get).addCallbackDeferring(new GetCB());
}
```

Leaf.storeLeaf() 方法負責將儲存的 Leaf 物件儲存到 tsdb-tree 表中，在透過 CAS 進行寫入時會認為不存在 branch_id 相同的 Leaf 物件，如果存在，則透過 LeafStoreCB 回呼進行衝突檢測，實作方式程式如下：

```
public Deferred<Boolean> storeLeaf(TSDB tsdb, byte[] branch_id, Tree
tree) {
    // 在 LeafStoreCB 這個 Callback 實現中，根據下面 CAS 寫入的結果進行一系列操作，實
    // 作方式將在後面進行詳細介紹
    final class LeafStoreCB implements Callback<Deferred<Boolean>, Boolean> {
        ... ...
    }

    final PutRequest put = new PutRequest(tsdb.treeTable(), branch_id,
        Tree.TREE_FAMILY(), columnQualifier(), toStorageJson());
    return tsdb.getClient().compareAndSet(put, new byte[0])
      .addCallbackDeferring(new LeafStoreCB(this));
}
```

下面我們深入 LeafStoreCB 這個 Callback 的實作方式。首先檢測 CAS 寫入是否成功，如果寫入失敗，則會查詢 tsdb-tree 表，然後比較已有 Leaf 物件與待寫入 Leaf 物件的 tsuid 是否衝突。LeafStoreCB 的實作方式程式如下：

```
class LeafStoreCB implements Callback<Deferred<Boolean>, Boolean> {
```

```
    final Leaf local_leaf; // 記錄目前寫入的 Leaf 物件

    public Deferred<Boolean> call(final Boolean success) throws Exception {
      // 檢測前面的 CAS 寫入操作是否成功，如果寫入成功，則直接傳回（略）
      final class LeafFetchCB implements Callback<Deferred<Boolean>,
Leaf> {
        @Override
        public Deferred<Boolean> call(final Leaf existing_leaf) throws
Exception {
          if (existing_leaf == null) { // 未查詢到已存在的 Leaf 物件
            return Deferred.fromResult(false);
          }
          if (existing_leaf.tsuid.equals(tsuid)) {
            // 如果已存在的 Leaf 物件與待寫入的 Leaf 物件的 branch_id、tsuid 都相
            // 同，則兩個 Leaf 物件相同，認為前面的 CAS 寫入成功，直接傳回
            return Deferred.fromResult(true);
          }
          // 如果兩個 Leaf 的 branch_id 相同，但是 tsuid 不同，則認為兩個 Leaf 發生
          // 衝突並記錄到 Tree 中
          tree.addCollision(tsuid, existing_leaf.tsuid);
          return Deferred.fromResult(false); // 如果發生衝突，則 CAS 寫入失敗
        }
      }

      // 如果寫入失敗，則查詢已存在的 Leaf 物件，並回呼 LeafFetchCB 檢測兩個 Leaf 物
      // 件是否衝突
      return Leaf.getFromStorage(tsdb, branch_id, display_name)
        .addCallbackDeferring(new LeafFetchCB());
    }
  }
```

7.4 TreeRule

前面簡單提到，TreeRule 是控制一棵樹狀結構如何建置的使用者自訂規則。我們可以透過 tree_id、level、order 三部分唯一確定一個 TreeRule 物件，下面來看一下 TreeRule 中核心欄位的含義。

- tree_id（int 類型）：目前 TreeRule 所屬樹狀結構的唯一 id。
- leve（int 類型）：目前 TreeRule 所屬的層級，level 越小，TreeRule 被應用的優先順序越高。
- order（int 類型）：目前 TreeRule 在同一層級中的順序，order 越小，TreeRule 被應用的優先順序越高。
- type（TreeRuleType 類型）：目前 TreeRule 的類型。列舉 TreeRuleType 的各個值及其含義如下。
  - METRIC：該類型的 TreeRule 會比對 metric。
  - METRIC_CUSTOM：該類型的 TreeRule 會根據使用者自訂欄位（TreeRule.custom_field 欄位），從 metric UIDMeta 中取得對應的使用者自訂值（custom 集合），然後進行比對。這是與前面的 metric 類型的 TreeRule 的最大區別。
  - TAGK：該類型的 TreeRule 會比對時序中指定 tagk 的 tagv 值。
  - TAGK_CUSTOM：該類型的 TreeRule 與 METRIC_CUSTOM 類似，它符合的是 tagk UIDMeta 中指定的使用者自訂值。
  - TAGV_CUSTOM：該類型的 TreeRule 與 METRIC_CUSTOM 類似，它符合的是 tagv UIDMeta 中指定的使用者自訂值。

在後面的分析中會詳細介紹每個類型的 TreeRule 功能。

- field（String 類型）：該 TreeRule 符合的欄位名稱。舉個實例，如果目前 TreeRule 為 tagk 類型，該欄位值就是 tagk 名稱。

- custom_field（String 類型）：該 TreeRule 符合的使用者自訂欄位名稱。舉個實例，如果目前 TreeRule 為 TAGK_CUSTOM 類型，則該欄位是 tagk UIDMeta 中 custom 欄位的 key。

- regex（String 類型）和 compiled_regex（Pattern 類型）：如果用目前 TreeRule 使用的正規表示法進行比對，則正規表示法記錄在這兩個欄位中。

- separator（String 類型）：記錄了目前 TreeRule 使用的分隔符號。

- display_format（String 類型）：經過目前 TreeRule 處理之後 Branch 的名稱，其中可能會包含一些預留位置，後面分析 TreeBuilder 時會介紹其中各種預留位置的含義。

- description、notes（String 類型）：目前 TreeRule 的描述資訊。

- changed（HashMap<String, Boolean> 類型）：用於標識某個欄位是否被修改過，與前面介紹的 UIDMeta 中的 changed 欄位功能相同，這裡不再贅述。

TreeRule 與前面介紹的 Branch、Leaf 類似，也提供了寫入、查詢及刪除 TreeRule 的基本方法。雖然這些方法實際操作的物件不同，但是其大致實現與 Branch 等類似，這裡只介紹這些方法的功能和需要注意的點，不再一個一個多作說明每個方法的實作方式。

- syncToStorage() 方法：該方法負責將 TreeRule 物件中封裝的資訊寫入 tsdb-tree 表中，要注意的是，寫入時使用的 RowKey 是 tree_id，列名稱是 "tree_rule:<level>:<order>"（透過 TreeRule.getQualifier() 方法獲得）。

- fetchRule() 方法：該方法負責從 tsdb-tree 表中讀取指定的 TreeRule 物件，其中使用的 RowKey 和列名稱與 syncToStorage() 方法一致。

- deleteRule() 方法：該方法首先透過 tree_id、level、order 三者確定唯一的 TreeRule，然後對該 TreeRule 進行刪除。

■ deleteAllRule() 方法：該方法首先根據 tree_id 取得樹狀結構中定義的
所有 TreeRule，然後對這些 TreeRule 進行批次刪除。

上述四個方法就是 TreeRule 中的核心方法，它們的實現都不複雜，有興
趣的讀者可以將其與 Branch 中的方法進行類比，然後參考原始程式進行
分析。

7.5 Tree 中繼資料

了解了樹狀結構中依賴的基本元件之後，我們來看 OpenTSDB 對樹狀結
構定義的抽象，也就是本節將要介紹的 Tree。這裡需要注意的是，Tree
只記錄了樹狀結構基本的中繼資料，例如樹狀結構連結的 TreeRule 集
合，並沒有記錄樹狀結構中的 Branch、Leaf 等資訊。下面來看 Tree 中核
心欄位的含義。

■ tree_id（int 類型）：該樹狀結構的唯一標識。

■ name（String 類型）：該樹狀結構的名稱。

■ description、notes（String 類型）：該樹狀結構的簡單描述資訊和詳細
描述資訊。

■ created（long 類型）：該樹狀結構的建立時間。

■ rules（TreeMap<Integer, TreeMap<Integer, TreeRule>> 類型）：該樹
狀結構連結的 TreeRule 物件，兩層 TreeMap 的 Key 分別是 level 和
order。

■ strict_match（boolean 類型）：該樹狀結構的模式，後面會詳細介紹不
和模式之間的差別。

■ enabled（boolean 類型）：目前樹狀結構是否處於啟用的狀態。

- store_failures（boolean 類型）：是否記錄不符合和發生衝突的 tsuid 資訊。
- not_matched（HashMap<String, String> 類型）：與目前 Tree 不符合的 tsuid 資訊。
- collisions（HashMap<String, String> 類型）：在建置目前樹狀結構時發生衝突的 tsuid 資訊。

下面繼續分析 Tree 中的核心方法。首先是 fetchAllTree() 方法，它負責從 tsdb-tree 表中載入所有 Tree 物件，實作方式程式如下：

```java
public static Deferred<List<Tree>> fetchAllTrees(final TSDB tsdb) {
  final Deferred<List<Tree>> result = new Deferred<List<Tree>>();
  // AllTreeScanner 這個 Callback 實現是查詢所有 Tree 的核心
  final class AllTreeScanner implements Callback<Object,
ArrayList<ArrayList<KeyValue>>>
  {
    private final List<Tree> trees = new ArrayList<Tree>();
    private final Scanner scanner;

    public AllTreeScanner() {
      // 建立 Scanner，該 Scanner 只會掃描 Tree 定義的行，不會掃描儲存 Branch、
      // Leaf 的行 setupAllTreeScanner() 方法建立 SCanner 物件的過程比較簡單，
      // 這裡不再展開描述了
      scanner = setupAllTreeScanner(tsdb);
    }

    public Object fetchTrees() {
      return scanner.nextRows().addCallback(this);
    }

    @Override
    public Object call(ArrayList<ArrayList<KeyValue>> rows)
```

```
        throws Exception {
    // 掃描結果為空，則表示掃描結束，直接傳回 ( 略 )
    for (ArrayList<KeyValue> row : rows) {
      final Tree tree = new Tree();
      for (KeyValue column : row) {
        if (column.qualifier().length >= TREE_QUALIFIER.length &&
            Bytes.memcmp(TREE_QUALIFIER, column.qualifier()) == 0) {
          // 掃描到儲存樹狀機構定義的列，則將其中的 value 解析成 Tree 物件
          final Tree local_tree = JSON.parseToObject(column.value(),
              Tree.class);
          // 將 local_tree 物件中的核心欄位值更新到 tree 物件中 ( 略 )
          tree.setTreeId(bytesToId(row.get(0).key())); // 更新 tree_id
        } else if (column.qualifier().length > TreeRule.RULE_PREFIX().
length && Bytes.memcmp(TreeRule.RULE_PREFIX(), column.qualifier(),
0, TreeRule.RULE_PREFIX().length) == 0) {
          // 掃描到儲存 TreeRule 的列，則將其中的 value 解析成 TreeRule 物件，
          // 並記錄到目前的 tree 中
          final TreeRule rule = TreeRule.parseFromStorage(column);
          tree.addRule(rule);
        }
      }
      // 檢測 tree_id，只有 tree_id 大於 0，Tree 才是合法的，才能將其記錄到前面的
      // trees 集合中 ( 略 )
    }
    return fetchTrees(); // 呼叫 Scanner.next() 方法，繼續後面的掃描
  }
}
// 建立 AllTreeScanner 並呼叫其 fetchTrees() 方法掃描 tsdb-tree 表中全部的 Tree
// 定義
new AllTreeScanner().fetchTrees();
return result;
}
```

除了 fetchAllTree() 方法，Tree 還提供了一個 fetchTree() 方法用於查詢指定 Tree 物件，其實現比較簡單，這裡不再多作說明。

下面來看 Tree.createNewTree() 方法，它負責將一個 Tree 物件儲存到 tsdb-tree 表中。該方法首先透過前面介紹的 fetchAllTree() 方法取得已有的全部 Tree，然後獲得其中最大的 id，該最大 id 加 1，即為待寫入 Tree 的 id 值，最後呼叫 storeTree() 方法將儲存寫入 Tree。除建立新 Tree 外，更新某個 Tree 的持久化操作也是透過 storeTree() 方法實現的，實作方式程式如下：

```
public Deferred<Boolean> storeTree(final TSDB tsdb, final boolean
overwrite) {
  // 檢測 Tree id 是否合法（略）
  // 檢測 Tree 中是否有欄位發生了更新，如果未發生任何更新，則不需要進行後續的寫入操作
  // （略）

  final class StoreTreeCB implements Callback<Deferred<Boolean>, Tree> {

    final private Tree local_tree; // 記錄已存在的 Tree

    public StoreTreeCB(final Tree local_tree) {
      this.local_tree = local_tree;
    }

    @Override
    public Deferred<Boolean> call(final Tree fetched_tree) throws
Exception {
      Tree stored_tree = fetched_tree;
      final byte[] original_tree = stored_tree == null ? new byte[0] :
        stored_tree.toStorageJson();

      // 複製未修改的欄位
```

```
     if (stored_tree == null) {
       stored_tree = local_tree;
     } else {
       stored_tree.copyChanges(local_tree, overwrite);
     }
     initializeChangedMap(); // 重置 changed 集合
     // 建立並執行 PutRequest 請求，完成寫入
     final PutRequest put = new PutRequest(tsdb.treeTable(),
Tree.idToBytes(tree_id), TREE_FAMILY, TREE_QUALIFIER,
stored_tree.toStorageJson());
     return tsdb.getClient().compareAndSet(put, original_tree);
   }
  }


  // 呼叫前面提到的 fetchTree() 方法，根據 tree_id 尋找指定的 Tree，然後回呼
  // StoreTreeCB
  return fetchTree(tsdb, tree_id).addCallbackDeferring(new StoreTreeCB(this));
}
```

介紹完查詢和寫入 Tree 物件的實現之後，接下來看 deleteTree() 方法。
它負責將指定的 Tree 刪除，同時也會刪除與該 Tree 相關的 TreeRule、
Branch 和 Leaf 物件，實作方式程式如下：

```
public static Deferred<Boolean> deleteTree(final TSDB tsdb,
    final int tree_id, final boolean delete_definition) {
  // 檢測 tree_id 是否合法（略）
  // 前面介紹的過程中提到，Branch、Leaf 等對應的 RowKey 都是以 tree_id 開頭的，這裡
  // 掃描的起始 RowKey 就是 tree_id，掃描的終止 RowKey 為 tree_id+1，即可掃描出該
  // Tree 下的所有連結資訊
  final byte[] start = idToBytes(tree_id);
  final byte[] end = idToBytes(tree_id + 1);
  final Scanner scanner = tsdb.getClient().newScanner(tsdb.treeTable());
```

```
scanner.setStartKey(start);
scanner.setStopKey(end);
scanner.setFamily(TREE_FAMILY);

final Deferred<Boolean> completed = new Deferred<Boolean>();
// DeleteTreeScanner 是真正執行掃描和刪除操作的地方,下面將進行詳細的分析
final class DeleteTreeScanner implements Callback<Deferred<Boolean>,
  ArrayList<ArrayList<KeyValue>>> {
  ... ...
}
// 建立 DeleteTreeScanner 物件並呼叫其 deleteTree() 方法進行刪除
new DeleteTreeScanner().deleteTree();
return completed;
}
```

下面來看 DeleteTreeScanner,它透過前面建立的 Scanner 物件掃描指定 Tree 連結的所有行,然後根據列名稱確定該行儲存的是 Tree 定義、TreeRule、Branch 還是 Leaf,並進行相關的刪除操作,實作方式程式如下:

```
final class DeleteTreeScanner implements Callback<Deferred<Boolean>,
  ArrayList<ArrayList<KeyValue>>> {

  private final ArrayList<Deferred<Object>> delete_deferreds =
    new ArrayList<Deferred<Object>>();

  public Deferred<Boolean> deleteTree() {
    return scanner.nextRows().addCallbackDeferring(this);
  }

  @Override
  public Deferred<Boolean> call(ArrayList<ArrayList<KeyValue>> rows)
```

```
throws Exception {
      // 掃描結果為空，則表示掃描結束，直接傳回 ( 略 )
      for (final ArrayList<KeyValue> row : rows) {
        ArrayList<byte[]> qualifiers = new ArrayList<byte[]>(row.size());
        for (KeyValue column : row) { // 根據每一列的列名稱確定刪除的內容
          if (delete_definition && Bytes.equals(TREE_QUALIFIER,
column.qualifier())) {
              qualifiers.add(column.qualifier()); // 該列儲存的是 Tree 定義資訊
          } else if (Bytes.equals(Branch.BRANCH_QUALIFIER(),
column.qualifier())) {
              qualifiers.add(column.qualifier()); // 該列儲存的是 Branch 資訊
          } else if (column.qualifier().length > Leaf.LEAF_PREFIX().
length && Bytes.memcmp(Leaf.LEAF_PREFIX(), column.qualifier(), 0,
Leaf.LEAF_PREFIX().length) == 0) {
              qualifiers.add(column.qualifier()); // 該列儲存 Leaf 資訊
          }
          ... ...       // 這裡省略了對其他可刪除列名稱的處理
          else if (delete_definition && column.qualifier().length >
              TreeRule.RULE_PREFIX().length &&
              Bytes.memcmp(TreeRule.RULE_PREFIX(), column.qualifier(), 0,
                  TreeRule.RULE_PREFIX().length) == 0) {
            qualifiers.add(column.qualifier());  // 該列儲存 Leaf 資訊
          }
        }

        if (qualifiers.size() > 0) {
        // 根據上面記錄的 qualifiers 刪除該行中對應的列
          final DeleteRequest delete = new DeleteRequest(tsdb.treeTable(),
              row.get(0).key(), TREE_FAMILY,
              qualifiers.toArray(new byte[qualifiers.size()][])
              );
          delete_deferreds.add(tsdb.getClient().delete(delete));
        }
```

```
    }

    final class ContinueCB implements Callback<Deferred<Boolean>,
      ArrayList<Object>> {
      public Deferred<Boolean> call(ArrayList<Object> objects) {
        delete_deferreds.clear();
        // 清空 delete_deferreds 集合,為刪除下一批行做準備
        return deleteTree();   // 繼續後續的掃描和刪除操作
      }
    }

    // 等待上述刪除結束後,回呼 ContinueCB 物件
    Deferred.group(delete_deferreds).addCallbackDeferring(new
ContinueCB());
    return null;
  }
}
```

到這裡,Tree 的核心方法實現就介紹完了。

7.6 TreeBuilder

透過上節的介紹,我們了解了樹狀結構中有關的元件及儲存方式。本節
主要學習如何根據前面介紹的 TreeRule 建置出一個完整的樹狀結構,而
這部分邏輯主要在 TreeBuilder 中完成。

這裡我們先透過一個 OpenTSDB 官方文件中的範例介紹 TreeBuilder,根
據 TreeRule 組建樹狀結構的大致流程,讓讀者對其工作原理有個大概認
識。在該範例中有如表 7-1 所示的時序資料。

表 7-1

TS#	Metric	Tags	tsuid
1	cpu.system	dc=dal, host=web01.dal.mysite.com	102040101
2	cpu.system	dc=dal, host=web02.dal.mysite.com	102040102
3	cpu.system	dc=dal, host=web03.dal.mysite.com	102040103
4	app.connections	host=web01.dal.mysite.com	10101
5	app.errors	host=web01.dal.mysite.com, owner=doe	101010306
6	cpu.system	dc=lax, host=web01.lax.mysite.com	102050101
7	cpu.system	dc=lax, host=web02.lax.mysite.com	102050102
8	cpu.user	dc=dal, host=web01.dal.mysite.com	202040101
9	cpu.user	dc=dal, host=web02.dal.mysite.com	202040102

在該範例中我們定義了一個樹狀結構，其中有 4 條 TreeRule，如表 7-2 所示。

表 7-2

Level	Order	Rule Type	Field (value)	Regex	Separator
0	0	tagk	dc		
0	1	tagk	host	.*\.(.*)\.mysite\.com	
1	0	tagk	host		\\.
2	0	metric			\\.

透過這 4 條 TreeRule，我們可以將樹狀結構中的 Branch 和 Leaf 按照 dc（資料中心）、host（主機名稱）、metric（指標）這種層級進行組織。在 level0 中有兩條 TreeRule，其中第一條 TreeRule 會尋找時序中 dc 這個 tag，如果尋找到則使用其 tagv 建立對應的 Branch；如果時序沒有 dc 這個 tag，則使用第二條 TreeRule，它會按照指定的正規從 host 這個 tag 的 tagv 中分析 dc 資訊並用於建立對應的 Branch。在 level1 中只有一條 TreeRule，它會將 host 按照 "." 進行切分並形成對應的 Branch。同理，level2 中唯一的 TreeRule 會按照 "." 切分 metric 並形成對應的 Branch。

下面看範例中的時序資料，在我們寫入第一筆時序資料時，因為其包含 dc 這個 tag，該時序首先會比對 level0、order0 這條 TreeRule，建立名稱為 dal 的 Branch。然後，該時序會比對 level1、order0 這條 TreeRule，建立名為 web01.dal.mysite.com 的 Branch。最後根據 level2、order0 這條

TreeRule，建立 CPU 的 Branch 及 system 的 Leaf。在寫入其他時序時，
也是類似的規則，最後將獲得如圖 7-2 所示的樹狀結構。

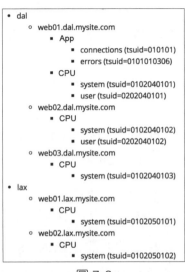

圖 7-2

下面要介紹的是 TreeBuilder 中核心欄位的含義。

- trees（List<Tree> 類型）：靜態欄位，其中快取了 Tree 物件，預設情
  況下，該快取每隔 5 分鐘更新一次。

- trees_lock（Lock 類型）：靜態欄位，在載入 trees 清單時需要取得該
  鎖進行同步。

- last_tree_load（long 類型）：靜態欄位，最後一次更新 trees 列表的時
  間戳記。

- tree_roots（ConcurrentHashMap<Integer, Branch> 類型）：靜態欄
  位，快取了所有樹狀結構的根節點。

- tree（Tree 類型）：目前 TreeBuilder 連結的 Tree 物件。

- root（Branch 類型）：目前 TreeBuilder 連結的樹狀結構的根節點。

- meta（TSMeta 類型）：目前 TreeBuilder 處理的 TSMeta 物件。

- rule（TreeRule 類型）：記錄了 TreeBuilder 處理過程中正在使用的 TreeRule。
- rule_idx（int 類型）：目前正在處理的 TreeRule 的 level。
- current_branch（Branch 類型）：記錄了 TreeBuilder 處理過程中正在處理的 Branch 物件。
- splits（String[] 類型）、split_idx（int 類型）：主要供 split 類型的 TreeRule 使用。
- processed_branches（HashMap<String, Boolean> 類型）：記錄目前 TreeBuilder 已經處理過的 Branch 資訊。

在開始介紹 TreeBuilder 的實作方式之前，讀者可以先回顧一下前面介紹的 TSDB.addPointInternal() 方法，在完成 IncomingDataPoint 的寫入之後，會根據目前 OpenTSDB 實例的設定寫入 TSMeta 資訊。如果是第一次寫入 TSMeta，則會呼叫 TreeBuilder.processAllTrees() 靜態方法，該方法也是建立所有樹狀結構的入口函數。

processAllTrees() 靜態方法處理 TSMeta 物件的過程比較簡單，它首先會檢測 trees 欄位是否過期，如果過期則需要重新載入。然後檢查所有 trees 集合，為每個 Tree 物件建立對應的 TreeBuilder 物件，並呼叫 TreeBuilder.processTimeseriesMeta() 方法處理 TSMeta。這樣 TSMeta 對應的時序會根據每棵樹狀結構中不同的 TreeRule，建立不同的 Branch 和 Leaf。TreeBuilder.processAllTrees() 靜態方法的實作方式程式如下：

```
public static Deferred<Boolean> processAllTrees(TSDB tsdb, TSMeta meta) {
  trees_lock.lock(); // 讀寫 trees 快取之前需要加鎖同步
  // 如果兩次載入 Tree 列表的時間間隔不超過 5 分鐘，則不再重新載入
  if (((System.currentTimeMillis() / 1000) - last_tree_load) > 300) {
    // 呼叫 fetchAllTrees() 方法載入全部的樹狀結構，其中也包含樹狀結構的
    // TreeRule，前面已經詳細介紹過了，這裡不再贅述
```

```
    final Deferred<List<Tree>> load_deferred = Tree.fetchAllTrees(tsdb)
        // 完成 Tree 的載入之後，會回呼 FetchedTreesCB 將上述載入結果中可用的 Tree
        // 記錄到 trees 欄位中 FetchedTreesCB 的實現比較簡單，這裡就不再展開詳細介
        // 紹了，有興趣的讀者可以參考原始程式進行學習
      .addCallback(new FetchedTreesCB()).addErrback(new ErrorCB());
    last_tree_load = (System.currentTimeMillis() / 1000);
        // 更新 last_tree_load 欄位
    return load_deferred.addCallbackDeferring(new ProcessTreesCB());
  }


  // 檢測 trees 快取是否為空，如果為空則直接傳回（略）
  final List<Tree> local_trees;
  // 將 trees 快取中的 Tree 物件增加到 local_trees 集合中，等待後續
  local_trees = new ArrayList<Tree>(trees.size());
  local_trees.addAll(trees);
  trees_lock.unlock();


  return new ProcessTreesCB().call(local_trees);
   // 呼叫 ProcessTreesCB 處理傳入的 TSMeta 物件
}
```

無論是直接使用快取，還是重新載入 Tree 資料，最後都會呼叫
ProcessTreesCB 這個 Callback 實現，其核心作用就是為每個樹狀結構建
立對應的 TreeBuilder，並處理傳入的 TSMeta 物件，實作方式程式如下：

```
final class ProcessTreesCB implements Callback<Deferred<Boolean>,
List<Tree>> {
    // 記錄每個樹狀結構對該 TSMeta 的處理結果
    ArrayList<Deferred<ArrayList<Boolean>>> processed_trees;

    @Override
    public Deferred<Boolean> call(List<Tree> trees) throws Exception {
```

```
    // 檢測 trees 集合是否為空，即判斷目前是否有樹狀結構存在 ( 略 )
    processed_trees = new ArrayList<Deferred<ArrayList<Boolean>>>
(trees.size());
    for (Tree tree : trees) {
      // 檢測該 Tree 是否可用 ( 略 )
      // 為此 Tree 建立對應的 TreeBuilder 物件，並呼叫 processTimeseriesMeta()
      // 方法
      final TreeBuilder builder = new TreeBuilder(tsdb, new Tree(tree));
      processed_trees.add(builder.processTimeseriesMeta(meta, false));
    }
    return Deferred.group(processed_trees).addCallback(new FinalCB());
  }
}
```

接下來我們要深入分析 TreeBuilder.processTimeseriesMeta() 方法，該方法負
責將一個 TSMeta 物件增加到對應的樹狀結構中。processTimeseriesMeta()
方法首先會尋找對應的樹狀結構的根節點，如果找不到則會建立一個根節
點，然後呼叫其中的 ProcessCB 實現，繼續處理 TSMeta 物件，實作方式程
式如下：

```
public Deferred<ArrayList<Boolean>> processTimeseriesMeta(final TSMeta
meta, final boolean is_testing)
  // 檢測目前 Tree 及 TSMeta 是否合法 ( 略 )
  resetState();// 重置目前 TreeBuilder 的各種狀態，主要就是重置前面介紹的核心欄位
  this.meta = meta; // 更新 META 欄位
  ArrayList<Deferred<Boolean>> storage_calls = new
ArrayList<Deferred<Boolean>>();
  ... ... // 省略 LoadRootCB 和 ProcessCB 這兩個 Callback 實現，後面將進行詳細介紹
  if (root == null) {
    // root 欄位中未快取對應樹狀結構的根節點，則呼叫 loadOrInitializeRoot() 方法建
    // 立或載入根節點，這裡的 loadOrInitializeRoot() 方法實現沒有什麼難度，相信透
    // 過前面的學習，讀者可以自己完成該方法的分析
```

```
    return loadOrInitializeRoot(tsdb, tree.getTreeId(), is_testing)
        // LoadRootCB 將樹狀結構的根節點記錄到目前 TreeBuilder 物件的 root 欄位中,
        // 然後回呼 ProcessCB。LoadRootCB 的實現比較簡單,這裡就不再展開詳細介紹
        // 了,有興趣的讀者可以參考原始程式進行學習
        .addCallbackDeferring(new LoadRootCB());
    } else {
    return new ProcessCB().call(root);
    }
}
```

在 processTimeseriesMeta() 方法中定義的 ProcessCB 實現中,真正檢查 TreeRule 比對傳入 TSMeta 物件的方法是 processRuleset() 方法。processRuleset() 方法透過遞迴的方式,檢查目前 Tree 中定義的所有 TreeRule,並根據 TSMeta 中封裝的時序資訊建立對應節點,實作方式程式如下:

```
private boolean processRuleset(final Branch parent_branch, int depth) {
    // 檢測目前 rule_idx 是否合法 (略)
    final Branch previous_branch = current_branch;
    current_branch = new Branch(tree.getTreeId());// 更新 current_branch 欄位
    // 取得目前 level(rule_idx 欄位) 中的 TreeRule 物件 (按照 order 排序),
    // fetchRuleLevel() 方法比較簡單,這裡不再展開分析
    TreeMap<Integer, TreeRule> rule_level = fetchRuleLevel();
    // rule_level 集合為空時,表示全部 TreeRule 處理完畢,直接傳回 true (略)

    // 按序檢查該 level 的 TreeRule
    for (Map.Entry<Integer, TreeRule> entry : rule_level.entrySet()) {
        rule = entry.getValue();  // 取得 TreeRule
        // 根據 TreeRule 填充 Branch 物件的 display_name 欄位,後面會多作說明 parse*()
        // 等方法
        if (rule.getType() == TreeRuleType.METRIC) {
            parseMetricRule();
```

```
    } else if (rule.getType() == TreeRuleType.TAGK) {
      parseTagkRule();
    } else if (rule.getType() == TreeRuleType.METRIC_CUSTOM) {
      parseMetricCustomRule();
    } else if (rule.getType() == TreeRuleType.TAGK_CUSTOM) {
      parseTagkCustomRule();
    } else if (rule.getType() == TreeRuleType.TAGV_CUSTOM) {
      parseTagvRule();
    } else {
      throw new IllegalArgumentException("Unkown rule type: " + rule.
getType());
    }

    // 一旦目前 TSMeta 比對了該層 level 中的一條 TreeRule，則不再繼續比對該 level
    // 中剩餘的 TreeRule
    if (current_branch.getDisplayName() != null &&
        !current_branch.getDisplayName().isEmpty()) {
      break;   // 跳出目前循環
    }
  }

  // 如果目前 TSMeta 沒有比對任何 TreeRule，則需要記錄在大盤 not_matched 中（略）
  if (splits != null && split_idx >= splits.length) {
    // 存在 splits 但所有 splits 已處理完成
    splits = null;
    split_idx = 0;
    rule_idx++;
  } else if (splits != null) {   // 存在 splits 且未處理完成
  } else {  // 目前 level 的 TreeRule 已經處理完成，則遞增 rule_idx，處理下一個
        // level 的 TreeRule
    rule_idx++;
  }
```

```
final boolean complete = processRuleset(current_branch, ++depth);
// 遞迴處理，產生子節點


if (complete) {
    // 當 complete 為 true 時，表示已經處理完全部 TreeRule，目前節點為葉子節點
    // 此次遞迴未比對任何 TreeRule，則忽略 current_branch，直接回覆到 previous_
    // branch 中（略）父節點未比對任何 TreeRule，則需要繼續回覆（略）


    // 此時處理完全部 TreeRule，獲得的節點為葉子節點，這裡將其封裝成 Leaf 並增加到父
    // 節點中上面的兩個判斷可以確保該父節點比對了某個 TreeRule，即將來會出現在該樹狀
    // 結構中
    final Leaf leaf = new Leaf(current_branch.getDisplayName(),
meta.getTSUID());
    parent_branch.addLeaf(leaf, tree);
    current_branch = previous_branch;
    return false;
}


// 下面開始是對 Branch 節點的處理：
// 當父節點未比對任何 TreeRule 時，直接忽略該父節點，回覆到上一層遞迴（略）


// 此次遞迴未比對任何 TreeRule，則忽略 current_branch，直接回覆到 previous_
// branch 中（略）


// 如果目前 Branch 節點與其父節點名稱重複，則忽略父節點，直接回覆到上一層遞迴呼叫。
// 之所以可以這樣做，是因為父節點還未增加任何子節點，而目前節點可能在前面的回覆過程
// 中增加了子節點（略）


// 將目前節點增加到父節點的 branches 集合中
parent_branch.addChild(current_branch);
current_branch = previous_branch;
return false;
}
```

前面對 processRuleset() 方法的介紹比較抽象，為了便於讀者了解，
下面結合前面介紹的範例深入分析各個 parse*() 等方法，這裡以 cpu.
system 指標為例，其中 tag 為 dc=dal，host = web01.dal.mysite.com。進入
processRuleset() 方法之後，首先會查詢 level0 的所有 TreeRule，其中 order
為 0 的 TreeRule 為 TreeRuleType.tagk 類型，所以進入 parseTagkRule() 方
法。parseTagkRule() 方法從 TSMeta 中分析指定 tagk 對應的 tagv，然後根
據 TreeRule 的類型處理該 tagv，最後獲得目前節點的 display_name，實作
方式程式如下：

```java
private void parseTagkRule() {
  final List<UIDMeta> tags = meta.getTags();
  // 取得 TSMeta 中所有 Tag 連結的 UIDMeta
  String tag_name = "";
  boolean found = false;
  // 檢查 tag 對應的 UIDMeta 集合，如果在該時序中找到要處理的 tagk，則更新 found 為
  // true 並記錄對應的 tagv
  for (UIDMeta uidmeta : tags) {
    if (uidmeta.getType() == UniqueIdType.TAGK &&
        uidmeta.getName().equals(rule.getField())) {
      found = true;
    } else if (uidmeta.getType() == UniqueIdType.TAGV && found) {
      tag_name = uidmeta.getName();
      break;
    }
  }
  // 該時序中未包含指定的 tag，則直接傳回，表示該 TreeRule 的比對失敗，後面會繼續比對
  // 該 level 的後續 TreeRule (略)
  processParsedValue(tag_name); // 處理尋找到的 tagv
}
```

processParsedValue() 方法根據 TreeRule 的規則解析出傳入的 parsed_
value 並填充目前節點（current_branch）的 display_name，呼叫關係如圖
7-3 所示。

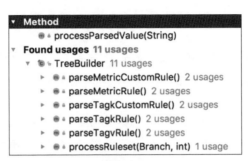

圖 7-3

正如圖 7-3 所示，parseMetricRule()、parseMetricCustomRule() 等方法最
後也會呼叫 processParsedValue() 方法，實作方式程式如下：

```
private void processParsedValue(final String parsed_value) {
    // 如果目前 TreeRule 不包含 regex 或 split，則 parsd_value 直接作為目前節點的
    // display_name
    if (rule.getCompiledRegex() == null &&
            (rule.getSeparator() == null || rule.getSeparator().isEmpty())) {
        setCurrentName(parsed_value, parsed_value);
    } else if (rule.getCompiledRegex() != null) {
        // 根據 TreeRule 中指定的正規表示法確定目前節點的 display_name，正規的處理過程這
        // 裡不再多作說明
        processRegexRule(parsed_value);
    } else if (rule.getSeparator() != null && !rule.getSeparator().
isEmpty()) {
        // 根據 TreeRule 中指定的分隔符號對 parsed_value 進行分割，之後確定目前節點的
        // display_name 在該範例的後續分析過程中，還會再次看到分隔符號的處理過程
        processSplit(parsed_value);
```

```
  } else {
    throw new IllegalStateException("Unable to find a processor for rule: "
+ rule);
  }
}
```

需要讀者注意的是，在 setCurrentName() 方法中會使用解析後的結果取代 TreeRule.display_name 中的預留位置，形成目前節點的最後 display_name。

回到前面的範例中繼續分析，level0 層中已經比對了 order0 這條 TreeRule，目前節點的 display_name 已經確定為 dal，不再比對該層後續的 TreeRule。接下來 rule_idx 加 1，然後遞迴呼叫 processRuleset() 方法開始比對 level1 中的 TreeRule，此次遞迴中 dal 節點變為 previous_branch。

在 level1 中，唯一的 TreeRule 依然是 TreeRuleType.tagk 類型，與 level0、order0 的 TreeRule 的區別在於，它符合的是 host 這個 tag，並且它會使用 "." 來分隔 tagv，所以在尋找到該時序中 host 對應的 tagv（範例中為 web01.dal.mysite.com）後，processParsedValue() 方法會呼叫 processSplit() 方法處理該 tagv，該方法的實作方式程式如下：

```
private void processSplit(final String parsed_value) {
  if (splits == null) { // 第一次切分
    // 檢測 parsed_value 參數及該 TreeRule 使用的分隔符號是否為空，如果為空，則直接
    // 拋出例外（略）
    // 按照指定的分隔符號切分 parsed_value，這裡將切分結果記錄到 splits 欄位中
    splits = parsed_value.split(rule.getSeparator());
    // 檢測切分結果是否合法（略）
    split_idx = 0; // 根據切分結果更新 split_idx 欄位
    // 將切分結果中的一項作為目前節點的 display_name
    setCurrentName(parsed_value, splits[split_idx]);
    split_idx++; // 遞增 split_idx 欄位
```

```
  } else {
   // 之前已經進行過切分，則直接使用切分結果，將其中的一項作為目前節點的 display_name
    setCurrentName(parsed_value, splits[split_idx]);
    split_idx++; // 遞增 split_idx 欄位
  }
}
```

與上一次遞迴不同的是，這裡雖然完成了 display_name（範例中的值為 web01）的設定，但是該層 TreeRule 的處理依然沒有結束。讀者可以回顧一下 processRuleset() 方法中對 splits 的特殊處理，由於此處的 splits 欄位中記錄的切分結果沒有處理完成（split_idx=1），在下一次的 processRuleset() 方法遞迴呼叫中，rule_idx 欄位並未遞增，所以符合的依然是 level1 的 TreeRule。經過幾次 processRuleset() 方法的遞迴呼叫之後，透過 level1 中的 TreeRule 會依次建立 display_name 為 web01、dal、mysite、com 四個 Branch 節點。

處理完目前 splits 欄位中記錄的切分結果之後，rule_idx 遞增，在下一次 processRuleset() 方法的遞迴呼叫中將開始比對 level2 中的 TreeRule。level2 中唯一的 TreeRule 是 TreeRuleType. metric 類型，其指定了 "." 分隔符號，這點與 level1 中的 TreeRule 類似，它會按照 "." 切分時序資料的 metric（範例中為 cpu.system），並形成 display_name 為 CPU 和 system 的兩個節點，該過程與前面描述的相同，這裡不再展開贅述。

至此，該條時序資料的相關節點就建立完成了，後面在遞迴傳回的過程中，會將這些節點串聯起來。前面提到的 processRuleset() 方法傳回值表示是否已經比對完全部的 TreeRule，processRuleset() 方法也是根據該傳回值決定為目前節點建立 Branch 物件還是 Leaf 物件的。在範例中，最後一層遞迴中建立完 system 節點之後，整個遞迴過程開始傳回，最後獲得

如圖 7-4 所示的一連串 Branch 物件傳回給 processTimeseriesMeta() 方法
的 ProcessCB。

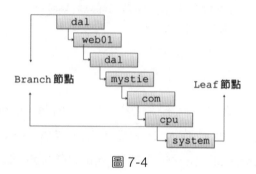

Branch 節點　　　　　　　　　　　　　　Leaf 節點

圖 7-4

透過 processRuleset() 方法取得該時序在目前樹狀結構中待建立的節點
之後，我們回到 processTimeseriesMeta() 方法，繼續分析其中定義的
ProcessCB Callback 實現，其剩餘邏輯主要就是負責將上述遞迴獲得的節
點寫入 tsdb-tree 表中儲存，實作方式程式如下：

```
final class ProcessCB implements Callback<Deferred<ArrayList<Boolean>>,
Branch> {
    public Deferred<ArrayList<Boolean>> call(final Branch branch) throws
Exception {
        // 遞迴檢查目前 Tree 中全部的 TreeRule，取得該時序在目前樹狀結構中待建立的節點
        processRuleset(branch, 1);
        // 在 strict matching 模式下的處理（略）
        // 目前節點 (current_branch 欄位) 為空時，輸出記錄檔（略）
        // 測試模式下的處理（略）

        Branch cb = current_branch;
        Map<Integer, String> path = branch.getPath();
        cb.prependParentPath(path);
        while (cb != null) {
            // 如果目前節點是葉子節點或是已經儲存過的節點，則不需要再次儲存
            if (cb.getLeaves() != null || !processed_branches.containsKey(cb.
```

```
getBranchId())) {
        // 呼叫 Branch.storeBranch() 方法儲存節點，其實作方式在前面介紹過了，
        // 這裡不再贅述
        final Deferred<Boolean> deferred = cb.storeBranch(tsdb, tree,
true)
            .addCallbackDeferring(new BranchCB());
        storage_calls.add(deferred);
        // 記錄此次儲存的 Branch 節點，後續不需要重新儲存該 Branch 節點
        processed_branches.put(cb.getBranchId(), true);
      }
    if (cb.getBranches() == null) {  // 所有節點都儲存完畢
      cb = null;
    } else {
      path = cb.getPath();
      cb = cb.getBranches().first();  // 後移 cb 變數，繼續儲存其子節點
      cb.prependParentPath(path);
    }
  }
  // 儲存衝突（略）
  return Deferred.group(storage_calls);
  }
}
```

至此，如何根據樹狀結構中的 TreeRule 為一筆時序資料建立對應的節
點，以及如何持久化這些節點資訊的核心實現就介紹完了。

7.7 本章小結

本章主要介紹了 OpenTSDB 中與 Tree（樹狀結構）相關的實現。首先，
簡單介紹了 Tree（樹狀結構）中關鍵組成部分的概念。然後，詳細分析
了 tsdb-tree 表的結構，其中有關儲存樹狀結構中各個組成部分的設計，

舉例來說，儲存 Tree 定義、儲存 Branch、儲存 Leaf、儲存 TreeRule 等部分的設計都是有所不同的。

接著，我們深入剖析了 OpenTSD 二元樹狀結構中核心元件的實現，其中有關 Branch 節點的儲存和查詢、Leaf 節點的儲存和查詢、TreeRule 及整個 Tree 的儲存和查詢功能。

最後，我們深入分析了 TreeBuilder 的工作原理，TreeBuilder 會根據前面定義的 TreeRule 來動態建置一個樹狀結構。在該節中，除了分析 TreeBuilder 的實際程式實現，還透過一個完整的範例幫助讀者了解了 TreeBuilder 的工作原理。希望讀者透過本章的閱讀，可以更加深入地了解 OpenTSDB 中樹狀結構的工作原理和實作方式，以方便在將來的實作中擴充 OpenTSDB。

08

CHAPTER

外掛程式及工具類別

從OpenTSDB 2.0 開始，引用了外掛程式（Plugins）的功能。在前面分析 OpenTSDB 的實作方式時，可以看到 OpenTSDB 提供了很多外掛程式介面，使用者可以根據這些外掛程式介面實現擴充 OpenTSDB 的目的。本章將介紹 OpenTSDB 提供的外掛程式原理，以及 OpenTSDB 可用的外掛程式介面，最後簡單介紹一些外掛程式範例。

8.1 外掛程式概述

OpenTSDB 中的所有外掛程式都是以 jar 套件的形式儲存到指定目錄中的，該路徑由 opentsdb.conf 設定檔中的 tsd.core.plugin_path 設定項目指定。當 OpenTSDB 實例啟動的時候，會到該設定指定的路徑中載入其下的外掛程式類別，如果要增加新的外掛程式或取代已有的外掛程式，則需要重新啟動 OpenTSDB 實例。

另外，如果外掛程式依賴其他協力廠商 jar 套件，則這些被依賴的協力廠商 jar 套件也要被放置到 tsd.core. plugin_path 設定項目指定的目錄中。OpenTSDB 必須擁有讀取外掛程式類別及其依賴 jar 套件的許可權。

在 opentsbd.conf 設定檔中，除了需要使用 tsd.core.plugin_path 設定項目指定外掛程式 jar 套件所在路徑，有很多外掛程式還有另外兩個對應的設定項目，一個控制該類別外掛程式是否生效，另一個指定外掛程式實現類別的完全限定名，只有透過該設定項目指定的類別才會被初始化，其他類別即使實現了外掛程式的介面，也不會被產生實體。舉例來說，SearchPlugin 介面對應的兩個設定項目分別是 "tsd.search.enable" 和 "tsd.search.plugin"。

如果在外掛程式類別中使用了其他自訂的設定項目，我們也需要將其增加到 opentsdb.conf 設定檔中，這樣自訂的外掛程式類別才能讀取這些設定資訊。

8.2　常用外掛程式分析

了解了 OpenTSDB 外掛程式的設定方式之後，接下來看一下 OpenTSDB 中提供的各種外掛程式抽象類別，在本節中我們將詳細介紹這些外掛程式抽象類別（或介面）的定義，以及其中各個方法的功能。

8.2.1　SearchPlugin 外掛程式

OpenTSDB 可以透過 SearchPlugin 外掛程式將時序資料的中繼資料及其中的 Annotation 資訊發送到搜尋引擎之中進行索引，例如我們常用的 ElasticSearch，這樣就可以在搜尋引擎中直接搜索中繼資料或 Annotation 來確定連結的時序資料。SearchPlugin 外掛程式在 opentsdb.conf 中對應的兩個設定項目是 "tsd.search.enable" 和 "tsd.search.plugin"。下面簡單介紹一下 SearchPlugin 抽象類別的定義，如下所示：

```
public abstract class SearchPlugin {

  // 在 OpenTSDB 初始化該外掛程式時呼叫
  public abstract void initialize(final TSDB tsdb);


  // 在 OpenTSDB 正常關閉該外掛程式式呼叫
  public abstract Deferred<Object> shutdown();


  // 傳回目前外掛程式的版本編號
  public abstract String version();


  // 傳回監控資訊
  public abstract void collectStats(final StatsCollector collector);


  // OpenTSDB 在搜尋引擎中為指定的 TSMeta 中繼資料建立索引
  public abstract Deferred<Object> indexTSMeta(final TSMeta meta);


  // OpenTSDB 從搜尋引擎中刪除指定 TSMeta 中繼資料的索引
  public abstract Deferred<Object> deleteTSMeta(final String tsuid);


  // OpenTSDB 在搜尋引擎中為指定的 UIDMeta 中繼資料建立索引
  public abstract Deferred<Object> indexUIDMeta(final UIDMeta meta);


  // OpenTSDB 從搜尋引擎中刪除指定 UIDMeta 中繼資料的索引
  public abstract Deferred<Object> deleteUIDMeta(final UIDMeta meta);


  // OpenTSDB 在搜尋引擎中為指定的 Annotation 建立索引
  public abstract Deferred<Object> indexAnnotation(final Annotation note);


  // OpenTSDB 從搜尋引擎中刪除指定 UIDMeta 中繼資料的索引
  public abstract Deferred<Object> deleteAnnotation(final Annotation note);


  // OpenTSDB 透過該方法呼叫搜尋引擎進行查詢
```

```
  public abstract Deferred<SearchQuery> executeQuery(final SearchQuery
  query);
}
```

OpenTSDB 的官方文件提供了 SearchPlugin 的實現，它的底層透過 HTTP
介面與 Elastic Search 進行互動，其核心實現在 net.opentsdb.search.
ElasticSearch 這個類別中。這裡就不再展開分析該外掛程式的實作方式
了，有興趣的讀者可以參考其原始程式進行學習，實際位址為 https://
github.com/ manolama/opentsdb-elasticsearch。在使用時要注意，我們需
要在 opentsdb.conf 設定檔中增加 "tsd.search.elasticsearch.host" 設定項
目來指定 Elastic Search 的位址，另外還需要提前在 Elastic Search 中為
TSMeta、UIDMeta 及 Annotation 建立對應的 mapping，實際參考其 script
資料夾下的指令稿。

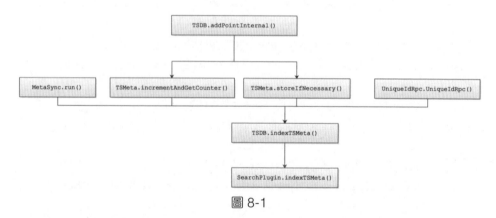

圖 8-1

最後我們了解一下 SearchPlugin 外掛程式被呼叫的時機。首先是
indexTSMeta() 方法，在前面分析 TSDB.addPointInternal() 方法時提到，
在完成資料點的寫入之後會根據設定呼叫 TSMeta 的方法更新 tsdb-meta
表。在一筆時序資料第一次將 TSMeta 寫入 tsdb-meta 表之後，會呼叫
SearchPlugin.indexTSMeta() 方法為該 TSMeta 中繼資料建立索引。此外，

使用者還可以透過 HTTP 請求（由 UniqueIdRpc 支援）介面或是 MetaSync
工具手動觸發 SearchPlugin.indexTSMeta() 方法，如圖 8-1 所示。

OpenTSDB 成 功 為 字 串 分 配 UID 之 後，會 根 據 設 定 決 定 是 否 觸 發
SearchPlugin.indexUIDMeta() 方法為 UIDMeta 資料建立索引。同樣，也
可以透過 HTTP 請求（由 UniqueIdRpc 支援）介面或是 MetaSync 工具為
指定 UIDMeta 建立索引，呼叫關係如圖 8-2 所示。

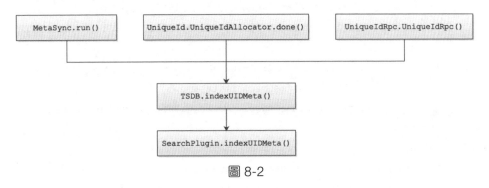

圖 8-2

SearchPlugin 外掛程式中的其他方法只能透過對應的 HTTP 介面呼叫，這
裡就不再展開描述了。

8.2.2 RTPublisher 外掛程式

OpenTSDB 可以透過 RTPublisher 外掛程式將寫入的時序數據點即時轉發
到其他系統中進行處理，目前 RTPublisher 外掛程式除了支援時序數據點
的轉發，還支援 Annotation 資訊的轉發。按照 OpenTSDB 官方文件的説
法，在後續版本中的 RTPublisher 外掛程式會增加對 UIDMeta、TSMeta
等中繼資料的轉發。下面來看一下 RTPublisher 抽象類別的定義：

```
public abstract class RTPublisher {

    // 啟動和關閉 RTPublisher 外掛程式
```

```
public abstract void initialize(final TSDB tsdb);
public abstract Deferred<Object> shutdown();

// 傳回目前 RTPublisher 外掛程式的版本
public abstract String version();

// 在 TSDB.addPointInternal() 方法中，在將時序資料寫入 HBase 表之後，會呼叫該方
// 法進行轉發，其中會根據 value 值的類型呼叫不同的 publishDataPoint() 方法多載
public final Deferred<Object> sinkDataPoint(final String metric,
    final long timestamp, final byte[] value, final Map<String, String>
tags, final byte[] tsuid, final short flags) {
  if ((flags & Const.FLAG_FLOAT) != 0x0) {
    return publishDataPoint(metric, timestamp,
        Internal.extractFloatingPointValue(value, 0, (byte) flags),
tags, tsuid);
  } else {
    return publishDataPoint(metric, timestamp,
        Internal.extractIntegerValue(value, 0, (byte) flags), tags,
tsuid);
  }
}

// OpenTSDB 透過該方法轉發值為 double 類型的時序數據點
public abstract Deferred<Object> publishDataPoint(final String metric,
    final long timestamp, final long value, final Map<String, String>
tags, final byte[] tsuid);

// OpenTSDB 透過該方法轉發值為 double 類型的時序數據點
public abstract Deferred<Object> publishDataPoint(final String metric,
    final long timestamp, final double value, final Map<String, String>
tags, final byte[] tsuid);

// OpenTSDB 透過該方法將 Annotation 資訊轉發出去
```

```
    public abstract Deferred<Object> publishAnnotation(Annotation annotation);

}
```

RTPublisher 外掛程式在 opentsdb.conf 檔案中的兩個對應設定項目為 "tsd.
rtpublisher.enable" 和 "tsd.rtpublisher.plugin"。OpenTSDB 的官方文件中
雖然提供了一個向 RabbitMQ 轉發的 RTPublisher 外掛程式實現，但是其
版本比較陳舊，不建議讀者使用。

當 OpenTSDB 在完成時序數據點的寫入之後，會觸發 RTPublisher.
sinkDataPoint() 方法將剛剛寫入的資料點轉發出去。AnnotationRpc 在成
功寫入 Annotation 資訊之後，除了呼叫 SearchPlugin.indexAnnotation()
方法建立索引，還會呼叫 RTPublisher.publishAnnotation() 方法轉發
Annotation 資料。

8.2.3 StartupPlugin 擴充

OpenTSDB 中 的 StartupPlugin 外 掛 程 式 是 為 了 方 便 使 用 者 監 控
OpenTSDB 實例的啟動事件。下面來看 StartupPlugin 抽象類別中定義的
核心方法：

```
public abstract class StartupPlugin {

  // 初始化和關閉 startupPlugin 外掛程式
  public abstract Config initialize(Config config);
  public abstract Deferred<Object> shutdown();

  // 當 TSDB 實例完全初始化完成之後，會呼叫 setReady() 方法通知 StartupPlugin 外掛
  // 程式
  public abstract void setReady(final TSDB tsdb);

}
```

StartupPlugin 外掛程式在 opentsdb.conf 檔案中的兩個對應設定項目為 "tsd.startup.enable" 和 "tsd.startup.plugin"。在後面的介紹中會看到，StartupPlugin 外掛程式的初始化時機是在 OpenTSDB 初始化 Config 物件之後，可以透過 StartupPlugin 外掛程式更改 Config 設定。

讀者可以回顧一下 TSD.Main() 方法，首先載入 StartupPlugin 外掛程式（實際的載入流程將在後面進行詳細分析），然後建立 TSDB 物件並完成初始化，最後呼叫 StartupPlugin.setReady() 方法通知外掛程式 OpenTSDB 實例已經建立完成，相關的程式片段如下所示。

```
final class TSDMain {
    public static void main(String[] args) throws IOException {
        StartupPlugin startup = null;
        try {
            startup = loadStartupPlugins(config);
            // 載入 StartupPlugin 外掛程式
        } catch (Exception e) {
            throw new RuntimeException("Initialization failed", e);
        }

        try {
            tsdb = new TSDB(config); // 建立 TSDB 實例並完成初始化
            if (startup != null) {
                // 呼叫 setStartupPlugin() 方法通知 StartupPlugin 外掛程式
                tsdb.setStartupPlugin(startup);
            }
            ... ...
        }
    }
}
```

8.2.4 HttpSerializer 外掛程式

在前面分析 OpenTSDB 網路層時提到，當用戶端 HTTP 請求使用 JSON 格式時，OpenTSDB 會使用 HttpJsonSerializer 解析該請求，對應的 HTTP 回應也是由 HttpJsonSerializer 完成序列化的，在第 2 章中已經詳細分析過了，這裡不再贅述。除了使用預設的 HttpJsonSerializer，OpenTSDB 還提供給使用者了擴充的介面。我們知道 HttpJsonSerializer 繼承了 HttpSerializer 抽象類別，也可以透過實現 HttpSerializer 抽象類別的方式擴充 OpenTSDB 的網路層。

HttpSerializer 抽象類別中定義了所有與 OpenTSDB HTTP 請求和回應序列化相關的方法，如圖 8-3 所示，HttpSerializer 抽象類別對這些方法的預設實現都是直接拋出例外。

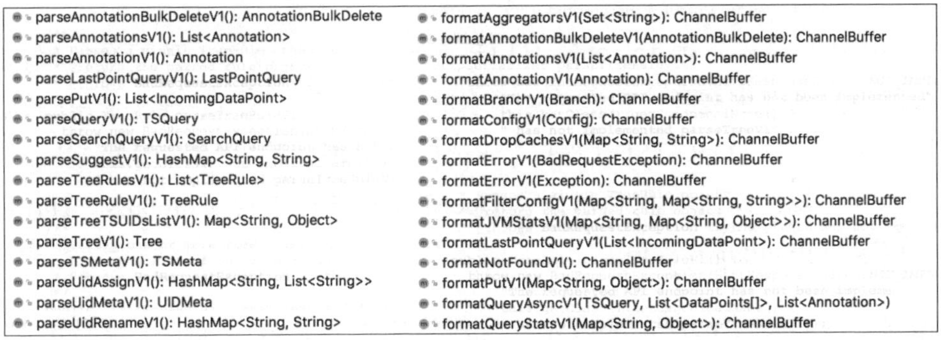

```
parseAnnotationBulkDeleteV1(): AnnotationBulkDelete
parseAnnotationsV1(): List<Annotation>
parseAnnotationV1(): Annotation
parseLastPointQueryV1(): LastPointQuery
parsePutV1(): List<IncomingDataPoint>
parseQueryV1(): TSQuery
parseSearchQueryV1(): SearchQuery
parseSuggestV1(): HashMap<String, String>
parseTreeRulesV1(): List<TreeRule>
parseTreeRuleV1(): TreeRule
parseTreeTSUIDsListV1(): Map<String, Object>
parseTreeV1(): Tree
parseTSMetaV1(): TSMeta
parseUidAssignV1(): HashMap<String, List<String>>
parseUidMetaV1(): UIDMeta
parseUidRenameV1(): HashMap<String, String>
```

```
formatAggregatorsV1(Set<String>): ChannelBuffer
formatAnnotationBulkDeleteV1(AnnotationBulkDelete): ChannelBuffer
formatAnnotationsV1(List<Annotation>): ChannelBuffer
formatAnnotationV1(Annotation): ChannelBuffer
formatBranchV1(Branch): ChannelBuffer
formatConfigV1(Config): ChannelBuffer
formatDropCachesV1(Map<String, String>): ChannelBuffer
formatErrorV1(BadRequestException): ChannelBuffer
formatErrorV1(Exception): ChannelBuffer
formatFilterConfigV1(Map<String, Map<String, String>>): ChannelBuffer
formatJVMStatsV1(Map<String, Map<String, Object>>): ChannelBuffer
formatLastPointQueryV1(List<IncomingDataPoint>): ChannelBuffer
formatNotFoundV1(): ChannelBuffer
formatPutV1(Map<String, Object>): ChannelBuffer
formatQueryAsyncV1(TSQuery, List<DataPoints[]>, List<Annotation>)
formatQueryStatsV1(Map<String, Object>): ChannelBuffer
```

圖 8-3

使用者在實現 HttpSerializer 抽象類別的時候，必須要將其支援介面的請求和回應相關的（反）序列化方法實現。舉例來説，要使 HttpSerializer 實現類別支援 put 介面，需要實現 parsePutV1() 方法和 formatPutV1() 方法。

使用者自訂的 HttpSerializer 實現類別只需放到外掛程式目錄下，OpenTSDB 即可在啟動時將其載入並使用，不需要像前面介紹的其他外掛程式那樣，設定外掛程式類別的完全限定名及 enable 開關。我們可以提供多個自訂的 HttpSerializer 實現類別，進一步讓 OpenTSDB 支援多種請求格式。

我們在第 2 章分析 OpenTSDB 網路層時提到，透過 PipelineFactory 建置方法呼叫 HttpQuery. initializeSerializerMaps() 方法載入全部 HttpSerializer 外掛程式，並透過反射的方式將其建置函數增加到 HttpQuery.serializer_map_query_string 和 serializer_map_content_type 兩個靜態集合中。當後續有 HTTP 請求到來時，RpcHandler.handleHttpQuery() 方法在處理該請求時，就會呼叫 HttpQuery.setSerializer() 方法選擇對應的 HttpSerializer 實現。上述方法的實作方式在第 2 章已經詳細介紹過了，這裡不再重複。

8.2.5 HttpRpcPlugin 擴充

OpenTSDB 預設支援 Telnet 和 HTTP 兩種網路通訊協定，在前面介紹其網路層實現時也提到，它是透過請求的第一個字元確定該連接使用的網路通訊協定的。OpenTSDB 提供了 RpcPlugin 幫助使用者擴充新的網路通訊協定，舉例來說，我們可以為 OpenTSDB 增加支援 Protobufs、Thrift 等協定的 RpcPlugin 實現。

但是，為 OpenTSDB 完全擴充一種新的協定是比較複雜的，筆者常使用的擴充方式是 HttpRpcPlugin。OpenTSDB 透過 HttpRpcPlugin 的方式讓使用者可以在其原生支援的 HTTP 協定之上擴充新的 HTTP 介面。HttpRpcPlugin 在 opentsdb.conf 檔案中對應的設定項目為 "tsd.http.rpc.plugins"，使用者可以在其中增加多個 HttpRpcPlugin 抽象類別的實現。HttpRpcPlugin 支援的 HTTP 介面與內建 HTTP 介面的唯一區別就是其介面路徑上多了 "/plugin/"。

```
public abstract class HttpRpcPlugin {

  // 初始化及關閉 HttpRpcPlugin
  public abstract void initialize(TSDB tsdb);
  public abstract Deferred<Object> shutdown();

  // 目前 HttpRpcPlugin 的版本編號
  public abstract String version();

  // 取得目前 HttpRpcPlugin 支援的介面路徑
  public abstract String getPath();

  // 處理請求的核心
  public abstract void execute(TSDB tsdb, HttpRpcPluginQuery query)
 throws IOException;
 }
```

我們從 HttpRpcPlugin.execute() 方法的參數可以得知，HttpRpcPlugin
處理的是 HttpRpcPluginQuery 請求物件。HttpRpcPluginQuery 也
是 AbstractHttpQuery 抽象類別的實作方式，相較於 HttpQuery，
HttpRpcPluginQuery 的實現比較簡單，它只實現了 getQueryBaseRoute()
方法。

這裡簡單介紹一下 HttpRpcPlugin 的載入過程及工作原理。RpcManager
在初始化的過程中會呼叫 initializeHttpRpcPlugins() 方法，載入 "tsd.
http.rpc.plugins" 設定項目指定的 HttpRpcPlugin 實現類別，並建立對應
的物件，然後將 HTTP 介面路徑與其對應的 HttpRpcPlugin 物件記錄到
RpcManager.http_plugin_commands 集合中。上述過程的相關程式片段如
下所示。

```
public static synchronized RpcManager instance(final TSDB tsdb) {
    ... ... // 前面的實現已經詳細分析過，這裡不再重複
    final ImmutableMap.Builder<String, HttpRpcPlugin> httpPluginsBuilder =
            ImmutableMap.builder();
    if (tsdb.getConfig().hasProperty("tsd.http.rpc.plugins")) {
        String[] plugins = tsdb.getConfig().getString("tsd.http.rpc.
plugins").split(",");
        // 載入 tsd.http.rpc.plugins 設定項目指定的 HttpRpcPlugin 物件，並記錄到
        // httpPluginsBuilder 中
        manager.initializeHttpRpcPlugins(mode, plugins, httpPluginsBuilder);
    }
    manager.http_plugin_commands = httpPluginsBuilder.build();
    // 更新 http_plugin_commands
    ... ... // 後面的實現已經詳細分析過，這裡不再重複
}


protected void initializeHttpRpcPlugins(String mode,
    String[] pluginClassNames,ImmutableMap.Builder<String, HttpRpcPlugin>
http) {
    for (final String plugin : pluginClassNames) {
        // 在 createAndInitialize() 方法中會透過後面介紹的 PluginLoader 載入
        // HttpRpcPlugin 實現類別並完成其產生實體
        final HttpRpcPlugin rpc = createAndInitialize(plugin, HttpRpcPlugin.
class);
        final String path = rpc.getPath().trim();
        final String canonicalized_path = canonicalizePluginPath(path);
        http.put(canonicalized_path, rpc);
        // 記錄 HttpRpcPlugin 物件與對應的 HTTP 介面路徑
    }
}
```

當 OpenTSDB 後續收到 HTTP 請求時，RpcHandler.handleHttpQuery()
方法根據請求的 URL 位址判斷該請求是否由 HttpRpcPlugin 外掛程式處

理，如果是，則根據 HTTP 請求路徑在 http_plugin_commands 集合中尋找對應的 HttpRpcPlugin 物件進行處理，相關程式片段如下：

```java
private void handleHttpQuery(final TSDB tsdb, final Channel chan,
final HttpRequest req) {
  AbstractHttpQuery abstractQuery = null;
  try {
    // createQueryInstance() 方法會根據 HTTP 請求的路徑判斷傳回的
    // AbstractHttpQuery 物件的具體類型
    abstractQuery = createQueryInstance(tsdb, req, chan);
    ... ... // 省略前面已經分析過的程式片段
    // 根據 AbstractHttpQuery 的實際類型進行分類處理
    if (abstractQuery.getClass().isAssignableFrom(HttpRpcPluginQuery.
class)) {
        final HttpRpcPluginQuery pluginQuery = (HttpRpcPluginQuery)
abstractQuery;
        // 請求中包含 "/plugin/" 路徑，則轉為 HttpRpcPluginQuery，並根據請求路徑在
        // 前文獲得的 http_plugin_commands 集合中尋找對應的 HttpRpcPlugin 物件進行
        // 處理
        final HttpRpcPlugin rpc = rpc_manager.lookupHttpRpcPlugin(route);
        if (rpc != null) {
          rpc.execute(tsdb, pluginQuery);
        }
    } else if (abstractQuery.getClass().isAssignableFrom(HttpQuery.
class)) {
        ... ... // 前文已經詳細分析過 HttpQuery 的處理，這裡不再重複
    }
  } catch (Exception ex) {
    ... ...
  }
}
```

8.2.6 WriteableDataPointFilterPlugin&UniqueIdFil terPlugin

這兩種外掛程式主要進行資料的過濾，其中 WriteableDataPointFilterPlugin 主要負責過濾時序資料的點是否能儲存到底層的 HBase 表中，UniqueIdFilterPlugin 主要負責決定 OpenTSDB 實例是否能為某些字串分配 UID。如果 metric、tagk、tagv 有嚴格的命名規則，或我們只接收指定的時序資料（黑名單場景）時，這兩種外掛程式就非常有效。

下面簡單看一下 WriteableDataPointFilterPlugin 抽象類別的定義：

```
public abstract class WriteableDataPointFilterPlugin {

  // 初始化及關閉 WriteableDataPointFilterPlugin 外掛程式
  public abstract void initialize(final TSDB tsdb);
  public abstract Deferred<Object> shutdown();

  // 目前 WriteableDataPointFilterPlugin 外掛程式是否對時序數據點進行過濾
  public abstract boolean filterDataPoints();

  // 檢測該點是否能夠透過該 WriteableDataPointFilterPlugin 外掛程式的過濾
  public abstract Deferred<Boolean> allowDataPoint(final String metric,
      final long timestamp, final byte[] value,final Map<String, String>
tags, final short flags);
}
```

下面簡單看一下 UniqueIdFilterPlugin 抽象類別的定義：

```
public abstract class UniqueIdFilterPlugin {

  // 省略 initialize() 方法和 shutdown() 方法

  // 檢測 OpenTSDB 是否能為指定的字串分配 UID
```

```
   public abstract Deferred<Boolean> allowUIDAssignment(final UniqueIdType
type,
       final String value, final String metric, final Map<String, String>
tags);

   // 目前 UniqueIdFilterPlugin 實現是否對 UID 分配進行過濾
   public abstract boolean fillterUIDAssignments();
}
```

接下來會介紹 WriteableDataPointFilterPlugin 外掛程式及 UniqueIdFilterPlugin
外掛程式的載入，TSDB.ts_filter 欄位及 uid_filter 欄位用以記錄這兩種外
掛程式的物件。TSDB.addPointInternal() 方法在寫入時序資料點之前，會
呼叫 ts_filter.allowDataPoint() 方法判斷該點是否能被寫入 TSDB 表中，
相關的程式片段如下所示。

```
private Deferred<Object> addPointInternal(final long timestamp,
    final byte[] value, final short flags) {
  ... ... // 前面關於時序數據點寫入的相關實現在前面已經分析過了，這裡不再重複
  if (tsdb.getTSfilter() != null && tsdb.getTSfilter().
filterDataPoints()) {
     // 呼叫 ts_filter.allDataPoint() 方法檢測是否允許寫入該點，檢測結果會在
     // WriteCB 這個回呼中進行檢測，讀者可以回顧第 4 章中的相關內容
     return tsdb.getTSfilter().allowDataPoint(metric, timestamp, value,
tags, flags)
        .addCallbackDeferring(new WriteCB());
  }
  return Deferred.fromResult(true).addCallbackDeferring(new WriteCB());
}
```

UniqueIdFilterPlugin 外掛程式在第 3 章中已經簡單分析過了，同時還分
析了其 UniqueIdWhitelistFilter 實現，這裡不再重複介紹。

8.2.7 TagVFilter 擴充

OpenTSDB 不僅可以使用前面介紹過的內建 TagVFilter 實現，也可以透過建立的方式增加自訂 TagVFilter 實現。

在使用者撰寫自訂 TagVFilger 實現類別時，必須要透過 FILTER_NAMEP 指定該實現類別的名稱，該名稱必須全域唯一，不能與其他 TagVFilter 實現衝突，另外還要提供 description() 方法和 examples() 方法對 TagVFilter 進行簡單描述。下節將深入介紹 TagVFilter 外掛程式的載入過程，TagVFilter 外掛程式的工作原理與 OpenTSDB 內建的 TagVFilter 實現相同，讀者可以參考第 5 章的相關內容，這裡不再重複介紹。

8.3 外掛程式載入流程

透過上節的介紹，我們大致了解了 OpenTSDB 提供的常用外掛程式介面的功能及這些外掛程式介面的定義。本節將回到 OpenTSDB 的程式中，介紹這些外掛程式的載入及工作原理。

首先讀者可以回顧前面介紹的 TSDB 初始化的過程，其中會呼叫 TSDB. initializePlugins() 方法載入外掛程式目錄下的所有外掛程式，實作方式程式如下：

```java
public void initializePlugins(final boolean init_rpcs) {
  // 取得 "tsd.core.plugin_path" 設定項目指定的外掛程式目錄
  final String plugin_path = config.getString("tsd.core.plugin_path");
  // 載入外掛程式設定目錄下的所有外掛程式實現，其實作方式將在後面進行詳細分析
  loadPluginPath(plugin_path);
  // 載入 TagVFilter 外掛程式
  TagVFilter.initializeFilterMap(this);
```

```
// 如果 "tsd.search.enable" 設定項目設定為 true，則載入 "tsd.search.plugin" 設
// 定項目指定的 SearchPlugin 外掛程式實現。由於篇幅限制，這裡省略了例外處理等程式
// 片段
if (config.getBoolean("tsd.search.enable")) {
  search = PluginLoader.loadSpecificPlugin(
      config.getString("tsd.search.plugin"), SearchPlugin.class);
  search.initialize(this);
}


// 如果 "tsd.rtpublisher.enable" 設定項目設定為 true，則載入 "tsd.
// rtpublisher.plugin" 設定項目指定的 RTPublisher 外掛程式實現。由於篇幅限制，
// 這裡省略了例外處理等程式片段
if (config.getBoolean("tsd.rtpublisher.enable")) {
  rt_publisher = PluginLoader.loadSpecificPlugin(
      config.getString("tsd.rtpublisher.plugin"), RTPublisher.class);
  rt_publisher.initialize(this);
}


// 如果 "tsd.core.meta.cache.enable" 設定項目設定為 true，則載入
// "tsd.core.meta.cache.plugin" 設定項目指定的 MetaDataCache 外掛程式實現。
// 由於篇幅限制，這裡省略了例外處理等程式片段
if (config.getBoolean("tsd.core.meta.cache.enable")) {
  meta_cache = PluginLoader.loadSpecificPlugin(
      config.getString("tsd.core.meta.cache.plugin"), MetaDataCache.class);
  meta_cache.initialize(this);
}
// 根據設定載入 WriteableDataPointFilterPlugin 外掛程式，實作方式與上面其他類型
// 外掛程式類似，這裡不再贅述
// 根據設定載入 UniqueIdFilterPlugin 外掛程式，實作方式與上面其他類型外掛程式
// 類似，這裡不再贅述
}
```

TSDB.loadPluginPath() 方法會檢測外掛程式目錄是否合法，然後呼叫 PluginLoader.loadJARs() 方法載入外掛程式目錄下的 jar 套件，實作方式程式如下：

```
public static void loadJARs(String directory) throws Exception {
  // 檢測外掛程式目錄是否合法 ( 略 )
  ArrayList<File> jars = new ArrayList<File>();
  // searchForJars() 方法中會遞迴尋找外掛程式目錄下的全部 jar 套件，並將其增加到
  // jars 集合中，其實現比較簡單，不再多作說明
  searchForJars(file, jars);
  for (File jar : jars) {
    addFile(jar);   // 載入 jar 套件
  }
}
```

PluginLoader.addFile() 方 法 最 後 會 呼 叫 addURL() 方 法， 並 透 過 SystemClassLoader 載入上面掃描到的 jar 套件。

```
private static void addURL(final URL url) throws Exception {
  // 取得 SystemClassLoader
  URLClassLoader sysloader = (URLClassLoader) ClassLoader.
getSystemClassLoader();
  Class<?> sysclass = URLClassLoader.class;
  // 呼叫 addURL() 方法載入 jar 套件
  Method method = sysclass.getDeclaredMethod("addURL", PARAMETER_TYPES);
  method.setAccessible(true);
  method.invoke(sysloader, new Object[]{url});
}
```

完成外掛程式 jar 套件的載入之後，呼叫 PluginLoader.loadSpecificPlugin() 方法根據類別名稱及外掛程式類型在 ClassPath 下尋找對應的類別，實作方式程式如下：

```
public static <T> T loadSpecificPlugin(final String name, final Class<T>
type) {
  // ClassPath 下尋找指定類型的類別，可能會有多個
  ServiceLoader<T> serviceLoader = ServiceLoader.load(type);
  Iterator<T> it = serviceLoader.iterator();
  while (it.hasNext()) {
  // 反覆運算尋找到的多個類別，然後根據類別名稱決定實際使用哪個外掛程式實現
    T plugin = it.next();
    if (plugin.getClass().getName().equals(name)
        || plugin.getClass().getSuperclass().getName().equals(name)) {
      return plugin;
    }
  }
  return null;
}
```

TSDB.initializePlugins() 方法除上面介紹的載入 SearchPlugin、RTPublisher、
WriteableDataPointFilterPlugin、UniqueIdFilterPlugin 等外掛程式的流程
之外，還會呼叫 TagVFilter.initializeFilterMap() 方法對 TagVFilter 外掛程
式進行單獨處理。initializeFilterMap() 方法會取得外掛程式目錄下的所有
TagVFilter 外掛程式，並將其建置方法記錄到 tagv_filter_map 集合中等待
後續初始化時使用，實際程式實現如下：

```
public static void initializeFilterMap(final TSDB tsdb) throws Exception {
  final List<TagVFilter> filter_plugins = PluginLoader.
loadPlugins(TagVFilter.class);
  if (filter_plugins != null) {
    for (final TagVFilter filter : filter_plugins) {
      // 正如前面介紹的那樣，外掛程式實現必須有 description() 方法和 examples()
      // 方法，以及 FILTER_NAME 欄位
      filter.getClass().getDeclaredMethod("description");
      filter.getClass().getDeclaredMethod("examples");
```

```
    filter.getClass().getDeclaredField("FILTER_NAME");
    final Method initialize = filter.getClass()
        .getDeclaredMethod("initialize", TSDB.class);
    initialize.invoke(null, tsdb);
    // 呼叫 initialize() 方法，初始化外掛程式實現
    final Constructor<? extends TagVFilter> ctor =
        filter.getClass().getDeclaredConstructor(String.class, String.
class);
    // 透過反射取得 TagVFilter 實現類別的建置方法，並記錄到 tagv_filter_map 集合中
    final Pair<Class<?>, Constructor<? extends TagVFilter>> existing =
        tagv_filter_map.get(filter.getType());
    tagv_filter_map.put(filter.getType().toLowerCase(),
        new Pair<Class<?>, Constructor<? extends TagVFilter>>(filter.
getClass(), ctor));
    }
  }
}
```

將 TagVFilter 實現的建置方法記錄到 tagv_filter_map 集合之後，
OpenTSDB 在後續處理查詢請求時，即可從該集合中取得對應的建置方
法建立 TagVFilter 物件了。

8.4 常用工具類別

使用者在運行維護或是延伸開發 OpenTSDB 時，可能會使用命令列指令
操作 OpenTSDB 中的時序資料。舉例來說，在延伸開發 OpenTSDB 時，
可以在測試資料寫入之後，透過命令列工具驗證或匯出等操作，用來驗
證程式的正確性。

8.4.1 資料匯入

TextImporter 是 OpenTSDB 附帶的資料匯入工具，其大致原理就是讀取命令列參數中指定的資料檔案獲得時序數據點，然後將這些時序數據點寫入 HBase 表中。下面來看 TextImporter 的入口方法：

```java
public static void main(String[] args) throws Exception {
  // 解析命令列參數（略）
  Config config = CliOptions.getConfig(argp); // 建立 Config 物件
  // 根據 Config 物件建立 TSDB 物件
  final TSDB tsdb = new TSDB(config);
  final boolean skip_errors = argp.has("--skip-errors");
  // 檢測必要的 HBase 表是否存在
  tsdb.checkNecessaryTablesExist().joinUninterruptibly();
  argp = null;
  try {
    int points = 0;
    final long start_time = System.nanoTime();
    // 呼叫 importFile() 方法讀取指定的資料檔案並匯入
    for (final String path : args) {
      points += importFile(tsdb.getClient(), tsdb, path, skip_errors);
    }
    final double time_delta = (System.nanoTime() - start_time)
/ 1000000000.0;
  } finally {
    tsdb.shutdown().joinUninterruptibly();// 呼叫 shutdown() 方法關閉 TSDB 實例
  }
}
```

下面來看 importFile() 方法，它是解析資料檔案並將資料點匯入 HBase 的核心方法。該方法按行讀取檔案，檔案中的每一行都對應一個時序數據點，每個數據點的不同部分都由空格分隔，如圖 8-4 所示。

metric	空格	timestamp	空格	value	空格	tagk1=tagv1	空格	tagk2=tagv2	… …

圖 8-4

TextImporter.importFile() 方法的實作方式程式如下：

```java
private static int importFile(final HBaseClient client, final TSDB tsdb,
    final String path, final boolean skip_errors) throws IOException {
  // 建立 BufferedReader 讀取指定路徑的檔案
  final BufferedReader in = open(path);
  String line = null;
  int points = 0;
  try {
    final Errback errback = new Errback();
    // 讀取一行資料，一行資料對應一個時序數據點
    while ((line = in.readLine()) != null) {
      final String[] words = Tags.splitString(line, ' ');
      // 按照空格對資料進行切分
      final String metric = words[0]; // 取得該點的 metric
      // 檢測 metric 是否合法（略）
      final long timestamp;
      timestamp = Tags.parseLong(words[1]);
      // 從該行中取得該資料點對應的時間戳記
      // 檢測 timestamp 是否合法（略）
      final String value = words[2]; // 取得該資料點的 value 值
      // 檢測該 value 值是否合法（略）
      try {
        // 解析該資料點對應的 tag
        final HashMap<String, String> tags = new HashMap<String, String>();
        for (int i = 3; i < words.length; i++) {
          if (!words[i].isEmpty()) {
            Tags.parse(tags, words[i]);
          }
        }
      }
```

```
    // 建立 WritableDataPoints 物件，實際是 IncomingDataPoints 物件，可以記
    // 錄多個數據點，這些點的 metric 和 tag 必須相同
    final WritableDataPoints dp = getDataPoints(tsdb, metric, tags);
    Deferred<Object> d;
    // 根據 value 的類型呼叫 WritableDataPoints 合適的方法進行增加
    if (Tags.looksLikeInteger(value)) {
      d = dp.addPoint(timestamp, Tags.parseLong(value));
    } else {
      d = dp.addPoint(timestamp, Float.parseFloat(value));
    }
    d.addErrback(errback); // 增加 Errback 回呼，後面會介紹 Errback 的功能
    points++; // 記錄寫入點的個數
    if (throttle) { // 限流操作在後面與 Errback 一起介紹
      ... ...
    }
  } catch (final RuntimeException e) {
    ... ...
  }
}
} catch (RuntimeException e) {
  throw e;
} finally {
  in.close(); // 關閉檔案流
}
return points;
}
```

在使用 TextImporter 進行匯入的時候，請求 HBase 的頻率非常快，如果 HBase 叢集無法支援該寫入速度，則匯入資料的速度就需要進行限速。上面為 IncomingDataPoints.addPoint() 方法增加的 Callback 實現是 Errback，當寫入過程中出現 PleaseThrottleException 例外時就會觸發限流操作，Errback.call() 方法的實作方式程式如下：

```
public Object call(final Exception arg) {
  if (arg instanceof PleaseThrottleException) {
  // 針對 PleaseThrottleException 例外的處理
    final PleaseThrottleException e = (PleaseThrottleException) arg;
    throttle = true; // 將 throttle 這個 volatile 欄位更新為 true
    final HBaseRpc rpc = e.getFailedRpc();
    if (rpc instanceof PutRequest) {
      client.put((PutRequest) rpc); // 如果是 PutRequest 出現例外，則在這裡重試
    }
    return null;
  }
  System.exit(2);
  return arg;
}
```

在 throttle 欄位更新為 true 之後，TextImporter 的後續匯入過程就會有對應的限流邏輯，相關的程式邏輯如下所示。

```
if (throttle) {  // 當 throttle 欄位為 true 時會執行下面的邏輯
  long throttle_time = System.nanoTime();
  // 等待目前 IncomingDataPoints 物件中的點全部寫入完成後，再開始後續的寫入
  d.joinUninterruptibly();
  throttle_time = System.nanoTime() - throttle_time;
  if (throttle_time < 1000000000L) {
    try {
      Thread.sleep(1000); // 如果限流時間較短，還會多暫停一段時間
    } catch (InterruptedException e) {
      throw new RuntimeException("interrupted", e);
    }
  }
  throttle = false;
}
```

另外，TextImporter 使用 datapoints 這個 Map 快取了 IncomingDataPoints 物件，其中 key 是 metric+tag，value 是對應的 IncomingDataPoints。IncomingDataPoints 將資料點寫入 HBase 表的過程與第 4 章中介紹的 TSDB.addPointInternal() 方法類似，相信透過第 4 章的介紹，讀者完全可以自行分析 IncomingDataPoints 的實現。

8.4.2 資料匯出

DumpSeries 是 OpenTSDB 附帶的資料匯出工具，它可以將 HBase 中的時序資料按照指定的格式轉換成文字輸出，同時還可以指定 delete 參數將已匯出的時序資料從 HBase 中刪除。

DumpSeries 的入口 main() 函數與前面介紹的 TextImporter.main() 函數類似，也是先解析命令列參數，然後建立 Config 設定物件及產生實體 TSDB 物件，然後呼叫 DumpSeries.doDump() 方法完成 HBase 表查詢並輸出時序資料。doDump() 方法的實作方式如下所示：

```
private static void doDump(TSDB tsdb, HBaseClient client, byte[] table,
boolean delete,
        boolean importformat, String[] args) throws Exception {
  final ArrayList<Query> queries = new ArrayList<Query>();
  // 將命令列參數轉換成 TsdbQuery 物件，讀者了解 TsdbQuery 的功能和核心欄位值之後，
  // 相信讀者可以自己完成對 parseCommandLineQuery() 方法的分析，這裡不再多作說明
  CliQuery.parseCommandLineQuery(args, tsdb, queries, null, null);

  final StringBuilder buf = new StringBuilder();
  for (final Query query : queries) {
    // 根據 TsdbQuery 建立 Scanner 物件
    final List<Scanner> scanners = Internal.getScanners(query);
    for (Scanner scanner : scanners) {
      ArrayList<ArrayList<KeyValue>> rows;
```

```
    while ((rows = scanner.nextRows().joinUninterruptibly()) != null) {
      for (final ArrayList<KeyValue> row : rows) { // 檢查查詢結果
        buf.setLength(0);
        final byte[] key = row.get(0).key();
        final long base_time = Internal.baseTime(tsdb, key);
        final String metric = Internal.metricName(tsdb, key);
        // 輸出 RowKey、metric、base_time 及格式化的 base_time 時間戳記，如果
        // 按照能夠直接匯入的格式輸出，則不會輸出這些內容
        if (!importformat) {
          buf.append(Arrays.toString(key)).append(' ').append(metric).
append(' ').append(base_time).append(" (").append(date(base_time)).
append(") ");
          buf.append(Internal.getTags(tsdb, key)); // 輸出 tag
          buf.append('\n'); // 輸出分行符號
          System.out.print(buf);
        }
        buf.setLength(0);
        if (!importformat) {
          buf.append("  ");
        }
        for (final KeyValue kv : row) {
          buf.setLength(importformat ? 0 : 2);
          // 在 formatKeyValue() 方法中也會根據 importformat 決定輸出格式
          formatKeyValue(buf, tsdb, importformat, kv, base_time, metric);
          if (buf.length() > 0) {
            buf.append('\n');
            System.out.print(buf);
          }
        }

        if (delete) { // 根據 delete 參數決定是否刪除前面查詢到的資料
          final DeleteRequest del = new DeleteRequest(table, key);
          client.delete(del);
```

```
                }
            }
        }
        }
    }
}
```

8.4.3 Fsck 工具

在 Linux 中，fsck（全稱 file system check）指令用來檢查和維護不一致的檔案系統，如果伺服器發生停電或磁碟發生問題，可以使用 fsck 指令對檔案系統進行檢查。OpenTSDB 也提供了一個 Fsck 工具類別，該 Fsck 工具類別可以讓使用者手動清理錯誤和例外的時序資料。如果使用者在命令列中指定了查詢參數，則 Fsck 工具類別會驗證查詢到的行，否則 Fsck 工具類別驗證整張表。

Fsck 工具類別驗證 OpenTSDB 中時序資料的大致步驟如下：

（1）根據命令列指定的查詢準則掃描 TSDB 表，確定每行的 RowKey 都是合法的，另外還會解析獲得 RowKey 中各個部分的 UID，確定這些 UID 是否是合法的。如果這些 RowKey 或 UID 的檢測出現問題，則使用者可以選擇保留或刪除未透過驗證的資料。

（2）針對掃描到的每一行資料，我們需要檢查其中的每個 Cell 並根據其 qualifier 確定其中時序資料的類型，Fsck 會將儲存的資料增加到一個 TreeMap 中，而忽略 Annotation。

（3）檢測該 TreeMap 集合，將重複的、例外的資料清理掉。

（4）最後將檢測透過的資料重新寫回 HBase 中，同時清理掉驗證之前的舊資料。

了解了 Fsck 工具的大致工作原理之後，我們來看 Fsck.main() 這個入口方法，其會解析命令列參數，然後建立 TSDB 實例支援 HBase 的讀寫，最後建立 Fsck 物件並呼叫 run*() 方法進行驗證，實作方式程式如下：

```
public static void main(String[] args) throws Exception {
  // 解析命令列參數並建立 Config 物件 ( 略 )
  // 建立 FsckOptions，其中包含了控制 Fsck 工具類別執行的參數
  final FsckOptions options = new FsckOptions(argp, config);
  final TSDB tsdb = new TSDB(config); // 建立 TSDB 實例用於讀寫 HBase
  // 下面會根據命令列參數建立對應的 TsdbQuery 物件，並記錄到該集合中
  final ArrayList<Query> queries = new ArrayList<Query>();
  if (args != null && args.length > 0) {
    CliQuery.parseCommandLineQuery(args, tsdb, queries, null, null);
  }
  // 檢測使用到的 HBase 表是否存在
  tsdb.checkNecessaryTablesExist().joinUninterruptibly();
  final Fsck fsck = new Fsck(tsdb, options); // 建立 Fsck 物件
  try {
    if (!queries.isEmpty()) { // 執行命令列中指定的查詢，並對查詢到的資料進行驗證
      fsck.runQueries(queries);
    } else {
      fsck.runFullTable(); // 掃描全表，並對全表資料進行驗證
    }
  } finally {
    tsdb.shutdown().joinUninterruptibly();
  }
}
```

無論是 Fsck.runQueries() 方法還是 Fsck.runFullTable() 方法，最後都會建立 FsckWorker 子執行緒來完成驗證操作，兩者的主要區別就是掃描資料的範圍不同，這裡以 runQueries() 方法為例介紹，程式如下：

```
public void runQueries(final List<Query> queries) throws Exception {
  for (final Query query : queries) {
    // 根據前面的查詢準則建立 Scanner 物件進行掃描
    final List<Scanner> scanners = Internal.getScanners(query);
    final List<Thread> threads = new ArrayList<Thread>(scanners.size());
    int i = 0;
    for (final Scanner scanner : scanners) {
    // 為每個 Scanner 建立一個 FsckWorker 執行緒
      final FsckWorker worker = new FsckWorker(scanner, i++);
      worker.start();
      threads.add(worker);
    }

    for (final Thread thread : threads) {
      thread.join(); // 等待上面的 FsckWorker 執行緒執行結束
    }
  }
  // 輸出記錄檔及驗證報告（略）
}
```

接下來我們看 FsckWorker 執行緒的工作原理，FsckWork 執行緒會透過前面建立的 Scanner 掃描 HBase 表資料並進行循環處理，它首先會呼叫 fsckRow() 方法檢測 RowKey、解析該行中每一列儲存的資料點，當一行中的所有列都處理完之後，會呼叫 fsckDataPoints() 方法驗證資料點。FsckWork.run() 方法的實作方式程式如下：

```
public void run() {
  // 該 TreeMap 負責記錄一行中的全部時序數據點
  TreeMap<Long, ArrayList<DP>> datapoints = new TreeMap<Long,
ArrayList<DP>>();
  byte[] last_key = null;
  ArrayList<ArrayList<KeyValue>> rows;
  while ((rows = scanner.nextRows().joinUninterruptibly()) != null) {
```

```
   for (final ArrayList<KeyValue> row : rows) { // 檢查此次掃描到的所有資料行
      // RowKey 發生變化，則表示一行資料已經全部處理完成
      if (last_key != null && Bytes.memcmp(row.get(0).key(), last_key)
!= 0) {
         if (!datapoints.isEmpty()) { // 上一行中儲存了資料點
            // 重置這兩個欄位用來儲存壓縮後的 qualifier 和 value 值
            compact_qualifier = new byte[qualifier_bytes];
            compact_value = new byte[value_bytes+1];
            fsckDataPoints(datapoints); // 驗證資料點
            resetCompaction();
            datapoints.clear(); // 清空 datapoints 集合，為驗證下一行資料做準備
         }
      }
      last_key = row.get(0).key();
      // 檢測 RowKey 並將資料點填充到 datapoints 集合中
      fsckRow(row, datapoints);
   }
}
// 如果最後一行中也儲存了資料點，則需要執行 fsckDataPoints() 方法進行驗證 ( 略 )
}
```

正如前面介紹的那樣，FsckWork.fsckRow() 方法首先會檢測該行資料的 RowKey 格式是否合法，然後分析 RowKey 中的 metric UID、tagk UID、tagv UID 等部分進行檢測，這些驗證操作是在 FsckWork.fsckKey() 方法中完成的，實作方式程式如下：

```
private boolean fsckKey(final byte[] key) throws Exception {
   // 檢測 RowKey 的長度，如果發現例外的 RowKey，可以根據
   // FsckOptions.delete_bad_rows 參數決定是否刪除該行資料 ( 略 )

   final byte[] tsuid = UniqueId.getTSUIDFromKey(key, TSDB.metrics_width(),
      Const.TIMESTAMP_BYTES); // 從 RowKey 中解析獲得 tsuid
   if (!tsuids.contains(tsuid)) {
```

```
   try {
      // 將tsuid中的metric UID解析成對應字串
      RowKey.metricNameAsync(tsdb, key).joinUninterruptibly();
   } catch (NoSuchUniqueId nsui) {
      // 解析失敗則會輸出錯誤記錄檔,並根據delete_bad_rows參數決定是否刪除該行
      // 資料(略)
      return false;
   }

   try {
      // 將tsuid中的tagk UID及tagv UID解析成對應字串
      Tags.resolveIds(tsdb, (ArrayList<byte[]>) UniqueId.
getTagPairsFromTSUID(tsuid));
   } catch (NoSuchUniqueId nsui) {
      // 解析失敗則會輸出錯誤記錄檔,並根據delete_bad_rows參數決定是否刪除該行
      // 資料(略)
      return false;
   }
   }
   return true;
}
```

當 RowKey 透過驗證之後,FsckWork.fsckRow() 方法開始解析該行儲存
的所有數據點,根據 qualifier 確定每個 Cell 中 value 值儲存的資料格式,
並進行對應的流程解析,fsckRow() 方法的實作方式程式如下:

```
private void fsckRow(final ArrayList<KeyValue> row,
   final TreeMap<Long, ArrayList<DP>> datapoints) throws Exception {
   // 呼叫fsckKey()方法驗證RowKey(略)
   final long base_time = Bytes.getUnsignedInt(row.get(0).key(),
   // 取得RowKey中的base_time
      Const.SALT_WIDTH() + TSDB.metrics_width());
```

```
for (final KeyValue kv : row) { // 檢查該行的所有列
  byte[] value = kv.value();
  byte[] qual = kv.qualifier();
  // 檢測 qualifier 的長度 (略)

  if (qual.length % 2 != 0) {
  // OpenTSDB 中所有點對應的 qualifier 都是 2n 個位元組
    if (qual.length != 3 && qual.length != 5) {
        // 例外列，根據參數決定是否刪除該列資料 (略)
    }
    if (qual[0] == Annotation.PREFIX()) {
        // 這裡不會對 Annotation 資訊進行驗證，直接跳過 (略)
    } else if (qual[0] == AppendDataPoints.APPEND_COLUMN_PREFIX) {
        // 解析追加模式下寫入的資料，解析出現例外則根據參數決定是否刪除該列資料 (略)
    }
    continue;
  }

  if (qual.length == 4 && !Internal.inMilliseconds(qual[0])
      || qual.length > 4) {   // 下面開始處理經過壓縮的資料點
    try {
        // 解析取得每個數據點，extractDataPoints() 方法會根據 qualifier 判斷該
        // KeyValue 中儲存的是單一資料點還是壓縮後的資料點，並進行對應的處理，最後
        // 傳回 List 中的每個 Cell 僅封裝了一個點的資訊
        final ArrayList<Cell> cells = Internal.extractDataPoints(kv);
        final byte[] recompacted_qualifier = new byte[kv.qualifier().
length];
        int qualifier_index = 0;
        for (final Cell cell : cells) {
          final long ts = cell.timestamp(base_time); // 取得該點的時間戳記，
          // 將該點記錄到其 timestamp 對應的 DP 集合中
          ArrayList<DP> dps = datapoints.get(ts);
          if (dps == null) {
```

```
            dps = new ArrayList<DP>(1);
            datapoints.put(ts, dps);
        }
        dps.add(new DP(kv, cell));
        qualifier_bytes += cell.qualifier().length;
        value_bytes += cell.value().length;
        // 填充 recompacted_qualifier，其中維護了驗證後的新的 qualifier
        System.arraycopy(cell.qualifier(), 0, recompacted_qualifier,
            qualifier_index, cell.qualifier().length);
        qualifier_index += cell.qualifier().length;
    }
    // 比較新舊 qualifier，如果衝突，則輸出對應記錄檔（略）

    compact_row = true;
    } catch (IllegalDataException e) {
        // 解析出現例外則根據參數決定是否刪除該列資料（略）
    }
    continue;
}


// 下面處理單獨儲存的點，取得該點對應的 timestamp
final long timestamp = Internal.getTimestampFromQualifier(qual,
base_time);
ArrayList<DP> dps = datapoints.get(timestamp);
// 將該點記錄到其 timestamp 對應的 DP 集合中
if (dps == null) {
    dps = new ArrayList<DP>(1);
    datapoints.put(timestamp, dps);
}
dps.add(new DP(kv)); // 記錄該點對應的 Cell
qualifier_bytes += kv.qualifier().length;
value_bytes += kv.value().length;
    }
}
```

完成 RowKey 驗證及資料點的解析之後，我們繼續分析 FsckWorker.
fsckDataPoints() 方法對資料點的驗證，該方法主要檢測是否存在重複
的資料點。對於重複的資料點，FsckWorker 會按照 FsckOptions 指定的
策略選擇合適的點進行保留，最後寫入驗證之後的點並刪除舊的點。
fsckDataPoints() 方法的大致實現過程如下：

```
private void fsckDataPoints(Map<Long, ArrayList<DP>> datapoints) throws
Exception {
  // 記錄 qualifier 與 value 的對應關係，為後續的壓縮等操作做準備
  final ByteMap<byte[]> unique_columns = new ByteMap<byte[]>();
  byte[] key = null;
  boolean has_seconds = false;
  boolean has_milliseconds = false;
  boolean has_duplicates = false;
  boolean has_uncorrected_value_error = false;

  for (final Map.Entry<Long, ArrayList<DP>> time_map : datapoints.
entrySet()) {
    if (key == null) {
      key = time_map.getValue().get(0).kv.key();
      // 記錄 RowKey，後面在寫入和刪除時都會使用
    }
    if (time_map.getValue().size() < 2) {
    // 該時間戳記只對應一個數據點，不存在衝突
      final DP dp = time_map.getValue().get(0);
      // 檢測該資料點 value 值的類型是否與 qualifier 衝突
      has_uncorrected_value_error |= Internal.isFloat(dp.qualifier()) ?
        fsckFloat(dp) : fsckInteger(dp);
      if (Internal.inMilliseconds(dp.qualifier())) {
      // 記錄目前點的時間戳記精度
        has_milliseconds = true;
      } else {
```

```
        has_seconds = true;
      }
      unique_columns.put(dp.kv.qualifier(), dp.kv.value());
      // 記錄 qualifier 和 value
      continue;
    }
    // 如果同一時間戳對應多個點，則對該點進行排序，然後決定保留哪個點
    Collections.sort(time_map.getValue());
    has_duplicates = true;
    int num_dupes = time_map.getValue().size();

    final int delete_range_start;
    final int delete_range_stop;
    final DP dp_to_keep;  // 記錄要儲存的資料點
    if (options.lastWriteWins()) {  // 保留最後一個數據點
      delete_range_start = 0;
      delete_range_stop = num_dupes - 1;
      dp_to_keep = time_map.getValue().get(num_dupes - 1);
    } else {  // 儲存第一個資料點
      delete_range_start = 1;
      delete_range_stop = num_dupes;
      dp_to_keep = time_map.getValue().get(0);
    }
    unique_columns.put(dp_to_keep.kv.qualifier(), dp_to_keep.kv.value());
    // 檢測保留資料點的 value 類型與其 qualifier 指定的類型是否衝突（略）
    // 根據目前點的時間戳記精度更新 has_milliseconds 和 has_seconds 欄位（略）

    for (int dp_index = delete_range_start; dp_index < delete_range_stop;
dp_index++) {
      DP dp = time_map.getValue().get(dp_index);
      final byte flags = (byte)Internal.getFlagsFromQualifier(dp.
kv.qualifier());
      unique_columns.put(dp.kv.qualifier(), dp.kv.value());
```

```
    if (options.fix() && options.resolveDupes()) {
      if (compact_row) {
        // 如果目前行儲存的是壓縮資料，則不需要執行刪除，只會輸出記錄檔 ( 略 )
      } else if (!dp.compacted) { // 非壓縮的資料點，則需要進行刪除
        tsdb.getClient().delete(
          new DeleteRequest(
            tsdb.dataTable(), dp.kv.key(), dp.kv.family(),
dp.qualifier()
          )
        );
      }
    }
  }


  if ((options.compact() || compact_row) && options.fix() && qualifier_
index > 0) {
    // 下面根據 FsckOptions 參數建立新寫入的資料
    final byte[] new_qualifier = Arrays.copyOfRange(compact_qualifier, 0,
      qualifier_index);
    final byte[] new_value = Arrays.copyOfRange(compact_value, 0,
      value_index);
    final PutRequest put = new PutRequest(tsdb.dataTable(), key,
      TSDB.FAMILY(), new_qualifier, new_value);

    if (unique_columns.containsKey(new_qualifier)) {
      if (Bytes.memcmp(unique_columns.get(new_qualifier), new_value) != 0) {
        tsdb.getClient().put(put).joinUninterruptibly(); // 寫入新的壓縮資料
      }
      unique_columns.remove(new_qualifier);
    } else {
      tsdb.getClient().put(put).joinUninterruptibly(); // 寫入資料點
    }
```

```
  final List<Deferred<Object>> deletes =
       new ArrayList<Deferred<Object>>(unique_columns.size());
  for (byte[] qualifier : unique_columns.keySet()) { // 檢查刪除舊資料
    final DeleteRequest delete = new DeleteRequest(tsdb.dataTable(), key,
         TSDB.FAMILY(), qualifier);
    deletes.add(tsdb.getClient().delete(delete));
  }
  Deferred.group(deletes).joinUninterruptibly(); // 等待舊資料刪除完畢
  }
}
```

8.4.4 其他工具簡介

OpenTSDB 中除了上述三個工具，還提供了一些其他比較簡單的工具類別，這裡對這些工具類別進行簡單的功能介紹，不再進行詳細的程式分析。

- MetaSync：主要用於產生 UIDMeta 和 TSMeta 中繼資料。
- TreeSync：可以根據 TSMeta 中繼資料建立或同步一棵樹狀結構，也可以用於刪除一棵樹狀結構。
- MetaPurge：主要用於清理 UIDMeta 和 TSMeta 中繼資料。

8.5 本章小結

本章主要介紹了 OpenTSDB 提供的外掛程式系統和常用工具類別的實現原理。

第一部分,首先簡單介紹了 OpenTSDB 的外掛程式的公共設定及一些共通性的特徵。然後,針對 OpenTSDB 常用的外掛程式介面進行了介紹,詳細分析了這些外掛程式介面的功能及呼叫邏輯,其中有關 SearchPlugin、RTPlugin 等連接其他系統的外掛程式。接著,介紹了 HttpSerializer、HttpRpcPlugin、TagVFilter 等增強 OpenTSDB 本身功能的外掛程式。最後,簡單分析了 OpenTSDB 載入外掛程式的大致流程。

第二部分,詳細分析了 OpenTSDB 中常用的三個工具類別的實現,分別是 TextImporter、DumpSeries 及 Fsck,還簡單介紹了其他幾個工具類別的功能。

希望透過本章的介紹,讀者可以大致了解 OpenTSDB 提供的外掛程式功能及常用工具類別的實現原理,以方便在實作中完成擴充 OpenTSDB 的功能。